国之重器出版工程
网络强国建设

5G 丛书

"十三五"
国家重点出版物出版规划项目

5G 网络安全实践

Practice of 5G Network Security

黄昭文 编著

人民邮电出版社
北　京

图书在版编目（ＣＩＰ）数据

5G网络安全实践 / 黄昭文编著. -- 北京 ：人民邮
电出版社，2020.12（2023.1重印）
（国之重器出版工程·5G丛书）
ISBN 978-7-115-55260-0

Ⅰ. ①5… Ⅱ. ①黄… Ⅲ. ①无线电通信－移动网－
安全技术 Ⅳ. ①TN929.5

中国版本图书馆CIP数据核字(2020)第222554号

内 容 提 要

本书介绍了 5G 网络技术架构及其面临的安全风险、5G 网络安全的发展趋势、5G 网
络安全架构。对于 5G 网络的主要通信场景，本书从安全技术的角度详细讲解了 5G 网络
端到端的工作过程和安全保护机制；在此基础上，对安全相关流程和信息给出了编解码
细节。本书还对 5G 网络的新业务场景，包括物联网、网络切片、边缘计算等给出了安全
风险分析和安全防护建议。5G 网络安全需要新的安全支撑手段，本书给出了这方面的多
个解决方案。

本书适合需要进一步了解 5G 网络安全技术的网络工程技术人员阅读，也可作为高等
院校相关专业本科生、研究生的参考书，还可作为读者了解和学习 5G 网络安全知识及开
发 5G 网络应用的参考书。

◆ 编　著　黄昭文
　　责任编辑　李　强
　　责任印制　杨林杰

◆ 人民邮电出版社出版发行　北京市丰台区成寿寺路 11 号
　邮编　100164　电子邮件　315@ptpress.com.cn
　网址　https://www.ptpress.com.cn
　固安县铭成印刷有限公司印刷

◆ 开本：720×1000　1/16
　印张：21.75　　　　　　　　2020 年 12 月第 1 版
　字数：403 千字　　　　　　 2023 年 1 月河北第 2 次印刷

定价：129.00 元

读者服务热线：(010)81055493　印装质量热线：(010)81055316
反盗版热线：(010)81055315

专家委员会委员（按姓氏笔画排列）：

于　全　中国工程院院士

王　越　中国科学院院士、中国工程院院士

王小谟　中国工程院院士

王少萍　"长江学者奖励计划"特聘教授

王建民　清华大学软件学院院长

王哲荣　中国工程院院士

尤肖虎　"长江学者奖励计划"特聘教授

邓玉林　国际宇航科学院院士

邓宗全　中国工程院院士

甘晓华　中国工程院院士

叶培建　人民科学家、中国科学院院士

朱英富　中国工程院院士

朵英贤　中国工程院院士

邬贺铨　中国工程院院士

刘大响　中国工程院院士

刘辛军　"长江学者奖励计划"特聘教授

刘怡昕　中国工程院院士

刘韵洁　中国工程院院士

孙逢春　中国工程院院士

苏东林　中国工程院院士

苏彦庆　"长江学者奖励计划"特聘教授

苏哲子　中国工程院院士

李寿平　国际宇航科学院院士

李伯虎	中国工程院院士
李应红	中国科学院院士
李春明	中国兵器工业集团首席专家
李莹辉	国际宇航科学院院士
李得天	国际宇航科学院院士
李新亚	国家制造强国建设战略咨询委员会委员、中国机械工业联合会副会长
杨绍卿	中国工程院院士
杨德森	中国工程院院士
吴伟仁	中国工程院院士
宋爱国	国家杰出青年科学基金获得者
张　彦	电气电子工程师学会会士、英国工程技术学会会士
张宏科	北京交通大学下一代互联网互联设备国家工程实验室主任
陆　军	中国工程院院士
陆建勋	中国工程院院士
陆燕荪	国家制造强国建设战略咨询委员会委员、原机械工业部副部长
陈　谋	国家杰出青年科学基金获得者
陈一坚	中国工程院院士
陈懋章	中国工程院院士
金东寒	中国工程院院士
周立伟	中国工程院院士

郑纬民	中国工程院院士
郑建华	中国科学院院士
屈贤明	国家制造强国建设战略咨询委员会委员、工业和信息化部智能制造专家咨询委员会副主任
项昌乐	中国工程院院士
赵沁平	中国工程院院士
郝 跃	中国科学院院士
柳百成	中国工程院院士
段海滨	"长江学者奖励计划"特聘教授
侯增广	国家杰出青年科学基金获得者
闻雪友	中国工程院院士
姜会林	中国工程院院士
徐德民	中国工程院院士
唐长红	中国工程院院士
黄 维	中国科学院院士
黄卫东	"长江学者奖励计划"特聘教授
黄先祥	中国工程院院士
康 锐	"长江学者奖励计划"特聘教授
董景辰	工业和信息化部智能制造专家咨询委员会委员
焦宗夏	"长江学者奖励计划"特聘教授
谭春林	航天系统开发总师

前　言

　　国家已于 2019 年 6 月发放了 5G 牌照，正式开启了 5G 商用进程，目前，5G 网络建设已进入大规模部署阶段。5G 将会在 4G LTE 的基础上大幅提升通信能力，支持更高速的用户体验速率、更广泛的设备连接、更实时的端到端时延。5G 将引入多项关键技术，包括大规模天线阵列技术、超密集组网技术、新型网络架构、边缘计算等。5G 网络不仅仅是通信带宽的提升，更是一次通信技术的升级，它将通信从人与人之间进一步扩展到人与物、物与物之间互联，成为社会数字化转型的基础。5G 提升的不仅是通信能力，还包括连接、大数据、人工智能、安全的能力，这些能力将支撑各行各业创新发展，满足社会发展的需求。4G 改变生活，5G 改变社会。

　　安全是公众通信的基础，5G 网络的安全能力将影响网络客户、物联网设备，以及基于 5G 的各行各业对通信业务的使用和业务的发展。5G 高带宽、低时延、广连接的特点使网络可以接入更多数量和类型的网络终端设备、开发更多类型的网络业务、连接更多行业的企业与机构。新增的网络成员和业务各具特点，不同的网络行为模式对 5G 网络的安全提出了不同的要求，5G 网络需要新的安全架构和技术来满足这些新的需求。随着 5G 技术体系的不断成熟，5G 网络技术规范也已发布，但是关于 5G 网络安全能力是否可以达到预期标准的疑问也不断出现。如何应对 5G 网络端到端各环节的安全风险，如何加强 5G 网络安全和业务安全防护，是每一个 5G 网络客户所关心的问题，也是 5G 网络安全工作的重点。5G 网络的安全，不仅需要完善的安全架构和技术，还需要新的安全支撑手段。由于 5G 网络安全技术有了较大演进，网络技术人员迫

切需要深入介绍 5G 网络安全的参考材料。因此，本书从实践的角度对 5G 网络安全技术进行讲解，从 5G 网络安全原理到端到端的安全防护逐一解析，以期能够为读者掌握 5G 安全技术提供一定的启迪。

本书具有以下特点。一是体系化，由于 5G 网络安全是涉及多网元、多设备、多业务的课题，通过掌握 5G 网络安全体系及其工作过程，可以更全面地理解 5G 网络安全的原理。二是面向实践，为了将本书介绍的知识应用于实践中，在讲述 5G 网络安全技术时，本书通过大量的图解和实例，将抽象的概念形象地呈现给读者。三是将通信安全和信息安全相结合，由于 5G 网络在传统通信网络中引入了大量信息技术，反映到安全方面，因此，需要同时做好网络安全和信息安全。

本书关于 5G 安全技术架构和工作原理的内容主要参考 3GPP 5G 和 LTE 的系列规范，并参考了大量关于 5G 和安全技术的文献，在此向这些文献的作者致以敬意，同时，也非常感谢人民邮电出版社编辑老师的鼓励和支持。

由于 5G 标准还在不断推进，5G 网络安全技术也在不断验证和完善，因此，本书不能涵盖全部 5G 网络安全内容。作者对 5G 网络安全的了解还不够全面、深入，加上自身水平有限，书中的不足和错误之处在所难免，恳请读者批评指正。

目　录

第 1 章　5G 网络安全风险与应对措施 ……………………………………001

1.1　5G 网络技术基础 ……………………………………………… 002

1.2　5G 网络安全形势 ……………………………………………… 004

1.3　5G 网络安全威胁 ……………………………………………… 004

　　1.3.1　网络安全威胁分类 ……………………………………… 005

　　1.3.2　安全威胁的主要来源 …………………………………… 006

　　1.3.3　通信网络的安全风险评估 ……………………………… 007

1.4　5G 网络安全技术的发展 ……………………………………… 009

　　1.4.1　5G 网络的安全需求 …………………………………… 009

　　1.4.2　5G 网络的总体安全原则 ……………………………… 010

　　1.4.3　5G 网络的认证能力要求 ……………………………… 011

　　1.4.4　5G 网络的授权能力要求 ……………………………… 011

　　1.4.5　5G 网络的身份管理 …………………………………… 011

　　1.4.6　5G 网络监管 …………………………………………… 012

　　1.4.7　欺诈保护 ………………………………………………… 012

　　1.4.8　5G 安全功能的资源效率 ……………………………… 013

　　1.4.9　数据安全和隐私 ………………………………………… 013

　　1.4.10　5G 系统的安全功能 …………………………………… 013

　　1.4.11　5G 主要场景的网络安全 ……………………………… 014

第 2 章　5G 网络安全体系 ·· 015

 2.1　5G 网络架构概述 ·· 016

  2.1.1　5G 网络协议 ··· 016

  2.1.2　5G 网络功能 ··· 025

  2.1.3　5G 网络身份标识 ··· 039

  2.1.4　5G 的用户身份保护方案 ··· 042

 2.2　5G 网络安全关键技术 ·· 044

  2.2.1　5G 安全架构与安全域 ·· 044

  2.2.2　5G 网络的主要安全功能网元 ·· 045

  2.2.3　5G 网络的安全功能特性 ·· 048

  2.2.4　5G 网络中的安全上下文 ·· 049

  2.2.5　5G 的密钥体系 ··· 050

 2.3　5G 网络安全算法 ··· 053

  2.3.1　安全算法工作机制 ·· 053

  2.3.2　机密性算法 ··· 055

  2.3.3　完整性算法 ··· 056

  2.3.4　SNOW 3G 算法 ··· 057

  2.3.5　AES 算法 ··· 057

  2.3.6　ZUC 算法 ··· 058

 2.4　5G 网络安全认证过程 ·· 058

  2.4.1　主认证和密钥协商过程 ·· 060

  2.4.2　EAP-AKA′认证过程 ·· 062

  2.4.3　5G AKA 认证过程 ·· 067

 2.5　SA 模式下 NAS 层安全机制 ··· 073

  2.5.1　NAS 安全机制的目标 ·· 073

  2.5.2　NAS 完整性机制 ·· 073

  2.5.3　NAS 机密性机制 ·· 074

  2.5.4　初始 NAS 消息的保护 ·· 074

  2.5.5　多个 NAS 连接的安全性 ·· 077

  2.5.6　关于 5G NAS 安全上下文的处理 ·· 078

  2.5.7　密钥集标识符 ngKSI ·· 078

  2.5.8　5G NAS 安全上下文的维护 ·· 079

  2.5.9　建立 NAS 消息的安全模式 ·· 081

2.5.10 NAS Count 计数器的管理 ·· 081

2.5.11 NAS 信令消息的完整性保护 ································· 082

2.5.12 NAS 信令消息的机密性保护 ································· 085

2.6 NSA 模式下的 NAS 消息安全保护机制 ····················· 086

2.6.1 EPS 安全上下文的处理 ··· 086

2.6.2 密钥集标识符 eKSI ·· 087

2.6.3 EPS 安全上下文的维护 ··· 087

2.6.4 建立 NAS 消息的安全模式 ·································· 088

2.6.5 NAS COUNT 和 NAS 序列号的处理 ·················· 089

2.6.6 重放保护 ··· 090

2.6.7 基于 NAS COUNT 的完整性保护和验证 ············· 090

2.6.8 NAS 信令消息的完整性保护 ································· 091

2.6.9 NAS 信令消息的加密 ··· 094

2.7 接入层的 RRC 安全机制 ··· 095

2.7.1 RRC 层的安全保护机制 ··· 096

2.7.2 RRC 完整性保护机制 ·· 096

2.7.3 RRC 机密性机制 ·· 096

2.8 接入层 PDCP 的安全保护机制 ································· 096

2.8.1 PDCP 加密和解密 ··· 098

2.8.2 PDCP 完整性保护和验证 ····································· 098

2.9 用户面的安全机制 ·· 099

2.9.1 用户面的安全保护策略 ··· 099

2.9.2 用户面的安全激活实施步骤 ·································· 102

2.9.3 接入层的用户面保密机制 ····································· 102

2.9.4 接入层的用户面完整性机制 ·································· 102

2.9.5 非接入层的用户面安全保护 ·································· 103

2.10 状态转换安全机制 ·· 104

2.10.1 从 RM-DEREGISTERED 到 RM-REGISTERED 状态的
转换 ··· 104

2.10.2 从 RM-REGISTERED 到 RM-DEREGISTERED 状态的
转换 ··· 106

2.10.3 从 CM-IDLE 到 CM-CONNECTED 状态的转换 ·········· 107

2.10.4 从 CM-CONNECTED 到 CM-IDLE 状态的转换 ·········· 107

2.10.5 从 RRC_INACTIVE 到 RRC_CONNECTED 状态的转换 ··· 108

2.10.6　从 RRC_CONNECTED 到 RRC_INACTIVE 状态的转换 ···110

2.11　双连接安全机制 ···111

2.11.1　建立安全上下文 ···111

2.11.2　对于用户面的完整性保护 ···112

2.11.3　对于用户面的机密性保护 ···112

2.12　基于服务的安全鉴权接口 ··113

第 3 章　5G 网络采用的基础安全技术 ···115

3.1　EAP ···116

3.2　AKA ···119

3.3　TLS ···120

3.4　EAP-AKA ···121

3.5　EAP-AKA′ ···122

3.6　EAP-TLS ···124

3.7　OAuth ···125

3.8　IKE ···127

3.9　IPSec ···129

3.10　JWE ···130

3.11　HTTP 摘要 AKA ···130

3.12　NDS/IP ···131

3.13　通用安全协议用例 ···132

3.13.1　IPSec 的部署与测试 ···132

3.13.2　TLS/HTTPs 交互过程 ··140

第 4 章　IT 网络安全防护 ···145

4.1　IT 基础设施安全工作内容 ···146

4.2　5G 网络中的 IT 设施安全防护 ···147

4.3　IT 主机安全加固步骤 ···147

4.4　常用 IT 网络安全工具 ···152

4.4.1　tcpdump ···152

4.4.2　wireshark/tshark ···153

4.4.3　nmap ···153

4.4.4　BurpSuite ···156

第 5 章　5G SA 模式下接入的安全过程 ·· **159**

　　5.1　UE 接入 SA 网络前的准备 ··· 161

　　5.2　建立 SA 模式 RRC 连接 ·· 162

　　5.3　AMF 向 UE 获取身份信息 ··· 166

　　5.4　SA 模式认证和密钥协商过程 ··· 172

　　5.5　AMF 和 UE 之间鉴权消息交互 ··· 174

　　5.6　SA 模式下 NAS 安全模式控制机制 ··· 176

　　5.7　AMF 与 UE 之间的安全模式控制消息交互 ······································ 181

　　5.8　建立 UE 的网络上下文 ··· 184

　　5.9　建立 PDU 会话 ·· 192

　　5.10　SA 模式下的安全增强 ·· 197

第 6 章　5G NSA 模式下接入的安全过程 ·· **199**

　　6.1　UE 接入 NSA 网络前的准备 ·· 201

　　6.2　建立 NSA 模式 RRC 连接 ·· 202

　　6.3　NSA 模式的认证和密钥协商过程 ·· 207

　　6.4　MME 与 UE 之间的鉴权信息交互 ·· 208

　　6.5　NSA 模式下 NAS 安全模式控制机制 ··· 210

　　6.6　MME 与 UE 之间的安全模式控制信息交互 ······································· 211

　　6.7　建立 UE 的网络上下文 ··· 212

　　6.8　UE 加入 5G NR 节点 ··· 214

第 7 章　5G 接入网的网络安全 ··· **217**

　　7.1　5G 接入网的网络安全风险 ··· 218

　　7.2　5G 接入网的网络安全防护 ··· 219

第 8 章　5G 核心网的网络安全 ··· **233**

　　8.1　5G 核心网的网络安全风险 ··· 234

　　8.2　5G 核心网的网络安全防护 ··· 235

　　　　8.2.1　对 5G 核心网体系结构的安全要求 ·· 236

　　　　8.2.2　对端到端核心网互联的安全要求 ··· 237

第 9 章　5G 承载网网络安全 ··· 239

　9.1　5G 承载网的网络安全风险 ·· 240

　9.2　5G 承载网的网络安全防护 ·· 241

第 10 章　5G 网络云安全 ·· 243

　10.1　5G 网络云平台的安全风险 ··· 244

　10.2　网络功能虚拟化的安全需求 ·· 245

　10.3　网络云平台基础设施的安全分析 ····································· 246

　10.4　网络云平台应用程序安全分析 ······································· 248

　10.5　5G 网络云平台的安全防护 ··· 250

　10.6　5G 和人工智能安全风险及应对措施 ·································· 251

第 11 章　5G 终端安全 ·· 253

　11.1　5G 终端的网络安全风险 ··· 254

　11.2　面向终端消息的网络安全防护 ······································· 255

第 12 章　物联网业务安全 ·· 257

　12.1　物联网安全风险分析 ··· 258

　12.2　物联网通信机制的安全优化 ·· 259

　12.3　物联网应用开发的安全防护 ·· 260

　12.4　适用于物联网的 GBA 安全认证 ······································· 261

　　12.4.1　物联网设备的鉴权挑战 ··· 261

　　12.4.2　GBA 的体系架构 ··· 262

　　12.4.3　GBA 的业务流程 ··· 264

第 13 章　网络切片业务安全 ·· 269

　13.1　网络切片的工作原理 ··· 270

　13.2　网络切片的管理流程 ··· 271

　　13.2.1　网络切片的操作过程 ··· 271

　　13.2.2　网络切片的描述信息 ··· 272

　　13.2.3　切片管理服务的认证与授权 ····································· 273

　13.3　网络切片的安全风险及应对措施 ····································· 273

　13.4　接入过程中的网络切片特定认证和授权 ······························ 275

第 14 章　边缘计算安全 ··· 279

　14.1　边缘计算的工作原理 ··· 280

　14.2　边缘计算的安全防护 ··· 281

第 15 章　5G 网络安全即服务 ··· 283

　15.1　安全即服务的业务模型 ··· 284

　15.2　安全即服务的产品形态 ··· 285

　15.3　5G 网络 DPI 系统 ··· 287

　15.4　5G 网络安全能力开放的关键技术分析 ····················· 288

第 16 章　支持虚拟化的嵌入式网络安全 NFV ··············· 291

　16.1　虚拟化环境下的网络安全技术和解决方案 ················ 292

　16.2　嵌入式网络安全 NFV 的功能与工作流程 ················· 293

第 17 章　5G 终端安全检测系统 ······································· 295

　17.1　手机终端的安全风险 ··· 296

　17.2　手机终端安全性自动化测试环境 ······························· 296

　17.3　无线接入环境 ·· 298

第 18 章　面向 5G 网络的安全防护系统 ·························· 301

　18.1　面向 5G 网络的安全支撑的现状与需求 ···················· 302

　18.2　5G 端到端安全保障体系 ··· 303

　　18.2.1　安全接入层 ··· 304

　　18.2.2　安全能力层 ··· 310

　　18.2.3　安全应用层 ··· 311

　18.3　5G 端到端安全保障体系的应用 ································· 312

附录 I　基于 SBI 的 5GC 网络安全接口 ··························· 315

附录 II　EAP 支持的类型 ·· 325

参考文献 ··· 329

缩略语 ··· 331

第 1 章

5G 网络安全风险与应对措施

安全是网络服务的前提，只有安全的网络才能提供可靠的网络服务。5G 网络实现了从接入网到核心网的多种安全技术的演进，安全性能得到大幅提升，用户隐私也得到更全面的保障。但是，随着各种新型网络安全风险的不断出现，在接入网、核心网、多网络互通、多种应用场景、网络能力开放、新的云化 IT 技术（SDN、NFV、网络切片、边缘计算）等方面不断出现新的威胁，一方面传统的网络安全风险和漏洞依然存在，另一方面新的安全攻击方式持续增加。5G 安全机制除了要满足基本的通信安全要求之外，还需要为不同业务场景提供差异化的安全服务，要能够适应多种网络接入方式及新型网络架构，保护用户隐私，并支持开放的安全能力。

|1.1 5G 网络技术基础|

　　5G 在 4G 基础上对速率、时延、能耗、移动性、覆盖、效率等方面进行了全方位的提升，带来更多、更全面的感知体验。5G 将具备比 4G 更高的网络性能，理论上，5G 可支持更高速的用户体验速率，每平方千米一百万的连接数密度、毫秒级的端到端时延、每平方千米数十 Tbit/s 的流量密度、每小时 500 km 以上的移动性和数十 Gbit/s 的峰值速率等。在网络应用方面，5G 提出了三大应用场景：增强移动宽带（eMBB）、海量机器类通信（mMTC）、超高可靠低时延通信（uRLLC）。其中，eMBB 主要服务于消费互联网的需求，在这种场景下强调的是网络速率，峰值速率可达到 10 Gbit/s 以上；mMTC 服务于物联网应用，在单位面积内有大量的终端，需要网络能够支持这些终端同时接入，如智能路灯、智能水表/电表等；uRLLC 对网络的时延有很高的需求。同时，这类场景对网络可靠性的要求也很高，如车联网、无人机、工业互联网等。

　　5G 网络以一张物理基础网络实现各项网络功能，支撑多种不同的业务和应用需求，实现端到端的通信网络能力提供和网络能力的开放应用。基于 5G 网络架构设计的整体思想，结合建网初期 2G/3G/4G/5G 网络将会共存混合组网的情况，3GPP 提出了 5G 非独立组网（NSA，Non-Stand Alone）和独立组网（SA，Stand Alone）两种组网架构。5G 非独立组网架构利用 LTE 网络现有的核心网设备实现控制面信令的处理，通过新建 5G 基站支持 5G NR 接口；在独立组网模式下，核心网与基站都是 5G 的新建设备。

在无线接入网络（RAN）方面，5G RAN 架构采用集中单元（CU）和分布单元（DU）独立部署的方式，以更好地满足各场景和应用的需求。CU 设备处理非实时的无线高层协议栈功能，DU 设备处理物理层功能和实时性需求，由 DU 和 CU 共同组成 5G 的基站 gNB。每个 CU 可以连接一个或者多个 DU，CU 和 DU 之间存在多种功能分割，可以配置不同的通信场景和不同的通信需求。利用云化无线接入网（Cloud RAN）对无线接入网络进行重构，满足 5G 时代多种接入技术，以及 RAN 功能按需部署的需求；利用平台虚拟化技术，可以在同一基站平台同时承载多个不同类型的无线接入方案，并能完成接入网逻辑实体的实时动态的功能迁移和资源伸缩。

在核心网络方面，通过实现控制面和用户面的分离，将网络功能模块化。通过网络功能虚拟化（NFV）来简化核心网络部署，进而实现虚拟网络功能（VNF）的按需配置。在垂直行业应用方面，基于应用驱动来自动生成、维护、终止网络切片服务，利用敏捷的网络运维降低运营商的运营成本。

5G 将通过网络切片技术实现网络定制化部署。网络切片技术是指通过网络设备编排技术，在同一个硬件设施上编排虚拟服务器、网络带宽、服务质量等专属资源以实现多个虚拟的端到端网络适配各种服务类型的不同特征需求。每个端到端切分单元即为一个网络切片，各网络切片在逻辑上隔离，一个切片的错误或故障不会影响到其他切片。在同一套物理基础上基于不同的业务需求生成逻辑隔离、独立运行的网络切片，通过基于数据中心的云化架构支撑多种应用场景。

为了满足移动网络高速发展所需的高带宽、低时延的要求，并减轻网络负荷，5G 网络将引入边缘计算技术将核心网的用户面数据处理功能下沉到网络边缘，即基于 SDN/NFV 技术进行网络虚拟化，实现网络的扁平化扩展与增强，将 IT 服务环境与云计算在网络边缘相结合，构建更加智能的移动网络。

对于 5G 网络个人用户，可以实现更快的网速，高速下载将会成为常态，5G 将与 3G 和 4G 技术一起提供服务，多种接入方式保障实现更快速的连接。由于传输速率的大幅提升，将大大增加用户的体感功能，如 VR（虚拟现实）、AR（增强现实）等应用；对于企业和垂直行业的 5G 网络用户，通过 5G 应用的大量的移动终端，可以更快地排除物联网等设备故障，基于 5G 的网络能力，将大规模实现增强现实等新技术，企业将在提高连通性的同时降低运营成本。

关于 5G 网络技术的更多细节，可以参考文献[1]。

|1.2 5G 网络安全形势|

安全是网络服务的前提，只有安全的网络才能提供可靠的网络服务。在 5G 网络中实现了从接入网到核心网的多种安全技术的演进，5G 网络的安全性能得以大幅提升，用户隐私也得到更全面的保障。但是，随着各种新型网络安全风险的不断出现，在接入网、核心网、多网络互通、多种应用场景、网络能力开放、新的云化 IT 技术（SDN、NFV、网络切片、边缘计算）等方面不断出现新的威胁。传统的网络安全风险和漏洞依然存在，新的安全攻击方式持续增加。

5G 安全机制除了要满足基本通信安全要求之外，还需要为不同业务场景提供差异化的安全服务，要能够适应多种网络接入方式及新型网络架构，保护用户隐私，并支持开放的安全能力。

面对多种应用场景和业务需求，5G 网络需要一个统一、灵活、可伸缩的 5G 网络安全架构来满足不同应用的不同安全级别的需求，即 5G 网络需要一个统一的认证框架，用来支持多种应用场景的网络接入认证（支持终端设备的认证、签约用户的认证、多种接入方式的认证、多种认证机制等）；同时 5G 网络应支持伸缩性需求，如网络横向扩展时需要及时启动安全功能实例来满足增加的安全需求；网络收敛时需要及时终止部分安全功能实例来达到节能的目的。5G 网络应支持按需的用户面数据保护，如根据三大业务类型的不同或具体业务的安全需求的不同，部署相应的安全保护机制，此类安全机制的选择包括加密终结点、加密算法、密钥长度等。

|1.3 5G 网络安全威胁|

5G 网络安全需要从技术、场景、产业生态维度进行综合分析。

在 5G 关键技术方面，NFV 由于管理控制功能高度集中，因此，存在的安全风险包括功能失效或被非法控制、某个 VNF 被攻击将会波及其他功能、大量采用开源和第三方软件引入安全漏洞。网络切片由于是在共享的资源上实现逻辑隔离，低防护能力的网络切片可能受到攻击并成为跳板。边缘计算的安全风险在于当部署到相对不安全的物理环境时受到物理攻击的可能性更大，以及由于部署多个应用而存在安全短板。网络能力开放的安全风险在于将用户个人信息、网络数据和业务数据等从网络运营商内部的封闭平台中开放出来造成数据泄露，以及由于采用互联网通用协议引入互联网已有的安全风险。

在 eMBB 场景下，网络边缘数据流量大幅提升造成现有网络安全设备在流量检测、链路覆盖、数据存储等方面难以满足安全防护需求；在 uRLLC 场景下，低时延需求造成复杂安全机制部署受限；在 mMTC 场景下，由于应用覆盖领域广、接入设备多，造成海量多样化终端易被攻击利用，对网络运行安全造成威胁。

5G 产业生态主要包括网络运营商、设备供应商、行业应用服务提供商等，其安全基础技术及产业支撑能力的持续创新性和全球协同性对 5G 安全具有重要影响。

5G 网络的风险存在于多个环节，包括空中接口、终端、基站、传输、核心网、网络切片、边缘计算、网络应用平台、网络能力开放平台、网络运营与计费系统等；可能对 5G 网络发起的安全攻击包括非授权接入、非法窃听、越权访问、资源滥用、信令风暴、DDoS 攻击、会话劫持、内容篡改、恶意程序软件、重放攻击等。这些风险和威胁给 5G 网络安全带来了新的课题和挑战。只有充分了解 5G 网络中存在的风险，才能对 5G 网络风险采取针对性的安全防护。例如，虽然 5G 网络协议在安全防护方面有所加强，但是还存在未加密和完整性保护的消息，这些消息将成为网络攻击的目标，攻击方法包括用户终端身份标识伪造、系统信息的伪造或重放、数据通信中的劫持等。为了应对这些风险，可以采集、分析 5G 网络测量报告，以实现对安全风险的发现和定位，还可以选择不同的实现方式对测量报告进行分析，以提高网络的安全防护能力。

1.3.1　网络安全威胁分类

作为移动通信网络的一种演进技术，5G 网络受到的安全威胁类型包括未经授权访问敏感数据、未经授权处理敏感数据、未经授权接入网络服务。

1. 未经授权访问敏感数据（违反机密性）

（1）窃听：入侵者未经检测即拦截网络信息。

（2）伪装：入侵者欺骗授权用户，使用户认为其是获取机密信息的合法系统。

（3）入侵者欺骗合法系统，使系统相信其是获得系统服务或机密信息的授权用户。

（4）流量分析：入侵者观察消息的时间、速率、长度、来源和目的地，以

确定用户的位置或了解用户是否正在进行重要的业务交易。

（5）浏览：入侵者在数据存储中搜索敏感信息。

（6）泄露：入侵者通过利用具有对数据的合法接入权限的进程来获取敏感信息。

（7）推断：入侵者通过向系统发送查询或信号来观察系统的反应。例如，入侵者可以主动发起通信会话，然后通过观察无线接口上相关消息的时间、速率、长度、来源或目的地来访问信息。

2．未经授权处理敏感数据（违反完整性）

（1）操纵消息：入侵者可能故意修改、插入、重放或删除消息，干扰或滥用网络服务（导致拒绝服务或降低可用性）。

（2）干预：入侵者可能通过阻塞用户的流量、信令或控制数据来阻止授权用户使用服务。

（3）耗尽资源：入侵者可能通过使服务超载来阻止授权用户使用服务。

（4）滥用权限：用户或服务网络可能会利用其特权来获取未经授权的服务或信息。

（5）滥用服务：入侵者可能滥用某些特殊服务或设施来获取优势或造成网络中断。

（6）否认：用户或网络否认已执行的操作。

3．未经授权接入网络服务

（1）入侵者可以伪装成用户或网络实体来接入服务。

（2）用户或网络实体可以通过滥用接入权限来获得未经授权的服务接入。

1.3.2　安全威胁的主要来源

5G 网络的威胁主要来源于无线接口、核心网络和通信终端。

1．无线接口的主要威胁

（1）未经授权访问数据。

（2）完整性受到威胁。

（3）拒绝服务。

（4）未经授权接入服务。

2．核心网络的主要威胁

（1）未经授权访问数据。

（2）完整性受到威胁。

（3）拒绝服务。

（4）否认/抵赖。

（5）未经授权接入服务。

3．通信终端的主要威胁

（1）使用被盗终端：入侵者可能使用被盗终端和通用集成电路卡（UICC，Universal Integrated Circuit Card）来获得未经授权的服务接入；用户可以将有效的通用用户标识模块（USIM，Universal Subscriber Identity Module）与被盗终端一起使用以接入服务。

（2）借用终端和 UICC：借用已被授权使用的设备的用户可能会超出约定的使用限制，从而滥用其特权。

（3）操纵终端的身份：用户可以修改终端的国际移动设备识别码（IMEI，International Mobile Equipment Identity），并使用有效的 USIM 来接入服务。

（4）终端上数据的完整性受威胁：入侵者可以修改、插入或删除终端上存储的应用过程和/或数据，可以从本地或远程获得对终端的接入，并且可能涉及破坏物理或逻辑控制。

（5）USIM 上数据的完整性受威胁：入侵者可以修改、插入或删除 USIM 存储的应用过程和/或数据，可以从本地或远程获得对 USIM 的接入。

（6）监听 UICC 终端接口：入侵者可能监听 UICC 终端接口。

（7）伪装成 UICC 终端接口上数据的预期接收者：入侵者可能伪装成 USIM 或终端，以拦截 UICC 终端接口上的数据。

（8）在 UICC 终端接口上处理数据：入侵者可以在 UICC 终端接口上修改、插入、重放或删除用户流量。

（9）终端或 UICC/USIM 中某些用户数据的机密性受威胁：入侵者可能访问用户在终端或 UICC 中存储的个人用户数据，如电话簿。

（10）UICC/USIM 中身份验证数据的机密性受威胁：入侵者可能访问服务提供商存储的身份验证数据，如身份验证密钥。

1.3.3　通信网络的安全风险评估

通信网络相关安全风险可以归为以下几类。

（1）伪装：使用他人账号获得未经授权的服务接入权（从他人账号中扣除费用）。

（2）窃听：可能会导致用户数据流量机密性或诸如拨号号码、位置数据等与呼叫相关的信息受到损害。

（3）签约欺诈：用户大量使用服务而无意付费。

由于网络风险是长期持续的，因此，通信网络的安全风险评估不仅集中在无线接口，还需要对系统的其他部分进行评估，形成端到端的安全风险评估体系。

以下列出了移动通信网络中被评估为具有较高级别的威胁清单。

（1）窃听用户流量：入侵者可能在无线接口上窃听用户流量。

（2）监听信号或控制数据：入侵者可能在无线接口上监听信号或控制数据。这可用于访问安全管理数据或其他信息，这些数据或信息可能对系统进行主动攻击。

（3）冒充通信参与者：入侵者可能冒充网络元素，以拦截无线接口上的用户流量、信令数据或控制数据。

（4）被动流量分析：入侵者可以在无线接口上观察消息的时间、速率、长度、来源或目的地，以获取信息接入权。

（5）伪装成另一个用户：入侵者可能伪装成另一个用户朝向网络，首先伪装成一个朝向用户的基站，然后在执行身份验证后劫持用户的连接。

（6）监听信号或控制数据：入侵者可以在任何系统接口（有线或无线）上监听信号数据或控制数据。这可用于接入安全管理数据，从而可能对系统进行其他攻击。

（7）通过伪装成应用过程和/或数据的始发者来操纵终端或 USIM 行为：入侵者可能伪装成恶意应用过程和/或下载到终端或 USIM 的数据的始发者。

（8）伪装成用户：入侵者可能冒充用户使用为该用户授权的服务。入侵者可能已经从其他实体（如服务网络、归属网络甚至用户本人）获得了帮助。

（9）伪装成服务网络：入侵者可能假冒服务网络或服务网络基础结构的一部分，目的可能是使用授权用户的接入尝试来亲自获得对服务的接入。

（10）滥用用户特权：用户可能滥用特权来获得对服务的未授权接入或只是简单地密集使用其签约而无意付款。

（11）使用被盗终端：入侵者可能使用被盗终端和 UICC 来获得未经授权的服务接入；用户可以将有效的 USIM 与被盗终端一起使用以接入服务。

（12）操纵终端的身份：用户可以修改终端的 IMEI，并使用有效的 USIM 来接入服务。

（13）终端上数据的完整性受威胁：入侵者可以修改、插入或删除终端上存储的应用过程和/或数据，可以从本地或远程获得对终端的接入，并且可能涉及破坏物理或逻辑控制。

（14）USIM 上数据的完整性受威胁：入侵者可以修改、插入或删除 USIM 存储的应用过程和/或数据，可以从本地或远程获得对 USIM 的接入。

（15）UICC/USIM 上身份验证数据的机密性受威胁：入侵者可能希望接入服务提供商存储的身份验证数据，如身份验证密钥。

|1.4　5G 网络安全技术的发展 |

移动通信系统的安全保护机制在持续演进。例如，最早版本的 GSM（全球移动通信系统，2G 系统）存在的多个安全弱点已在后续的通信系统中得到修正，包括以下几方面。

（1）可能会受到伪基站主动攻击。

（2）密码密钥和认证数据在网络之间和内部以明文方式传输。

（3）在空中接口进行明文传输。

（4）验证时没有采用随机数机制，造成密钥易被猜测，而且某些网络未使用加密，因此，存在欺诈的可能。

（5）不提供数据完整性保护，从而容易受到伪基站攻击，并且会被信道劫持。

（6）基于 IMEI 进行身份验证的选项。

（7）没有考虑网络通信通道上可能发生的入侵。

（8）没有定义 UE 在服务网络中如何获取归属网络的认证参数的方案。

（9）不具备随时间推移升级和改善安全功能的灵活性。

虽然过去的 GSM 存在这些问题，但已经在 3GPP 的规范中通过技术演进得到解决。新的移动通信系统能够充分保护用户产生的或与用户有关的信息，以防止被滥用或盗用；系统充分保护服务网络和归属网络的资源和服务，以防止被滥用或盗用；通信系统的标准化的安全功能与全球可用性兼容；通信系统对安全功能充分标准化，以确保全球范围内的互操作性及不同服务网络之间的漫游；通信系统向用户和服务提供者提供更高的保护水平；通信系统可以根据新威胁和服务的要求扩展并增强 3GPP 安全功能和机制的实现。

在 5G 网络中，网络安全更进一步得到强化，包括实现了更完善的认证措施、更全面的数据防护、更严密的隐私保护。

1.4.1　5G 网络的安全需求

传统的通信网络安全防护侧重于用户侧安全和运营商网络安全。用户侧安全关注身份鉴权和完整性保护；运营商网络安全关注网络自身、漫游、互联互通和业务安全。

由于在 5G 网络中所出现的多项变化，网络安全需求也随之增加。在业务

接入方面，5G 网络接入更多新的业务和行业，涉及的安全层面会更广；在网络技术方面，引入网络 IT 化后需要关注虚拟化、SDN 等技术造成的网络边界模糊；由于 5G 采用高度集中的核心网络组网模式，需要对网络安全提出更高的要求；在网络接入方面，多种新的接入方式有新的安全需求，除了手机终端的接入外，还包括物联网、边缘计算等新的接入方式需要进行安全保护；随着 5G 网络作为平台接入更多的行业应用，对用户数据的保护也提出了更高的要求。

可见，5G 网络的安全需求已经不再局限于某一环节，需要从端到端的角度进行考虑。5G 网络设备提供商应在产品设计研发阶段实现安全需求；网络运营商需要根据 5G 网络的新特点更新安全运维和技术手段；网络业务开发人员应识别 5G 网络的安全变化在应用层面提升安全能力，网络的各环节应充分发挥 5G 网络的高度集中性和灵活性，打造更全面的 5G 网络安全防护体系。

1.4.2　5G 网络的总体安全原则

5G 网络的总体安全原则包括以下几个方面。

（1）5G 系统应支持存储缓存数据的安全机制。

（2）5G 系统应支持接入内容缓存应用过程的安全机制。

（3）5G 系统应支持在运营商的服务托管环境中接入服务或应用过程的安全机制。

（4）5G 系统应支持与接入技术无关的安全框架。

（5）5G 系统应支持运营商授权其他 PLMN 的签约用户接收临时服务（如关键任务服务）的机制。

（6）5G 系统应能够为授权用户提供临时服务，而无须接入其归属网络。

（7）5G 系统应允许运营商授权第三方创建、修改和删除网络切片，但要遵守第三方与网络运营商之间的协议。

（8）5G 系统应提供安全机制，以保护中继的数据不被中继 UE 截获。根据归属公共陆地移动网络（PLMN，Public Land Mobile Network）策略及其服务和运营需求，5G 系统应可根据用户签约所支持的服务对使用可接入 EPS（演进分组系统）的 USIM 的用户进行验证，即使该用户没有使用 5G USIM。

（9）5G 系统应为使用 5G LAN 类型服务的授权 UE 之间的通信提供完整性保护和机密性保护。

（10）5G 虚拟网络将能够验证请求加入特定专用通信的 UE 的身份。

（11）5G 系统应提供适当的 API（应用程序编程接口），以允许在私有切片所服务的任何 UE 与该私有切片中的核心网络实体之间使用受信任的第三方提供的机密性服务。

1.4.3　5G 网络的认证能力要求

5G 网络的认证能力要求如下。

（1）5G 网络应支持资源高效的机制，以便批量认证多个物联网设备。

（2）5G 系统应支持有效的方式，以通过物联网设备（如生物识别技术）对用户进行身份验证。

（3）5G 系统应能够支持使用 3GPP 凭证通过非 3GPP 接入技术进行认证。

（4）5G 系统应支持网络运营商控制的替代身份验证方法［AKA（认证和密钥协商）的替代方法］，该方法具有不同类型的凭据，可用于隔离部署场景（如工业自动化）中的物联网设备的网络接入。

（5）5G 系统应支持合适的框架［如可扩展认证协议（EAP，Extensible Authentication Protocol），该框架允许将具有非 3GPP 身份和凭证的替代认证方法（如 AKA）用于非公共网络中的 UE 网络接入认证。非公共网络可以使用 3GPP 身份验证方法，身份和凭据供 UE 接入网络，但也可以使用非基于 AKA 的身份验证方法（如 EAP 框架提供）。

（6）5G 系统应支持 PLMN 认证和授权 UE 接入托管非公共网络和与托管关联的 PLMN 专用切片非公共网络的机制。

（7）5G 网络应支持 3GPP 支持的机制，以认证用于 5G LAN 虚拟网络接入的传统非 3GPP 设备。

1.4.4　5G 网络的授权能力要求

5G 网络的授权能力要求如下。

（1）5G 系统应允许运营商授权物联网设备使用仅限于物联网设备的一个或多个 5G 系统功能。

（2）5G 系统应允许运营商授权或取消授权 UE 使用 5G 局域网型服务。

（3）基于运营商策略，在使用非 3GPP 接入技术建立直接设备连接之前，物联网设备可以使用 3GPP 凭据来确定它们是否被授权进行直接设备连接。

（4）基于运营商策略，5G 系统应提供一种手段来验证 UE 是否被授权使用特定服务的优先网络接入权限。

1.4.5　5G 网络的身份管理

5G 网络的身份管理要求如下。

（1）5G 系统应为运营商提供一种机制，允许其使用隐藏签约用户身份的临时标识符来通过 UE 进行接入。

（2）5G 系统应为运营商提供一种机制，使其使用隐藏签约用户身份的临时标识符允许来自间接网络连接的 UE 的接入。

（3）归属 PLMN 应该能够将临时标识符与 UE 的用户身份相关联。

（4）5G 系统应能够保护用户身份和其他用户标识信息免受被动攻击。

（5）根据国家或地区法规要求，5G 系统应能够保护用户身份和其他用户标识信息免受主动攻击。

（6）5G 系统应能够在需要时允许合法实体收集设备标识符，而与 UE 的用户接口无关。

（7）5G 系统应能够独立于设备识别而支持签约用户识别。

（8）5G 系统应支持安全机制以收集系统信息，同时确保最终用户和应用过程的隐私。

（9）在遵守国家或地区法规要求的前提下，5G 系统应能够提供 5G 定位服务，同时保护 UE 用户或所有者的隐私，这包括 5G 系统按需提供定位服务的能力，而不必连续跟踪所涉及 UE 的位置。

（10）对于使用 5G 技术的专用网络，5G 系统应使用由第三方提供和管理并由 3GPP 支持的身份、凭证和身份验证方法来支持网络接入。

1.4.6　5G 网络监管

5G 网络的监管要求如下。

（1）5G 系统应满足所有支持接入网络的国家或地区法规要求。

（2）5G 系统应根据国家或地区法规要求支持合法拦截。

（3）连接到多个国家和地区的 5G 核心网络的 5G 卫星接入网络应能够满足这些国家和地区的相应监管要求。

（4）5G 系统应支持 5G 局域网型服务的法规要求。

1.4.7　欺诈保护

5G 的欺诈保护要求如下。

（1）根据国家或地区法规要求，5G 系统应支持一种安全机制，在收到 UE 被盗的报告后，允许授权实体禁止该 UE 继续在网络中使用。

（2）在遵守国家或地区法规要求的前提下，5G 系统应支持一种安全机制，以允许授权实体重新启用已恢复的被盗 UE 使其正常运行。

（3）5G 系统应能够保护用户位置信息免受被动攻击。

（4）根据国家或地区法规要求，5G 系统应能够保护用户位置信息免受主动攻击。

（5）根据国家或地区法规要求，5G 系统应支持各种机制，以保护用户位置信息和与用户定位有关的数据，以防篡改和欺骗。

（6）根据国家或地区法规要求，5G 系统应支持检测有篡改用户位置信息和与用户位置相关的数据的企图的机制。

1.4.8　5G 安全功能的资源效率

5G 安全功能的资源效率要求如下。

（1）5G 系统应在不影响 3GPP 系统安全级别的情况下最小化安全信令开销。

（2）5G 系统应支持有效的安全机制，以将相同的数据（如服务供应多个传感器）传输给多个 UE。

1.4.9　数据安全和隐私

数据安全和隐私保护要求如下。

（1）5G 系统应支持为 uRLLC 和能源受限设备提供服务的数据完整性保护和机密性方法。

（2）5G 系统应支持一种机制，以验证消息的完整性和消息发送者的真实性。

（3）5G 系统应在请求的端到端时延内支持 uRLLC 服务的加密。

1.4.10　5G 系统的安全功能

5G 系统的安全功能如下。

（1）通过网络对 UE 进行身份验证，UE 与网络相互进行身份验证。

（2）安全上下文的生成和分发。

（3）用户面数据机密性和完整性保护。

（4）控制面信令机密性和完整性保护。

（5）用户身份保密。

（6）合法监听和拦截。

（7）当 UE 通过 NG-RAN（NG 无线接入网络）和独立的非 3GPP 接入进行

连接时，使用独立的 NAS 安全上下文对多个 N1 实例进行安全保护，每个 NAS（网络附属存储）上下文都是基于相应 SEAF（安全锚功能）中的安全上下文创建的。

1.4.11 5G 主要场景的网络安全

5G 网络可以分为 3 种场景：eMBB、mMTC 和 uRLLC，需要针对这 3 种业务场景的不同安全需求提供差异化安全保护机制。

（1）对于 eMBB 场景，由于 eMBB 是传统通信业务的演进，主要考虑如何加强对用户数据的完整性、机密性、可用性等通用安全保障需求。

（2）对于 mMTC 场景，由于物联网设备连接数量众多，而且使用环境、计算处理能力、处理资源限制等方面具有较大的差异，因此，如果采用传统的认证方式，则会造成物联网设备制造和使用成本较高，这就需要降低物联网设备在认证和身份管理方面的成本，以支撑物联网设备的低成本和高效率海量部署。5G 网络将接入海量物联网设备。物联网设备的特点是具有不同的使用周期、不同的用户接入界面、需要较长的使用周期，物联网设备的归属所有权有可能发生变化，如某些物联网消费品的销售和转换。为了适应物联网的这些特点，5G 网络引入了动态建立或刷新凭证和签约的安全机制，支持独立的接入安全性，支持包括授权和非授权、3GPP 和非 3GPP 在内的多种新型接入技术。5G 网络强化了防止盗窃和欺诈行为的保护以支持智能手机、无人机和工厂自动化的应用。

（3）对于 uRLLC 场景，由于其对端到端时延的严格要求，因此，在进行安全保障时，需要优化业务接入时延、数据传输时延，以及相关安全处理带来的时延。

高水平的 5G 安全性为社会关键领域，如工业自动化、工业物联网和智能电网等提供了更好的支持。在企业、交通、公共安全等领域，5G 增强了用户隐私的保护能力。5G 网络安全技术可以满足这些新的安全需求，并继续提供与现有 3GPP 通信系统一致的安全性。

第 2 章
5G 网络安全体系

5G 网络包括非独立组网（NSA，Non-Stand Alone）和独立组网（SA，Stand Alone）两种组网架构。5G 网络由多种网络功能及接口构成，网络接口协议包括控制面协议和用户面协议。基于接口协议，实现包括网络接入、网络注册、寻呼与定位、连接与会话管理等网络功能。为了加强 5G 网络安全能力，规范制定了 5G 安全架构、安全域、安全算法和密钥等 5G 安全技术体系，对于 5G 的 SA 模式和 NSA 模式下的网络流程和状态变更都有相应的网络安全防护机制。

| 2.1　5G 网络架构概述 |

基于 5G 网络架构设计的整体思想，并结合建网初期 2G/3G/4G/5G 网络共存混合组网的情况，3GPP 提出了 5G 非独立组网（NSA，Non-Stand Alone）和独立组网（SA，Stand Alone）两种组网架构。5G 非独立组网架构利用 LTE 网络现有的核心网设备实现控制面信令的处理，通过新建 5G 基站支持 5G NR；在独立组网模式下，核心网与基站都是 5G 的新建设备。图 2.1 为这两种 5G 组网模式。

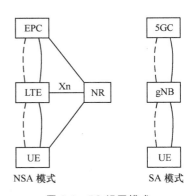

图 2.1　5G 组网模式

2.1.1　5G 网络协议

5G 网络由多个网络功能及它们之间的接口构成，5G 核心网的网络功能包括认证服务器功能（AUSF）、接入和移动性管理功能（AMF）、数据网络（DN）、结构化数据存储网络功能（SDSF）、非结构化数据存储网络功能（UDSF）、网络暴露功能（NEF）、网络存储库功能（NRF）、策略控制功能（PCF）、会话管理功能（SMF）、统一数据管理（UDM）、用户面功能（UPF）、应用功能（AF）等。

　　5G 网络结构如图 2.2 所示。

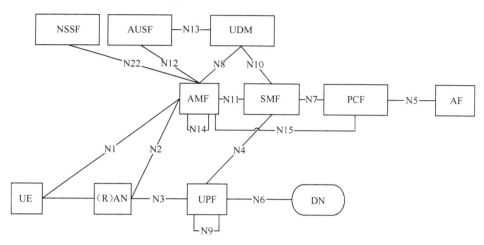

图 2.2　5G 网络架构

　　图 2.2 中的网元设备及功能见表 2.1。

表 2.1　5G 网络功能列表

名称	中文	功能
（R）AN	无线接入网络	无线接入网络（NG-RAN）
5G-EIR	5G 设备标识寄存器	5G 设备标识寄存器
AF	应用功能	应用功能
AMF	接入和移动管理功能	1. 对于 3GPP 接入网络。 （1）N1/N2 接口的终止。 （2）注册管理。 （3）连接管理。 （4）可达性管理。 （5）移动性管理。 （6）合法拦截。 （7）为 UE 和 SMF 之间的 SM 消息提供传输。 （8）用于路由 SM 消息的透明代理。 （9）访问身份验证和访问授权。 （10）为 UE 和 SMF 之间的 SMS 消息提供传输。 （11）安全锚功能（SEAF）。 （12）监管服务的定位服务管理。

续表

名称	中文	功能
AMF	接入和移动管理功能	（13）为 UE 和 LMF（位置管理功能）及 RAN 和 LMF 之间的位置服务消息提供传输。 （14）用于与 EPS（演进的分组系统）互通的 EPS 承载 ID 分配。 （15）UE 移动性事件通知。 2．对于非 3GPP 接入网络。 （1）支持 N2 接口与 N3IWF（非 3GPP 网络互通功能）。在该接口上，可以不应用通过 3GPP 接入定义的一些信息（如 3GPP 小区标识）和过程（如与切换相关），并且可以应用不适用于 3GPP 接入的非 3GPP 接入特定信息。 （2）通过 N3IWF 与 UE 支持 NAS 信令。由 3GPP 接入的 NAS 信令支持的一些过程可能不适用于不可信的非 3GPP（如寻呼）接入。 （3）支持通过 N3IWF 连接的 UE 的认证。 （4）管理经由非 3GPP 接入连接或经由 3GPP 和非 3GPP 接入同时连接的 UE 的移动性、认证和单独的安全性上下文状态。 （5）支持协调的 RM 管理上下文，该上下文对 3GPP 和非 3GPP 访问有效。 （6）支持针对 UE 的专用 CM 管理用于非 3GPP 接入的连接。 此外，AMF 还可以包括与策略相关的功能。 在 AMF 的单个实例中可以支持部分或全部 AMF 功能
AUSF	认证服务器功能	支持 3GPP 接入和不受信任的非 3GPP 接入的认证
DN	数据网络	如运营商服务、互联网接入或第三方服务
NEF	网络曝光功能/能力开放功能	（1）能力和事件的开放。NEF 可以安全地暴露 NF 能力和事件，如第三方、应用功能、边缘计算。NEF 使用标准化接口（Nudr）将信息作为结构化数据存储/检索到统一数据存储库（UDR）。 （2）提供从外部应用过程到 3GPP 网络的安全信息。它为应用功能提供了一种安全地向 3GPP 网络提供信息的手段，如预期的 UE 行为。在这种情况下，NEF 可以验证和授权并协助限制应用功能。 （3）内部—外部信息的翻译。它在与 AF 交换的信息和与内部网络功能交换的信息之间进行转换。例如，它在 AF-Service-Identifier 和内部 5GC 信息［如 DNN、S-NSSAI（单一网络切片选择辅助信息）］之间进行转换。特别是，NEF 根据网络策略处理对外部 AF 的网络和用户敏感信息的屏蔽。 （4）网络开放功能从其他网络功能接收信息（基于其他网络功能的公开功能）。NEF 使用标准化接口将接收到的信息作为结构化数据存储到统一数据存储库（UDR）。所存储的信息可以由 NEF 访问并"重新暴露"到其他网络功能和应用功能，并用于其他目的，如分析。 （5）NEF 也可以支持 PFD（数据包流描述）功能。NEF 中的 PFD 功能可以在 UDR 中存储和检索 PFD，并应根据 SMF（PULL 模式）或请求向 SMF 提供 PFD。 特定 NEF 实例可以支持上述功能中的一个或多个，因此，单个 NEF 可以支持为能力暴露指定的 API 的子集。对于与特定 UE 相关的服务的外部暴露，NEF 驻留在 HPLMN（归属公共陆地移动网络）中。根据运营商的相关协议，HPLMN 中的 NEF 可以与在 VPLMN 中的网络功能（NF）建立通信接口

续表

名称	中文	功能
NRF	网络存储库功能	（1）支持服务发现功能。从 NF 实例接收 NF 发现请求，并将发现的 NF 实例（被发现）的信息提供给 NF 实例。 （2）维护可用 NF 实例及其支持服务的 NF 配置文件。 在 NRF 中维护的 NF 实例的 NF 概况包括以下信息。 （1）NF 实例 ID。 （2）NF 类型。 （3）PLMN ID。 （4）网络切片相关标识符，如 S-NSSAI、NSI ID。 （5）NF 的 FQDN（完全合格域名）或 IP 地址。 （6）NF 容量信息。 （7）NF 特定服务授权信息。 （8）如果适用，支持的服务的名称。 （9）每个支持的服务实例的端点地址。 （10）识别存储的数据/信息。 （11）其他服务参数，如 DNN、NF 服务有兴趣接收的每种类型的通知端点。 （12）NF 实例的位置信息。 （13）TAI（一个或多个）。 （14）路由 ID，用于 UDM 和 AUSF。 （15）在 AMF 的情况下，一个或多个 GUAMI（全球唯一的 AMF 标识符）。 （16）UPF 情况下的 SMF 区域标识。 （17）UDM 组 ID，SUPI（订购永久标识符）的范围、GPSI（通用公共用户标识符）的范围、UDM 的外部组标识符的范围。 （18）UDR 组 ID，SUPI 的范围、GPSI 的范围、UDR 的外部组标识符的范围。 （19）AUSF Group ID，AUSF 的 SUPI 范围。 在网络分片的背景下，基于网络实现，可以在不同级别部署多个 NRF。 （1）PLMN 级别（NRF 配置整个 PLMN 的信息）， （2）共享切片级别（NRF 配置属于一组网络切片的信息）， （3）特定于切片的级别（NRF 配置属于 S-NSSAI 的信息）。 在漫游环境中，可以在不同的网络中部署多个 NRF。 （1）被访问 PLMN 中的 NRF（称为 vNRF），配置被访问 PLMN 的信息。 （2）归属 PLMN 中的 NRF（称为 hNRF），配置归属 PLMN 的信息，由 vNRF 通过 N27 接口引用
NSSF	网络切片选择功能	（1）选择为 UE 服务的网络切片实例集。 （2）确定允许的 NSSAI，并在必要时确定到订阅的 S-NSSAI 的映射。 （3）确定已配置的 NSSAI，并在需要时确定到已订阅的 S-NSSAI 的映射。 （4）确定要用于服务 UE 的 AMF 集，或者基于配置，可能通过查询 NRF 来确定候选 AMF 的列表
NWDAF	网络数据分析功能	网络运行数据的采集和分析功能
PCF	策略控制功能	（1）支持统一的策略框架来管理网络行为。 （2）为控制面功能提供策略规则以强制执行它们。 （3）访问 UDR 中与策略决策相关的订阅信息

续表

名称	中文	功能
SEPP	安全边缘保护代理	用于网络安全信息的代理处理
SMF	会话管理功能	（1）会话管理，如会话建立、修改和释放，包括 UPF 和 AN 节点之间的隧道维护。 （2）UE IP 地址分配和管理（包括可选的授权）。 （3）DHCPv4（服务器和客户端）和 DHCPv6（服务器和客户端）功能。 （4）IETF RFC 1027 中规定的 ARP 代理和/或以太网 PDU 的 IETF RFC 4861 功能中规定的 IPv6 邻居请求代理。SMF 通过提供与请求中发送的 IP 地址相对应的 MAC 地址来响应 ARP 和/或 IPv6 邻居请求。 （5）选择和控制 UP 功能，包括控制 UPF 代理 ARP 或 IPv6 邻居发现，或将所有 ARP/IPv6 邻居请求流量转发到 SMF，用于以太网 PDU 会话。 （6）在 UPF 配置流量控制，将流量路由到正确的目的地。 （7）终止与策略控制功能的接口。 （8）合法拦截（用于 SM 事件和 LI 系统的接口）。 （9）收费数据收集和支持计费接口。 （10）控制和协调 UPF 的收费数据收集。 （11）终止 NAS 消息的 SM 部分。 （12）下行链路数据通知。 （13）特定 SM 信息的发起者，通过 AMF 及 N2 发送到 AN。 （14）确定会话的 SSC 模式。 （15）漫游功能。 （16）处理本地实施以应用 QoS SLA（VPLMN）。 （17）计费数据收集和计费接口（VPLMN）。 （18）合法拦截（在 SM 事件的 VPLMN 和 LI 系统的接口中）。 （19）支持与外部 DN 的交互，以便通过外部 DN 传输 PDU 会话授权/认证的信令。 此外，SMF 还包括策略相关的功能。在 SMF 的单个实例中可以支持部分或全部 SMF 功能
UDM	统一数据管理	（1）生成 3GPP AKA 身份验证凭据。 （2）用户识别处理（如 5G 系统中每个用户的 SUPI 的存储和管理）。 （3）支持隐私保护的订阅标识符（SUCI）的隐藏。 （4）基于订阅数据的访问授权（如漫游限制）。 （5）UE 的服务 NF 注册管理（如为 UE 存储服务 AMF、为 UE 的 PDU 会话存储服务 SMF）。 （6）支持服务/会话连续性，如通过保持 SMF/DNN 分配正在进行的会话。 （7）支持 MT-SMS 递交。 （8）合法拦截功能（特别是在出境漫游情况下，UDM 是 LI 的唯一联系点）。 （9）订阅管理。 （10）短信管理。 为了提供此功能，UDM 使用可能存储在 UDR 中的订阅数据（包括身份验证数据），在这种情况下，UDM 实现应用过程逻辑，不需要内部用户数据存储，几个不同的 UDM 可以在不同的交易中为同一用户提供服务

名称	中文	功能
UDR	统一数据存储库	（1）UDM 存储和检索的订阅数据。 （2）PCF 存储和检索的策略数据。 （3）存储和检索结构化数据以进行开放。 （4）NEF 的应用数据（包括用于应用检测的分组流描述（PFD），用于多个 UE 的 AF 请求信息）。 统一数据存储库位于与使用 Nudr 存储和从中检索数据的 NF 服务使用者相同的 PLMN 中。Nudr 是 PLMN 的内部接口
UDSF	非结构化数据存储功能	非结构化数据存储
UE	用户设备（终端）	用户终端设备
UPF	用户面功能	（1）RAT 移动性锚点。 （2）与数据网络互联的外部 PDU 会话点。 （3）分组路由和转发（如支持上行链路分类器以将业务流路由到数据网络的实例，支持分支点以支持多宿主 PDU 会话）。 （4）分组检测（如基于服务数据流模板的应用检测和另外从 SMF 接收的可选 PFD）。 （5）用户面部分的策略规则实施（如门控、重定向、流量转发）。 （6）合法拦截（UP 收集）。 （7）流量使用报告。 （8）用户面的 QoS 处理（如 UL/DL 速率实施、DL 中的反射 QoS 标记）。 （9）上行链路流量验证（SDF 到 QoS 流量映射）。 （10）上行链路和下行链路中的传输级分组标记。 （11）下行链路分组缓冲和下行链路数据通知触发。 （12）将一个或多个"结束标记"发送和转发到源 NG-RAN 节点。 （13）IETF RFC 1027 中规定的 ARP 代理和/或以太网 PDU 的 IETF RFC 4861 功能中规定的 IPv6 邻居请求代理。UPF 通过提供与请求中发送的 IP 地址相对应的 MAC 地址来响应 ARP 和/或 IPv6 邻居请求。 在 UPF 的单个实例中可以支持部分或全部 UPF 功能

5G 网络接口协议包括控制面协议和用户面协议两种，通信协议栈如图 2.3 所示。

控制面协议从不同方面（包括请求服务、传输资源、切换等）控制 PDU 会话及 UE 与网络之间连接的协议，包括透明传输 NAS 消息的机制；用户面协议实现 PDU 会话服务的数据承载传输，即通过接入层承载用户数据。表 2.2 列出了 5G 网络中的常见接口和对应规范，可供进一步研究参考。

在控制面，UE 通过 N1 接口与 AMF 建立信令连接以收发 NAS 信令，N1 接口的两个端点分别是 UE 和 AMF。N1 NAS 信令连接用于注册管理和连接管理，以及 UE 会话管理相关的消息和过程。N1 接口上的 NAS 协议包括 NAS-MM

（NAS-移动性管理）和 NAS-SM（NAS-会话管理）部分。NAS-MM 协议提供用于在用户设备（UE）上使用 NG-RAN 和/或非 3GPP 接入网络时控制移动性的过程，以及对 NAS 协议的安全性的控制；NAS-SM 协议提供了处理 5GS PDU 会话的流程。5G 核心网的网络功能相互之间通过基于 SBA 的一系列接口交换信令信息。

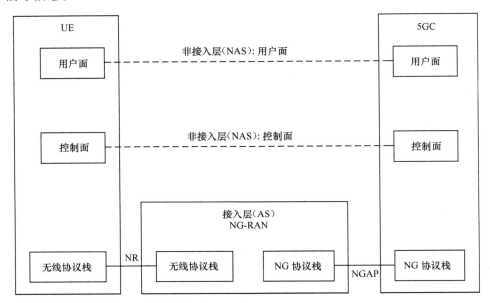

图 2.3　5G 网络协议

表 2.2　5G 网络接口列表

服务提供者	服务请求者	接口协议	参考点	参考规范
5G-EIR	AMF	N5geir	N17	TS 29.511
AMF	UE	NAS	N1	TS 24.501
AMF	SMF	Namf	N11	TS 29.518
AMF	AMF	Namf	N14	TS 29.518
AMF	PCF	Namf	N15	TS 29.518
AMF	RAN	NGAP	N2	TS 38.413
AMF	SMSF	Namf	N20	TS 29.518
AMF	UDM	Namf	N8	TS 29.518
AMF	NEF	Namf	Namf	TS 29.518
AMF	GMLC	NLg	NLg	TS 29.518
AMF	LMF	NLs	NLs	TS 29.518

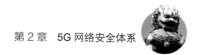

续表

服务提供者	服务请求者	接口协议	参考点	参考规范
AUSF	AMF	Nausf	N12	TS 29.509
AUSF	UDM	Nausf	N13	TS 29.509
BSF	NEF	Nbsf	Nbsf	TS 29.521
BSF	PCF	Nbsf	Nbsf	TS 29.521
CHF	PCF	Nchf	N28	TS 29.594
CHF	SMF	Nchf	N40	TS 32.291
gNB-C	gNB-C	Xn-C	Xn-C	TS 38.420、TS 38.422、TS 38.422、TS 38.423
gNB-U	gNB-U	Xn-U	Xn-U	TS 38.420、TS 38.422、TS 38.422、TS 38.423
gNB-CU-UP	gNB-CU-CP	E1	E1	TS 38.460
gNB-DU	gNB-CU-CP	F1-C	F1-C	TS 38.470、TS 38.471、TS 38.472、TS 38.473、TS 38.474
gNB-DU	gNB-CU-UP	F1-U	F1-U	TS 38.470、TS 38.471、TS 38.472、TS 38.473、TS 38.474
H-SMF	V-SMF	Nsmf	N16	TS 29.502
LMF	AMF	NLs	NLs	TS 29.572
MME	UE	NASLTE	NASLTE	TS 24.301
MME	RAN	S1AP	S1	TS 36.413
NEF	AF	Nnef	N33	TS 29.522
NorthAPI	AnyNF	T8	T8	TS 29.122
NRF	ServiceClient	Nnrf	Nnrf	TS 29.510
NSSF	AMF	Nnssf	N22	TS 29.531
NWDAF	PCF	Nnwdaf	N23	TS 29.520
NWDAF	NSSF	Nnwdaf	N34	TS 29.520
PCF	AMF	Npcf	N15	TS 29.507、TS 29.513
PCF	V-PCF	Npcf	N24	TS 29.507、TS 29.513
PCF	PFDF	Npcf	N30	TS 29.513、TS 29.514
PCF	AF	Npcf	N5	TS 29.513、TS 29.514
PCF	SMF	Npcf	N7	TS 29.512、TS 29.513
PCF	NEF	Npcf	Npcf	TS 29.513、TS 29.554
PFDF	SMF	Npfdf	N29	TS 29.551
RAN	UE	RRC	RRC	TS 38.331
RANLTE	UE	RRCLTE	RRC	TS 36.331
SMF	UE	NAS	N1	TS 24.501

服务提供者	服务请求者	接口协议	参考点	参考规范
SMF	AMF	Nsmf	N11	TS 29.502、TS 29.508
SMF	H-SMF	Nsmf	N16	TS 29.502
SMF	V-SMF	Nsmf	N16	TS 29.502
SMF	RAN	NGAP	N2	TS 38.413
SMF	UPF	PFCP	N4	TS 23.501、TS 29.244
SMF	NEF	Nsmf	Nsmf	TS 29.508
SMSF	AMF	Nsmsf	N20	TS 29.540
UDM	SMF	Nudm	N10	TS 29.503
UDM	AUSF	Nudm	N13	TS 29.503
UDM	SMSF	Nudm	N21	TS 29.503
UDM	AMF	Nudm	N8	TS 29.503
UDM	GMLC	NLh	NLh	TS 29.503
UDM	NEF	Nudm	Nudm	TS 29.503
UDR	PCF	Nudr	N25	TS 29.504
UDR	UDM	Nudr	Nudr	TS 29.519
UDR	BSF	Nudr	Nudr	TS 29.504
UDR	NEF	Nudr	Nudr	TS 29.504
UDR	UDM	Nudr	Nudr	TS 29.504
UDSF	AnyNF	Nudsf	Nudsf	TS 23.502
UE	UE	MAC	MAC	TS 38.321
UE	UE	PDCP	PDCP	TS 38.323
UE	UE	PHY	PHY	TS 38.211、TS 38.212、TS 38.213、TS 38.214
UE	UE	RLC	RLC	TS 38.322
UE	UE	SDAP	SDAP	TS 37.324
UPF	SMF	PFCP	N4	TS 23.501、TS 29.244
UPF	DN	N6	N6	TS 29.516、TS 29.561
UPF	UPF	N9	N9	TS 29.516
UPF	RAN	N3	N3	TS 29.281、TS 38.415
UPF	UE	NG-U	NG-U	TS 38.410、TS 38.411、TS 38.412、TS 38.413、TS 38.414

  用户面的数据封装在 PDU 层。PDU 层对应于 PDU 与 PDU 会话之间携带的 PDU。当 PDU 会话类型为 IPv4 或 IPv6 或 IPv4v6 时，它对应于 IPv4 数据分

组或 IPv6 数据分组或 IPv4v6 数据分组；当 PDU 会话类型是以太网时，它对应于以太网帧。由于用户面数据需要在多个网络中传播，PDU 层的数据通过用户面的 GPRS（通用分组无线业务）隧道协议（GTP-U）传输。该协议支持通过在 N3/N9 隧道传输用户数据（在 5G-AN 节点和 UPF 之间）来复用不同 PDU 会话的流量（可能对应于不同的 PDU 会话类型）。GTP-U（用户面的 GPRS 隧道协议）应封装所有最终用户 PDU，它在每个 PDU 会话级别上提供封装，该层还携带 QoS 流相关联的标记。

关于 5G 网络中涉及的通信及互联网协议可以参考文献[1, 6]。

2.1.2　5G 网络功能

5G 网络功能是 5G 网络能力的具体实现方式，一些常用的 5G 网络功能和技术要点如下。

1. 网络接入控制

网络接入是用户连接到 5G 核心网（5GC）的方式，包括网络选择、身份验证、授权、接入控制、策略控制、合法拦截等功能。

（1）网络选择：是 UE 选择接入的网络，包括 PLMN 选择和接入网络选择。

（2）身份验证：网络可以在建立与 UE 的 NAS 信令连接的任何过程中对 UE 进行认证。网络可以选择使用 5G-EIR（5G 设备识别登记）执行 PEI 检查。

（3）授权：在成功识别和认证用户后，网络评估签约用户到 5GC 的连接性的授权，以及基于预订允许用户接入的服务的授权［如运营商确定的限制、漫游限制、接入类型和 RAT（无线接入技术）类型］等。该授权在 UE 注册过程中执行。

（4）接入控制：当 UE 需要发送初始 NAS 消息时，UE 将请求建立 RRC 连接。网络可以对该连接请求进行同意或限制操作。

（5）策略控制：包括服务授权在内的网络接入控制可能会受到策略控制的影响。

（6）合法拦截：网络具备进行合法侦听的定义和功能。

2. 注册和连接管理

注册管理用于在网络上注册或注销 UE/用户，并在网络中建立用户上下文。连接管理用于在 UE 和 AMF 之间建立和释放信令连接。

UE/用户需要向网络注册才能接收需要注册的服务。完成网络注册后，UE 会更新其在网络上的注册信息，包括定期更新、移动性更新和移动性注册更新。

初始注册过程包括网络接入控制功能（基于 UDM 中的签约配置文件的用户身份验证和接入授权）。作为注册过程的结果，为 UE 提供注册服务的 AMF 的标识符将被记录到 UDM 中。

注册区域管理包括用于向 UE 分配和重新分配注册区域的功能。按照接入类型（3GPP 接入或非 3GPP 接入）管理注册区域。当 UE 通过 3GPP 接入向网络注册时，AMF 会将 TAI 列表中的一组跟踪区域分配给该 UE。当 AMF 将注册区域（TAI 列表中的跟踪区域集）分配给 UE 时，可能会考虑各种信息（如移动模式和允许/不允许的区域）。具有整个 PLMN 作为服务区域的 AMF 能够可替换地将整个 PLMN 作为注册区域分配给 MICO（只由移动终端发起连接）模式下的 UE。

连接管理包括在 N1 接口上建立和释放 UE 和 AMF 之间的 NAS 信令连接的功能。该 NAS 信令连接用于启用 UE 与核心网络之间的 NAS 信令交换，包括 UE 和 AN 之间的接入网信令连接（3GPP 接入的 RRC 连接或非 3GPP 接入的 UE-N3IWF 连接），以及接入网和 AMF 之间该 UE 的 N2 接口连接。

NAS 信令连接管理包括建立功能和释放 NAS 信令连接。UE 和 AMF 提供 NAS 信令连接建立功能，以便为处于 CM-IDLE 状态的 UE 建立 NAS 信令连接。当处于 CM-IDLE 状态的 UE 需要发送 NAS 消息时，UE 将启动服务请求，注册或注销过程，以建立与 AMF 的 NAS 信令连接。

如果要通过 NG-RAN 节点建立 NAS 信令连接，但 AMF 检测到该 UE 已经通过旧的 NG-RAN 节点建立了 NAS 信令连接，则 AMF 将通过触发 AN 释放旧的已建立的 NAS 信令连接。

建立 NAS 信令连接后，基于 UE 偏好、UE 签约、移动性模式和网络配置等因素，AMF 可以保持 NAS 信令连接直到 UE 从网络注销为止。

3. UE 可达性管理

可达性管理负责检测 UE 是否可达，并为网络提供到达 UE 的 UE 位置（接入节点）。这是通过寻呼 UE 和 UE 位置跟踪来完成的。UE 位置跟踪包括 UE 注册区域跟踪（UE 注册区域更新）和 UE 可达性跟踪（UE 定期注册区域更新）。此类功能可以位于 5GC（在 CM-IDLE 状态下）或 NG-RAN（在 CM-CONNECTED 状态下）中。

如果 AMF 中的 UE 的 CM 状态为 CM-IDLE 状态，则除非 UE 应用 MICO 模式，否则 AMF 认为 UE 可以通过 CN 寻呼到达；如果 UE 的 CM 状态为 CM-CONNECTED 状态，且 UE 无法接入 AMF 所服务的接入网，则 NG-RAN 将会通知 AMF。5GS 基于运营商的配置，支持 AMF 和 NG-RAN 为不同类型的流量应用不同的寻呼策略。

在 UE 处于 CM-IDLE 状态的情况下，AMF 执行寻呼，并执行 AMF 相关寻呼策略。如果部署了 NWDAF（网络数据分析功能），则 AMF 也可以使用 NWDAF 提供的关于 UE 移动性的分析。

在 UE 处于 CM-CONNECTED 且 RRC 处于非活动状态的情况下，NG-RAN 执行寻呼，并执行相关确定寻呼策略。

在来自 SMF 的网络触发服务请求的情况下，SMF 根据从 UPF 接收到的下行数据或下行数据的通知确定 5QI 和 ARP。SMF 在发送到 AMF 的请求中包括与接收到的下行链路 PDU 对应的 5QI（5G QoS 标识符）和 ARP（分配和保留优先权）。如果 UE 处于 CM-IDLE 状态，则 AMF 使用如 5QI 和 ARP 来导出不同的寻呼策略。

寻呼优先级是允许 AMF 在发送给 NG-RAN 的寻呼消息中包含以优先级寻呼 UE 指示的功能。从 SMF 接收的消息中包含 ARP 值，该值可以应用于等待在 UPF 中传递的 IP 数据分组。基于该值，AMF 可以决定是否在"寻呼"消息中包含寻呼优先级。如果 ARP 值与选择的优先级服务相关联，则 AMF 在寻呼消息中包括寻呼优先级。当 NG-RAN 收到具有寻呼优先级的寻呼消息时，它将根据优先级处理寻呼。AMF 在等待 UE 响应无优先级发送的寻呼的同时，如果从 SMF 接收到具有与选定优先级服务相关的 ARP 的另一条消息，则 AMF 向无线接入网发送另一条寻呼消息，包括寻呼优先级。对于后续消息，AMF 可以根据本地策略确定是否以更高的寻呼优先级发送寻呼消息。

对于处于 RRC 非活动状态的 UE，NG-RAN 根据运营商策略规定的与 QoS 流相关联的 ARP 和来自 AMF 的核心网辅助 RAN 寻呼信息来确定寻呼优先级。

4. MICO 模式管理

5G 引入了 UE 的 MICO 模式，该模式可以应用于某些只由终端发起连接而无须实时监听网络寻呼的场景，如某些物联网设备。

UE 可以在初始注册或移动性注册更新过程中指示对 MICO 模式的偏好。AMF 基于本地配置、预期的 UE 行为（如果可用）、UE 指示的首选项、UE 签约信息和网络策略或它们的任意组合，确定是否允许 UE 使用 MICO 模式，并在注册过程中将其指示给 UE。如果部署了 NWDAF，则 AMF 还可使用对由 NWDAF 生成的 UE 移动性和/或 UE 通信的分析来确定 MICO 模式参数。如果 UE 在注册过程中未指示对 MICO 模式的偏好，则 AMF 将不为该 UE 激活 MICO 模式。

为了节省功率以实现 MT 可达性（如蜂窝物联网），MICO 模式应具有以下增强功能。

（1）具有延长连接时间的 MICO 模式。

（2）具有活动时间的 MICO 模式。

（3）MICO 模式和周期注册定时器控制。

当 AMF 向 UE 指示 MICO 模式时，如果 AMF 中 UE 的 CM 状态为 CM-IDLE，则 AMF 认为 UE 始终不可达。AMF 以适当的原因拒绝对 MICO 模式下的 UE 进行下行链路数据传输的任何请求，并且在 AMF 中其 UE 的 CM 状态为 CM-IDLE。对于 NAS 上的 MT-SMS，AMF 通知 SMSF UE 无法到达，然后终止 SMS 传递的过程。AMF 还将推迟位置服务等。只有当 UE 处于 CM-CONNECTED 状态时，MICO 模式下的 UE 才可到达移动终端数据或信令。MICO 模式下的 UE 处于 CM-IDLE 状态时无须监听寻呼。

处于 MICO 模式的 UE 可以停止 CM-IDLE 状态中的任何接入层过程，直到出现以下情况时，UE 才启动从 CM-IDLE 到 CM-CONNECTED 状态的变化。

（1）UE 的更改（如配置更改）需要更新其在网络中的注册。

（2）定期注册计时器到期。

（3）MO 数据需要发送。

（4）MO 信令挂起（如 SM 过程初始化）。

5. UE 无线能力管理

UE 无线能力信息包含关于 UE 支持的 RAT 信息（如功率等级、频带等）。由于此类信息量较大，为了避免每次状态转换时的无线开销，AMF 将在 UE 的 CM-IDLE 状态和 UE 的 RM-REGISTERED 状态期间存储 UE 能力信息，在有需要时将其最新的 UE 无线能力信息发送给 N2 REQUEST 消息中的 RAN。

当 AMF 中 UE 的 RM 状态转换为 RM-DELOCATED 时，AMF 删除 UE 无线功能。即使在 AMF 重选过程中，UE 无线能力也保持在核心网络中。

如果在 CM-IDLE 状态下 UE 的 NG-RAN UE 无线能力信息发生变化，则 UE 应执行将注册类型设置为移动性注册更新的注册过程，并且还应包括"UE 无线能力更新"。当 AMF 收到 UE 请求的带有"UE 无线能力更新"的移动性注册更新请求时，它应删除已为 UE 存储的任何 UE 无线能力信息。

如果在 UE 处于 CM-CONNECTED 状态时触发更改 UE 的 NG-RAN UE 无线能力信息，则 UE 应首先进入 CM-IDLE 状态，然后执行将注册类型设置为移动性注册更新（包括"UE 无线功能更新"）。

在 UE 保持在 RRC 连接或 RRC 非活动状态的持续时间内，RAN 存储从 N2 接口消息中或 UE 处获得的 UE 无线能力信息。

6. NG-RAN 位置报告

NG-RAN 支持 NG-RAN 位置报告，用于需要准确的小区标识服务（如紧急服务、合法拦截、收费）或其他 NF 签约 AMF 的 UE 移动性事件通知服务。当目标 UE 处于 CM-CONNECTED 状态时，AMF 可以使用 NG-RAN 位置报告。AMF 可以请求具有事件报告类型（如 UE 位置或感兴趣区域中的 UE 存在）、报告模式及其相关参数（如报告数量）的 NG-RAN 位置报告。如果 AMF 请求 UE 位置，则 NG-RAN 根据所请求的报告参数（如一次性报告或连续报告）报告当前 UE 位置（如果 UE 处于 RRC 非活动状态，则报告上一个带有时间戳的最近的 UE 位置）。如果 AMF 请求 UE 在关注区域中存在，则 NG-RAN 在 NG-RAN 确定 UE 在关注区域中变化时报告 UE 位置和指示（进入、离开或未知）。

在完成基于 N2 接口切换后，如果需要 NG-RAN 位置报告信息，则 AMF 将向目标 NG-RAN 节点重新请求 NG-RAN 位置报告。对于基于 Xn 的切换，源 NG-RAN 必须将请求的 NG-RAN 位置报告信息传输到目标 NG-RAN 节点。

7. 会话管理

5GC 支持 PDU 连接服务，即在 UE 和 DNN 标识的数据网络之间提供 PDU 交换的服务。UE 要求建立的 PDU 会话可以支持 PDU 连接服务。AMF 负责选择 SMF。

每个 PDU 会话支持单个 PDU 会话类型，支持在 PDU 会话建立时由 UE 请求的单一类型的 PDU 的交换。

使用在 UE 和 SMF 之间通过 N1 交换的 NAS SM 信令建立(根据 UE 请求)、修改（根据 UE 和 5GC 请求）和释放（根据 UE 和 5GC 请求）PDU 会话。

根据应用服务器的请求，5GC 能够触发 UE 中的特定应用。当接收到该触发消息时，UE 应将其传递给 UE 中已识别的应用过程。UE 中标识的应用过程可以建立到特定 DNN 的 PDU 会话中。

SMF 可以支持 LADN（本地数据网络）的 PDU 会话，其中仅在特定的 LADN 服务区域中才可以接入 DN。SMF 可以支持 5G VN 组的 PDU 会话，该组提供了一个虚拟的数据网络,该网络能够在 5G 系统上支持 5GLAN 类型的服务。SMF 负责检查 UE 请求是否符合用户签约。因此，它从 UDM 检索并请求接收有关 SMF 级别签约数据的更新通知。此类数据可以指示 HPLMN 的每个 DNN 和每个 S-NSSAI。

（1）允许的 PDU 会话类型和默认的 PDU 会话类型。

（2）允许的 SSC 模式和默认的 SSC 模式。

（3）服务质量信息：签约的会话 AMBR（聚合最大比特速率）、默认 5QI 和默认 ARP。

（4）静态 IP 地址/前缀。

（5）签约的用户面安全策略。

（6）与 PDU 会话相关的计费特征。

5G 支持永远在线的 PDU 会话机制。永远在线的 PDU 会话是在从 CM-IDLE 状态到 CM-CONNECTED 状态的每次转换中必须激活用户面资源的 PDU 会话。基于来自上层应用的指示，UE 可以请求将 PDU 会话建立为始终在线的 PDU 会话。SMF 决定是否可以将 PDU 会话建立为始终在线的 PDU 会话。在归属路由漫游的情况下，应基于本地策略使用 V-SMF 来确定 PDU 会话是否可以建立为始终在线的 PDU 会话。系统间的切换从 EPS 更改为 5GS 后，如果 UE 要求 5GC 将在 EPS 中建立的 PDU 会话修改为始终在线的 PDU 会话，则 SMF 决定是否可以将 PDU 会话建立为始终在线的 PDU 会话。即使没有针对该 PDU 会话的未决上行链路数据，或者当仅触发服务请求以发送信号时，或者触发服务请求仅出于寻呼响应时，UE 仍将请求激活永远在线的 PDU 会话的用户面资源。如果 UE 有一个或多个已建立的 PDU 会话，网络未将其作为永远在线的 PDU 会话接受，并且 UE 没有待发送的上行链路用户数据要发送给这些 PDU 会话，则 UE 不应请求激活用户面资源用于那些 PDU 会话。永远在线的 PDU 会话可以作为对 uRLLC 的支持。

PDU 会话可能支持以下服务。

（1）单接入 PDU 连接服务，在这种情况下，PDU 会话在给定时间内与单一接入类型相关联，即 3GPP 接入或非 3GPP 接入。

（2）多址 PDU 连接服务，在这种情况下，PDU 会话同时与 3GPP 接入和非 3GPP 接入两者相关联，并且同时与 PSA（PDU 会话锚点）和 RAN/AN 之间的两个独立的 N3/N9 隧道相关联。

UE 可以通过 N6 接口建立到同一数据网络的多个 PDU 会话，并且由不同的 UPF 来服务。具有多个已建立的 PDU 会话的 UE 可以由不同的 SMF 来服务。SMF 必须按照 UDM 中每个 PDU 会话的粒度进行注册和注销。属于同一 UE 的不同 PDU 会话（到相同或不同 DNN）的用户面路径可能在 AN 和与 DN 接口的 UPF 之间完全不相交。当 SMF 无法控制 UPF 终止 PDU 会话使用的 N3 接口，并且 SSC 模式 2/3 的过程未应用于 PDU 会话时，在 SMF 和 AMF 之间插入 I-SMF 并处理 PDU 会话。在 PDU 会话的生存期内，为 PDU 会话（锚）提供服务的 SMF 不会被更改。

会话管理功能由 SMF 网络功能负责执行，与其相关的接口和交互信息将因接口属性的不同而不同。

（1）N1 接口与 SMF 的交互如下。

① 单个 N1 终结点位于 AMF 中。AMF 基于 NAS 消息中的 PDU 会话 ID 将 SM 相关的 NAS 信息转发到 SMF。在同一接入上可传输针对 AMF 接入（如

3GPP 接入或非 3GPP 接入）接收的 N1 NAS 信令的其他 SM NAS 交换（如 SM NAS 消息响应）。

② 服务 PLMN 确保在同一接入上传输针对 AMF（如 3GPP 接入或非 3GPP 接入）接收的 N1 NAS 信令的后续 SM NAS 交换（如 SM NAS 消息响应）。

③ SMF 处理 NAS 信令的会话管理与 UE 交换。

④ UE 将只在 RM 注册状态发起 PDU 会话建立。

⑤ 当选择 SMF 服务特定的 PDU 会话时，AMF 必须确保与该 PDU 会话相关的所有 NAS 信令均由同一 SMF 实例处理。

⑥ 在成功建立 PDU 会话后，对将 AMF 和 SMF 存储接入类型的 PDU 会话进行关联。

（2）N2 接口与 SMF 的交互如下。

① 一些 N2 信令（如与切换相关的信令）可能需要 AMF 和 SMF 的合作。在这种情况下，AMF 负责确保 AMF 和 SMF 之间的协调。AMF 可以基于 N2 信令中的 PDU 会话 ID 将 SM N2 信令转发到对应的 SMF。

② SMF 应向 NG-RAN 提供 PDU 会话类型与 PDU 会话 ID，以便 NG-RAN 以不同 PDU 类型的数据分组应用合适的报头压缩机制。

（3）N3 接口与 SMF 的交互如下。

对现有 PDU 会话的 UP 连接的选择性激活和去激活。

（4）N4 接口与 SMF 的交互如下。

当 UPF 知道无下行链路 N3 隧道信息的某个下行数据到达 UE 时，SMF 与 AMF 交互以启动网络触发的服务请求过程。在这种情况下，如果 SMF 知道 UE 不可到达，或者如果 UE 仅可用于监管优先服务而可到达，而 PDU 会话不适用于监管优先服务，则 SMF 不应将下行数据通知告知 AMF。

（5）N11 接口与 SMF 的相关交互如下。

① 在 AMF 报告 UE 的基础上通过 SMF 签约，包括可达性。

② 关于由 SMF 指示的关注区域的 UE 位置信息。

③ 当 PDU 会话已释放时，SMF 向 AMF 指示。

④ 成功建立 PDU 会话后，AMF 将存储 UE 服务 SMF 的标识，SMF 将存储包括 AMF 集的 UE 服务 AMF 的标识。

为了实现对 PDU 会话数据的处理，5G 网络支持两种 PDU 会话的数据处理模式：UL 分类器和 IPv6 多宿主模式。

在 PDU 会话中使用 UL 分类器的工作原理如下。

在 IPv4/IPv6/IPv4v6/以太网类型的 PDU 会话中，SMF 可以决定在 PDU 会话的数据路径中插入 UL CL（上行链路分类器）。UL CL 是 UPF 支持的功能，

旨在转移（本地）SMF 提供的某些流量匹配流量过滤器。UL CL 的插入和移除由 SMF 决定，并由 SMF 使用通用 N4 和 UPF 功能进行控制。SMF 可以决定在 PDU 会话建立期间或之后在 PDU 会话的数据路径中插入支持 UL CL 功能的 UPF，或者从 PDU 会话的数据路径中删除在 PDU 会话之后支持 UL CL 功能的 UPF。SMF 可以在 PDU 会话的数据路径中包括一个以上支持 UL CL 功能的 UPF。UE 不知道 UL CL 的业务转移，并且不参与 UL CL 的插入和移除。在 IPv4/IPv6/IPv4v6 类型的 PDU 会话中，UE 将 PDU 会话与由网络分配的单个 IPv4 地址或单个 IPv6 前缀或 IPv4v6 相关联。

在 PDU 会话的数据路径中插入 UL CL 功能后，此 PDU 会话将有多个 PDU 会话锚。这些 PDU 会话锚提供对同一 DN 的不同接入。在 IPv4/IPv6/IPv4v6 类型的 PDU 会话中，仅一个 IPv4 地址和/或 IPv6 前缀被提供给 UE。

UL CL 提供向不同的 PDU 会话锚的 UL 流量转发及向 UE 的 DL 流量合并（合并链路上来自不同 PDU 会话的锚到 UE 的流量）功能。这基于 SMF 提供的流量检测和流量转发规则。

UL CL 应用过滤规则检查目标 IP 地址/UE 发送的 UL IP 数据分组的前缀，并确定应如何路由数据分组。支持 UL CL 的 UPF 也可以由 SMF 控制，以支持用于计费的流量测量、用于合法拦截的流量复制和比特率实施[每个 PDU 会话的会话聚合最大比特率（Session-AMBR）]。

在 PDU 会话中使用 IPv6 多宿主模式的工作原理如下。

PDU 会话可以与多个 IPv6 前缀关联，这称为多宿主 PDU 会话。多宿主 PDU 会话通过多个 PDU 会话锚提供对数据网络的接入。使不同 PDU 会话锚的不同用户面路径在支持分支点功能的 UPF 处分支，分支点提供向不同的 PDU 会话锚的上行流量转发及向 UE 的下行流量合并（合并链路上来自不同 PDU 会话锚的到 UE 的流量）功能。

支持分支点功能的 UPF 也可以由 SMF 控制，以支持用于计费的流量测量、用于合法拦截的流量复制和比特率实施。分支点的插入和删除由 SMF 决定，并由 SMF 通过常规 N4 和 UPF 功能进行控制。

PDU 会话的多宿主仅适用于 IPv6 类型的 PDU 会话。当 UE 请求类型为 IPv4v6/IPv6 的 PDU 会话时，UE 还向网络提供是否支持多宿主 IPv6 PDU 会话的指示。

PDU 会话中多个 IPv6 前缀的使用具有以下特征。

（1）支持分支点功能的 UPF 由 SMF 配置为在 PDU 会话锚之间基于 PDU 的源前缀在上行会话锚之间分发上行流量。

（2）UE 基于 IETF RFC 4191 来配置路由信息和偏好决定以进行源前缀的

选择。

（3）可以使用多宿主 PDU 会话来支持先断后通服务连续性，以支持 SSC 模式 3。

（4）多归属 PDU 会话也可以用于支持 UE 需要接入本地服务（如本地服务器）和中央服务（如互联网）的情况。

8. 漫游

在漫游的情况下，5GC 支持以下 PDU 会话可能的部署方案。

（1）本地疏导（LBO），其中，PDU 会话所涉及的 SMF 和所有 UPF 都受 VPLMN 控制。

（2）归属路由（HR），其中，PDU 会话由归属 PLMN 控制下的 SMF/UPF 功能和 VPLMN 控制下的 SMF/UPF 功能进行控制。在这种情况下，归属 PLMN 中的 SMF 选择归属 PLMN 中的 UPF，VPLMN 中的 SMF 选择 VPLMN 中的 UPF。

9. 会话和服务连续性

对 5G 系统架构中会话和服务连续性的支持使网络能够满足 UE 的不同应用过程/服务的各种连续性要求。5G 系统支持 3 种不同的会话和服务连续性（SSC）模式，与 PDU 会话关联的 SSC 模式在 PDU 会话的生存期内不会更改。

（1）在 SSC 模式 1 下，网络保留提供给 UE 的连接服务。对于 IPv4、IPv6 或 IPv4v6 类型的 PDU 会话，将保留 IP 地址。

（2）在 SSC 模式 2 下，网络可以释放传递给 UE 的连接服务，并释放相应的 PDU 会话。对于 IPv4、IPv6 或 IPv4v6 类型的情况，PDU 会话的释放导致释放已分配给 UE 的 IP 地址。

（3）在 SSC 模式 3 下，UE 可以看到用户面的更改，同时网络可以确保 UE 不会失去连接性。在终止先前的连接之前，将通过新的 PDU 会话锚点建立连接，以实现更好的服务连续性。对于 IPv4、IPv6 或 IPv4v6 类型，当 PDU 会话锚更改时，IP 地址不会以这种模式保留。

上述各种模式的工作机制如下。

（1）SSC 模式 1。

对于 SSC 模式 1 的 PDU 会话，无论 UE 连续用来接入网络的接入技术（如接入类型和小区）如何，都维持在 PDU 会话建立时作为 PDU 会话锚的 UPF。在 IPv4、IPv6 或 IPv4v6 类型的 PDU 会话的情况下，无论 UE 移动性事件如何，都支持 IP 连续性。SSC 模式 1 可以应用于任何 PDU 会话类型和任何接入类型。

（2）SSC 模式 2。

如果 SSC 模式 2 的 PDU 会话具有单个 PDU 会话锚，则网络可以触发 PDU 会话的释放，并指示 UE 立即建立到相同数据网络的新的 PDU 会话。触发条件取决于运营商策略，如来自应用功能的请求、基于负载状态等。在建立新的 PDU 会话时，可以选择一个新的 UPF 作为 PDU 会话锚；否则，如果 SSC 模式 2 的 PDU 会话具有多个 PDU 会话锚（在多宿主 PDU 会话的情况下或 UL CL 应用于 SSC 模式 2 的 PDU 会话的情况下），则其他 PDU 会话锚可以被释放或分配。SSC 模式 2 可以应用于任何 PDU 会话类型和任何接入类型。

（3）SSC 模式 3。

对于 SSC 模式 3 的 PDU 会话，网络允许在释放 UE 与先前的 PDU 会话锚之间的连接前，通过新的 PDU 会话锚建立到同一数据网络的 UE 连接。当触发条件适用时，网络会决定是否选择适合 UE 的新条件（如网络的连接点）的 PDU 会话锚 UPF。SSC 模式 3 仅适用于 IP PDU 会话类型和任何接入类型。

SSC 模式的选择是由 SMF 根据用户签约中允许的 SSC 模式（包括默认 SSC 模式）、PDU 会话类型及 UE 请求的 SSC 模式（如果存在）来决定的。

10. QoS 模型

5G QoS 模型基于 QoS 流。5G QoS 模型同时支持需要保证流比特率的 QoS 流（GBR QoS 流）和不需要保证流比特率的 QoS 流（非 GBR QoS 流）。5G QoS 模型还支持反射式 QoS。

QoS 流是 PDU 会话中 QoS 区分的最佳粒度。QoS 流 ID（QFI）用于标识 5G 系统中的 QoS 流。PDU 会话中具有相同 QFI 的用户面流量会收到相同的流量转发处理（如调度、准入阈值）。QFI 承载在 N3（和 N9）上的封装头中，无须对端到端数据分组头进行任何更改。QFI 必须用于所有 PDU 会话类型。QFI 在 PDU 会话中应是唯一的。QFI 可以动态分配，也可以等于 5QI。在 5GS 中，QoS 流由 SMF 控制，可以通过 PDU 会话建立过程或 PDU 会话修改过程设置。

11. 用户面管理

用户面功能处理 PDU 会话的用户面路径。3GPP 规范支持给定 PDU 会话使用单个 UPF 或多个 UPF 进行部署。UPF 的选择由 SMF 执行。PDU 会话支持的 UPF 数量不受限制。

对于没有多宿主或 IPv4v6 类型 PDU 会话的 IPv4 类型 PDU 会话或 IPv6 类型 PDU 会话，当使用多个 PDU 会话锚（由于插入了 UL CL）时，仅分配一个 IPv4 地址和/或 IPv6 前缀用于 PDU 会话；对于 IPv6 多宿主 PDU 会话，为 PDU 会话分配多个 IPv6 前缀。

如果 SMF 已请求 UPF 为以太网 DNN（深度神经网络）代理 ARP 或 IPv6 邻居请求，则 UPF 应该自行响应 ARP 或 IPv6 邻居请求，可以支持通过单个 SMF 或多个 SMF（对于不同的 PDU 会话）控制 UPF 的部署。

SMF 可以使用 UPF 流量检测功能，能够至少控制 UPF 的以下功能。

（1）流量检测（如对 IP 类型、以太网类型或非结构化类型的流量进行分类）。

（2）流量报告（如允许 SMF 支持收费）。

（3）QoS 执行。

（4）流量路由（如针对 UL CL 或 IPv6 多宿主来定义）。

12.　安全功能

5G 系统的安全功能如下。

（1）UE 与网络之间的相互身份验证。

（2）安全上下文的生成和分发。

（3）用户面数据机密性和完整性保护。

（4）控制面信令机密性和完整性保护。

（5）用户身份保密。

（6）支持合法的监听拦截。

对于 5G 网络中的信令将采取以下安全策略。

当 UE 通过 NG-RAN 与独立的非 3GPP 接入进行连接时，使用独立的 NAS（网络附属存储）安全上下文对多个 N1 实例进行安全保护，每个 NAS 上下文都是基于相应 SEAF 中的安全上下文创建的。通过 PDU 用户面安全实施信息指定 NG-RAN 所提供的 PDU 会话的用户面安全策略，包括如下几个方面。

（1）用户面完整性保护选项包括以下 3 种。

① 必需：对于 PDU 会话用户面上的所有流量，应该采用完整性保护。

② 首选：对于 PDU 会话用户面上的所有流量，可以采用完整性保护。

③ 不需要：用户面完整性保护不适用于 PDU 会话。

（2）用户面机密性保护包括以下 3 种。

① 必需：对于 PDU 会话用户面上的所有流量，应该采用机密性保护。

② 首选：对于 PDU 会话用户面上的所有流量，可以采用机密性保护。

③ 不需要：用户面机密性不适用于 PDU 会话。

作为 PDU 会话相关信息的一部分，用户面安全实施信息（包括由 UE 提供的用于完整性保护的最大支持数据速率）从 SMF 传输到 NG-RAN，以便实施相应安全保护。如果确定用户面的完整性保护为"必需"或"首选"，则 SMF 还将按照其所接收到的完整性保护最大数据速率为每个 UE 提供用于完整性保护的最大支持数据速率。这些安全保护措施在建立 PDU 会话时或在 PDU 会话

的用户面激活时发生。当 NG-RAN 无法满足值为"要求"的用户面安全实施信息时，它拒绝为 PDU 会话建立 UP 资源。NG-RAN 在其是否接受或拒绝建立 UP 资源的决定中也可以考虑每个 UE 的最大支持数据速率以进行完整性保护。在这种情况下，SMF 释放 PDU 会话。NG-RAN 无法通过 SMF 值在执行"首选"时通知 SMF。

13. 对边缘计算的支持

边缘计算使运营商和第三方服务可以托管在靠近 UE 接入点的位置，从而通过减少端到端时延和传输网络上的负载来实现高效的服务交付。边缘计算通常适用于非漫游和 LBO 漫游方案。5G 核心网选择一个靠近 UE 的 UPF，并通过 N6 接口执行从 UPF 到本地数据网络的流量控制。这可以基于 UE 的签约数据、UE 位置、来自应用功能（AF）的信息、策略或其他相关业务规则。由于用户或应用程序功能的移动性，可能基于服务或 5G 网络的要求来提供服务或会话连续性。

5G 核心网络可能会将网络信息和功能开放给边缘计算应用功能。根据运营商的部署，可以允许某些应用功能与需要和其交互的控制面网络功能直接交互，而其他应用功能则需要通过 NEF 使用外部公开框架。边缘计算可以由以下因素之一或组合支持。

（1）用户面（重新）选择：5G 核心网（重新）选择 UPF 将用户流量路由到本地数据网络。

（2）本地路由和流量控制：5G 核心网选择要路由到本地数据网络应用过程的流量。

（3）将单个 PDU 会话与多个 PDU 会话锚定一起使用（UL CL/IPv6 多宿主）。

（4）会话和服务连续性，使 UE 和应用过程具有移动性。

（5）应用功能可能会影响通过 PCF 或 NEF 的 UPF（重新）选择和流量路由。

（6）网络能力开放：5G 核心网和应用功能通过 NEF 相互提供信息。

（7）QoS 和计费：PCF 为路由到本地数据网络的流量提供 QoS 控制和计费规则。

（8）支持局域网数据：5G 核心网支持在部署应用过程的特定区域连接到 LADN。

14. 对网络切片的支持

网络切片实例在 PLMN 中定义，并且应包括核心网控制面和用户面网络功能，对于不同的功能和网络功能优化，网络切片可能会有所不同，在这种情况下，此类网络切片可能具有不同切片/服务类型的不同 S-NSSAI。运营商可以为多个不同的 UE 组部署能够提供功能完全相同的多个网络切片。

　　UE 的一组网络切片实例的选择通常是通过与 NSSF 交互，而且是在注册过程中由第一个所联系的 AMF 触发的，并且可能导致 AMF 的更改。PDU 会话每个 PLMN 只有一个特定的网络切片实例。尽管不同的网络切片实例可能具有使用同一 DNN 的特定于切片的 PDU 会话，但不同的网络切片实例不共享 PDU 会话。在切换过程中，源 AMF 通过与 NRF 交互来选择目标 AMF。

　　15. 对蜂窝物联网的支持

　　在注册时，物联网 UE 包括其 5G 首选网络行为，该行为指示 UE 可以支持的网络行为及其希望使用的网络行为。5G 首选的网络行为如下。

　　（1）是否支持控制面 CIoT（蜂窝物联网）5GS 优化。

　　（2）是否支持用户面 CIoT 5GS 优化。

　　（3）是首选控制面 CIoT 5GS 优化还是用户面 CIoT 5GS 优化。

　　（4）是否支持 N3 数据传输。

　　（5）是否支持用于控制面 CIoT 5GS 优化的报头压缩。

　　如果 UE 指示支持 N3 数据传输，则 UE 支持不受 CIoT 5GS 优化影响的数据传输。如果 UE 指示支持用户面 CIoT 5GS 优化，则它还应指示支持 N3 数据传输。AMF 在 5G 支持的网络行为信息中指示网络接受的网络行为，该指示是每个注册区域的。AMF 可能指示以下一项或多项。

　　（1）是否支持控制面 CIoT 5GS 优化。

　　（2）是否支持用户面 CIoT 5GS 优化。

　　（3）是否支持 N3 数据传输。

　　（4）是否支持用于控制面 CIoT 5GS 优化的报头压缩。

　　如果 AMF 表示支持用户面 CIoT 5GS 优化，则它也应支持 N3 数据传输。如果 UE 和 AMF 指示支持用户面 CIoT 5GS 优化，则 AMF 指示支持 UE 的用户面 CIoT 5GS 优化，以支持 NG-RAN。

　　对于仅支持控制面 CIoT 5GS 优化的 NB-IoT UE，AMF 将在"注册接受"消息中支持控制面 CIoT 5GS 优化；支持 NB-IoT 的 UE 必须始终指示支持控制面 CIoT 5GS 优化，支持 WB-E-UTRA（Wideband part of E-UTRA）的 UE 必须始终指示支持 N3 数据传输。来自 UE 的 5G 首选网络行为指示可用于影响可能导致"注册请求"从 AMF 重新路由到另一个 AMF 的策略。

　　物联网 UE 基于 EPC 和 5GC 的广播指示及 UE 的 EPC 和 5GC 首选网络行为来选择核心网的类型（EPC 或 5GC）。对于支持 NB-IoT，它应在系统信息中广播有关是否支持 N3 数据传输的指示。当 UE 执行注册过程时，它将在"注册请求"消息中包含其首选网络行为（用于 5G 和 EPC），并且 AMF 在"注册接受"消息中以 5G 支持的网络行为进行响应。如果 UE 支持 5GC 首选

网络行为中包含的任何 CIoT 5GS 优化，则当 UE 执行附加或 TAU（跟踪区域更新）过程且 UE 包括其 EPC 首选网络行为时，UE 还应包括其 5GC 首选网络行为。

CIoT 的一些专有优化如下。

（1）MICO 工作模式：只由终端发起连接的工作模式（前述）。

（2）控制面 CIoT：5GS 优化用于在 UE 和 SMF 之间交换用户数据，作为 NAS 消息在上行链路和下行链路方向上的有效负载，从而避免为 PDU 会话建立用户面连接。UE 和 AMF 通过使用 NAS PDU 完整性保护和加密对用户数据执行完整性保护和加密。对于 IP 和以太网数据，UE 和 SMF 可以协商并执行头压缩。

（3）非 IP 数据传输（NIDD）：NIDD 可用于处理与 UE 的移动始发（MO）和移动终结（MT）进行通信，其中，用于通信的数据被认为是非结构化的（如非 IP）。可以通过以下两种机制之一完成向 AF 的此类传递。

① 使用 NIDD API 交付。

② 通过点对点（PtP）N6 隧道经 UPF 交付。

16. 网络开放功能（NEF）

网络开放功能（NEF）支持网络功能的外部开放，开放内容可以分为监视功能、UE 信息提供功能、策略/计费功能和分析报告功能。监视功能用于监视 5G 系统中 UE 的特定事件，并使此类监视事件信息可用于通过 NEF 进行外部暴露；UE 信息提供功能可向外部应用提供可用于 5G 系统的 UE 的信息；策略/计费功能基于来自外部的请求为 UE 处理 QoS 和计费策略；分析报告功能允许外部获取或签约/取消签约 5GS 生成的分析信息。

17. 对虚拟化部署的架构支持

5GC 支持不同的虚拟化部署方案，如下。

（1）网络功能实例可以部署为分布式、冗余、无状态和可扩展的 NF 实例，NF 实例提供多个位置的服务及每个位置的多个执行实例。

（2）以上所述的部署类型通常不需要支持添加或删除 NF 实例来实现冗余和可伸缩性。在 AMF 的情况下，此部署选项可以使用启用器（Enables）功能，例如，添加、删除、释放 TNLA（传输网络层关联），以及将 NGAP UE 关联重新绑定到同一 AMF，从而建立新 TNLA。

（3）部署网络功能实例，以使 NF 集中存在多个网络功能实例作为一组 NF 实例一起提供分布式、冗余、无状态和可伸缩性。

（4）以上所述的部署类型可以支持添加或删除 NF 实例，以实现冗余和可伸缩性。在 AMF 的情况下，此部署选项可以使用启用器功能，例如，添加 AMF

和 TNLA、删除 AMF 和 TNLA、释放 TNLA，以及将 NGAP UE 关联重新绑定到同一 AMF 集中的不同 AMF，从而建立新 TNLA。

（5）对于 SEPP（安全边界保护代理），即使没有 NF 实例，也可部署分布式、冗余、无状态、可扩展的实例。

（6）对于 SCP，即使没有 NF 实例，也可部署分布式、冗余和可扩展的实例。可以通过上述每个方案中的某些概念或任意组合进行部署。

18. 支持超高可靠低时延通信

5G 网络通过冗余传输实现高可靠性的通信功能增强 5GS 以支持超高可靠低时延通信（uRLLC）。当 PDU 会话服务于 uRLLC QoS 流时，UE 和 SMF 应将 PDU 会话建立为永远在线 PDU 会话。当触发 PDU 会话的建立取决于 UE 的实现时，UE 应知道 PDU 会话是否要为 uRLLC QoS 流服务。

为了支持高度可靠的 uRLLC 服务，UE 可以在 5G 网络上建立两个冗余 PDU 会话，使 5GS 将两个冗余 PDU 会话的用户面路径设置为不相交的。用户签约指示是否允许用户具有冗余 PDU 会话，并且该指示通过 UDM 提供给 SMF。在 3GPP 范围外，可以依靠上层协议，如 IEEE TSN（时间敏感网络）、FRER（可靠性的帧复制和消除）来管理复制路径上冗余数据分组/帧的复制和消除。

运营商可以通过以下自定义方案支持 uRLLC。

（1）RAN 支持双连接，并且具有在目标区域的双重连接，足够覆盖 RAN。

（2）用户设备支持双连接。

（3）核心网 UPF 部署与 RAN 部署保持一致，并支持冗余用户面路径。

（4）基础的传输拓扑与 RAN 和 UPF 部署保持一致，并支持冗余的用户面路径。

（5）物理网络拓扑和功能的地理分布支持运营商认为必要的冗余用户面路径。

（6）在运营商认为必要的范围内，使冗余用户面路径的操作充分独立，如独立的功率。

2.1.3　5G 网络身份标识

在 5G 网络中，需要对用户身份进行识别，包括用户隐私，所以需要用到各种临时身份标识符。5G 系统为每个用户分配一个 5G 签约永久标识符（SUPI），以便在 3GPP 系统中使用。5G 系统支持独立于用户设备标识的签约标识。每个接入 5G 系统的 UE 都应分配一个永久设备标识符（PEI）。5G 系统支持分配临时标识符（5G-GUTI），以支持用户机密性保护。以下是对各种标识符的具体介绍。

1．SUPI

5G 系统为每个签约用户分配全球唯一的 5G SUPI，并在 UDM/UDR 中进行配置。SUPI 仅在 3GPP 系统内部使用，其保密性在 3GPP TS 33.501 中指定。SUPI 可能包含 3GPP TS 23.003 中定义的 IMSI、特定于网络的标识符，用于 3GPP TS 22.261 中定义的专用网络。SUPI 可以使用 3GPP TS 23.003 中定义的基于 IETF RFC 7542 的 NAI（网络接入标识符）。当采用 NAI 的形式时，可以是基于 IMSI 或非 IMSI（如当用于非 3GPP 接入技术或专用网络）的 NAI。为了启用漫游场景，SUPI 应包含本地网络的地址。为了与 EPC 互通，分配给 3GPP UE 的 SUPI 必须始终基于 IMSI，以使 UE 能够向 EPC 呈现 IMSI。

2．PEI

5G 系统为通过 3GPP 接入的 UE 定义了一个 PEI。PEI 可以针对不同的 UE 类型和用例采用不同的格式。UE 应将 PEI 与正在使用的 PEI 格式的指示一起呈现给网络。如果 UE 支持至少一种 3GPP 接入技术，则必须为 UE 分配 IMEI 格式的 PEI。

3．5G-GUTI

5G-GUTI 是 5G 全局唯一临时标识符。AMF 必须为 3GPP 和非 3GPP 接入的共用的 UE 分配 5G-GUTI。对于给定的 UE，将可能使用相同的 5G-GUTI 来访问 AMF 中的 3GPP 接入和非 3GPP 接入安全上下文。AMF 可以随时将新的 5G-GUTI 重新分配给 UE。AMF 可能会延迟使用新的 5G-GUTI 更新 UE，直到下一次 NAS 会话为止，构造方法为：

<5G-GUTI> := <GUAMI> <5G-TMSI>

4．5G-TMSI

当 GUAMI 仅识别一个 AMF 时，5G-TMSI（5G 临时移动用户身份，长度为 32 bit）在 AMF 中唯一地识别 UE。但是，当 AMF 使用不止一个 AMF 使用的 GUAMI 值向 UE 分配 5G-GUTI 时，AMF 应确保在分配的 5G-GUTI 中使用的 5G-TMSI 值尚未被另一个共用该 GUAMI 的值的 AMF 所使用，构造方法为：

<GUAMI> := <MCC> <MNC> <AMF Region ID> <AMF Set ID> <AMF Pointer>

5．5G-S-TMSI

5G-S-TMSI 是 GUTI 的简化形式，以实现更有效的无线信令过程（如在寻呼和服务请求期间），构造方法为：

<5G-S-TMSI> := <AMF Set ID> <AMF Pointer> <5G-TMSI>

6．SUCI

签约隐藏标识符（SUCI，Subscription Concealed Identifier）是包含隐藏

SUPI（Subscription Permanent Identifier）的隐私保护标识符，在 3GPP TS 33.501
中定义。5G 为 SUPI 引入了加密保护，即通过利用归属网络的公钥对 SUPI 进
行加密。在用户的 USIM 卡中存放一个归属网络的公钥，一旦需要向空中接口
发送 SUPI，就用该公钥对 SUPI 进行加密，加密后的数据即为 SUCI。图 2.4 为
SUCI 的结构。

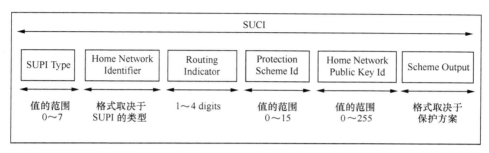

图 2.4　SUCI 的结构

SUCI 由以下部分组成。

（1）SUPI Type，由 0 ~ 7 范围内的值组成。它标识 SUCI 中隐藏的 SUPI
的类型，定义了以下值。

① 0：IMSI。

② 1：网络专用标识符。

③ 2 ~ 7：备用值，以备将来使用。

（2）Home Network Identifier（本地网络标识符），标识订户的本地网络。

当 SUPI 类型为 IMSI 时，归属网络标识符由以下两部分组成。

① 移动国家代码（MCC），由 3 个小数位组成。MCC 唯一标识移动订户
的居住国。

② 移动网络代码（MNC），由 2 个或 3 个十进制数字组成。MNC 标识移
动订户的归属 PLMN。

当 SUPI 类型是网络特定标识符时，归属网络标识符由字符串组成，该字
符串具有可变长度。

（3）Routing Indicator（路由指示符），由归属网络运营商分配并由 USIM
规定的 1 ~ 4 个十进制数字组成，允许与归属网络标识符一起将具有 SUCI 的网
络信令路由到能够为用户服务的 AUSF 和 UDM 实例。路由指示器中出现的每
个十进制数字都应被认为是有意义的。如果 USIM 上没有配置路由指示器，则
该数据字段应设置为 0（仅由一个小数位"0"组成）。

（4）Protection Scheme Id（保护方案标识符），由介于 0 ~ 15 的值组成。它表示规范中指定的空方案或非空方案，或 HPLMN 指定的保护方案。

（5）Home Network Public Key Id（归属网络公共密钥标识符），由 0 ~ 255 内的值组成。它表示由 HPLMN 设置的公共密钥，用于标识保护 SUPI 的密钥。当且仅当使用空保护方案时，该数据字段才设置为 0。

（6）Scheme Output（方案输出），由一串具有可变长度或十六进制数字的字符组成，具体取决于所使用的保护方案。它是公钥保护方案的输出值。

2.1.4　5G 的用户身份保护方案

UE 将使用保护方案生成带有原始公共密钥（归属网络公共密钥）的 SUCI，该原始公共密钥将安全地保存在归属网络中。UE 仅在以下 5G NAS 消息中包含 SUCI。

（1）UE 在向 PLMN 发送类型为"初始注册"的注册请求消息时，如果 UE 尚未有 5G-GUTI，则应在注册请求消息中包含一个 SUCI。

（2）作为对网络身份请求消息中要求提供永久标识符的响应，UE 在身份响应消息中包含 SUCI。

（3）当 UE 发送 De-RegistrationRequest 消息时，如果 UE 正在进行初始注册而没有接收到注册接受及 5G-GUTI 消息，UE 将在 De-Registration Request 消息中包含 SUCI。

需要注意的是，UE 从不在响应身份请求消息时发送 SUPI。

UE 仅在以下情况下才使用"空方案"生成 SUCI。

（1）UE 正在进行未经身份验证的紧急会话，并且它对所选的 PLMN 没有 5G-GUTI。

（2）归属网络已配置要使用"空方案"。

（3）归属网络尚未配置生成 SUCI 所需的公钥。

如果在 USIM 中指出网络运营商决定通过 USIM 计算 SUCI，则 USIM 不应为 ME 提供用于计算 SUCI 的任何参数，包括归属网络公钥标识符、归属网络公钥和保护方案标识符。ME 应删除任何先前接收到的或本地缓存的用于计算 SUCI 的参数，包括 SUPI 类型、路由指示符、归属网络公钥标识符、归属网络公钥和保护方案标识符。运营商应使用专有标识符进行保护。

如果运营商决定由 ME 计算 SUCI，则归属网络运营商应在 USIM 中提供运营商允许的保护方案标识符的有序优先级列表，并且该列表可以包含一个或多个保护方案标识符。ME 必须从 USIM 读取 SUCI 计算信息，包括 SUPI、SUPI

的类型、路由指示符、归属网络公钥标识符、归属网络公钥和保护方案标识符列表。ME 将从 USIM 获得的列表中、具有最高优先级的方案中选择其可以支持的保护方案。如果未在 USIM 中规定归属网络公钥或优先级列表，则 ME 应使用"空方案"计算 SUCI。

仅在成功激活 NAS 安全之后，AMF 才将新的 5G-GUTI 发送给 UE。在从 UE 接收到类型为"初始注册"或"移动性注册更新"的注册请求消息后，AMF 将在注册过程中向 UE 发送新的 5G-GUTI。

在从 UE 接收到类型为"定期注册更新"的注册请求消息后，AMF 应在注册过程中向 UE 发送新的 5G-GUTI。收到 UE 响应寻呼消息而发送的服务请求消息后，AMF 将向 UE 发送新的 5G-GUTI。新的 5G-GUTI 必须在当前 NAS 信令连接释放之前发送。

5G-GUTI 中包含 5G-TMSI，可以唯一标识 AMF 中的 UE。5G-TMSI 的生成应遵循不可预测的规则。仅在成功激活 AS 安全后才将新的 I-RNTI（非激活状态—无线网络临时标识）发送给 UE。gNB 在 RRC 恢复过程或基于 RAN 的通知区域更新（RNAU，RAN-based Notification Area Update）过程中，UE 过渡到 gNB 请求的 RRC-INACTIVE 状态时，gNB 将为 UE 分配新的 I-RNTI。

当无法通过临时身份（5G-GUTI）标识 UE 时，服务网络可以调用用户识别机制。当服务网络无法基于 5G-GUTI 检索 SUPI 时，应使用用户识别，订户通过 5G-GUTI 在无线路径上标识自己。用户识别过程由网络向 UE 发送 Identity Request 消息及 UE 响应 Identity Response 消息构成。该机制由需要接收 UE 的 SUCI 标识符的 AMF 发起。

UE 将使用归属网络公共密钥从 SUPI 中计算出新的 SUCI，并通过携带 SUCI 的身份响应来响应。对于给定的 5G-GUTI，UE 必须实施一种机制以限制 UE 使用新的 SUCI 响应身份请求的频率。如果 UE 使用的是"空方案"以外的任何其他方案，则 SUCI 不会显示 SUPI。在核心网，AMF 可以向 AUSF 发起身份验证，以获取 SUPI。如果 UE 注册紧急服务并接收到身份请求，则应使用"空方案"在身份响应中生成 SUCI。紧急注册不提供订阅标识符的机密性。

SIDF（Subscription Identifier De-concealing Function）负责从 SUCI 中取消隐藏 SUPI。当使用归属网络公钥对 SUPI 进行加密时，SIDF 应使用安全存储在归属运营商网络中的归属网络私钥来解密 SUCI。取消隐藏应在 UDM 上进行。必须定义对 SIDF 的访问权限，以便仅允许本地网络的一个网元设备请求 SIDF。一个 UDM 可以包含多个 UDM 实例。SUCI 中的路由指示器可用于识别能够为订户提供服务的正确 UDM 实例。

|2.2　5G 网络安全关键技术 |

2.2.1　5G 安全架构与安全域

　　5G 网络安全域分为网络接入域、网络域、用户域、应用域、SBA 域，如图 2.5 所示。各个域的具体功能如下。

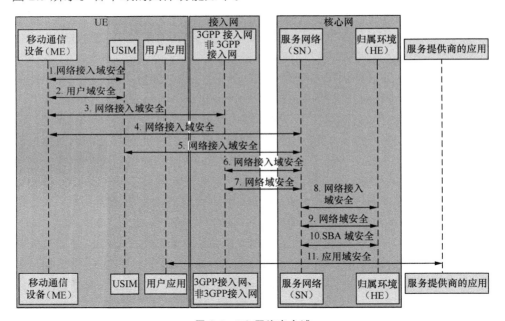

图 2.5　5G 网络安全域

　　（1）网络接入域安全：一组安全功能，使 UE 能够安全地通过网络进行认证并接入服务，包括 3GPP 接入和非 3GPP 接入，特别是防止对无线接口的攻击。此外，针对接入安全，它还包括从服务网络到接入网络的安全上下文传输。

　　（2）网络域安全：一组安全功能，使网络节点/功能能够安全地交换信令数据和用户面数据。

　　（3）用户域安全：一组安全功能，对用户接入移动设备进行安全保护。

　　（4）应用域安全：一组安全功能，使用户域和应用域中的应用能够安全地交换消息。

（5）SBA 域安全：一组安全功能，使 SBA 架构的网络功能能够在服务网络内或与其他网络进行安全通信。这些功能包括网络功能注册、发现和授权，以及对基于服务的接口的保护。

2.2.2　5G 网络的主要安全功能网元

5G 网络的主要安全功能网元如下。

AUSF：鉴权服务器功能。

ARPF：认证凭证库和处理功能。

SIDF：用户标识去隐藏功能。

SEAF：安全锚点功能。

SEPP：安全边缘保护代理，作为位于 PLMN 网络边界的实体、N32 接口。以下是关于这些安全功能网元的介绍。

1．AUSF

AUSF 是 5G 核心网（5GC）中的网络实体，支持以下功能。

（1）为请求鉴权的 NF 验证 UE。

（2）向有请求的 NF 提供密钥材料。

（3）保护请求的 NF 的"转向信息列表"。

（4）保护请求的 NF 的 UE 参数更新数据。

AUSF 向 NF 服务使用者（如 AMF）提供以下服务。

（1）Nausf_UEAuthentication。

AUSF 作为 NF 服务提供者向请求者 NF（NF 服务使用者是 AMF）提供 UE 认证服务。对于此服务，AUSF 定义了验证（Authenticate）服务。该服务允许对 UE 进行身份验证，并提供一个或多个主密钥，AMF 使用这些主密钥来派生后续密钥。AUSF 允许 AMF 对 UE 进行认证，并允许 AMF 通知 AUSF 在 UDM 中删除 UE 认证结果。

请求者 NF 发起 UE 的身份验证时，向 AUSF 提供以下信息。

① UE 身份标识（如 SUPI）。

② 服务网络名称。

AUSF 从 UDM 检索 UE 的订阅身份验证方法，并根据 UDM 提供的信息进入以下过程之一：

① 5G-AKA。

② 基于 EAP 的验证。

对于这两个不同的过程，AUSF 会生成一个新资源。资源的内容将取决于过程并将返回给 AMF。"验证"服务还允许请求者 NF 向 AUSF 提供以下信息来通过 W-AGF（有线接入网关功能）发起 FN-RG 注册的身份验证：

① UE 身份标识（如 SUCI）。

② 表示 W-AGF 已认证 FN-RG。

AUSF 检索 UE 的 SUPI，指示 UDM 不需要 FN-RG（固定网络 RG）进行身份验证，并且 AUSF 不应执行身份验证。服务操作认证还允许请求者 NF 通知 AUSF 删除 UDM 中的 UE 认证结果。

（2）Nausf_SoRProtection。

AUSF 作为 NF 服务提供者，为 NF 服务使用者提供"SoRProtection"服务，该服务允许向 NF 服务使用者（如 UDM）提供"SoR-MAC-IAUSF"和"CounterSoR"，以保护方向信息列表不被 VPLMN 篡改或删除；该服务还允许向 NF 服务使用者（如 UDM）提供"SoR-XMAC-IUE"，"SoR-XMAC-IUE"允许 NF 服务使用者（如 UDM）验证 UE 是否收到了指导信息列表。在以下过程中使用"SoRProtection"服务操作。

① 注册期间在 VPLMN 中对 UE 进行控制。

② 注册后在 VPLMN 中控制 UE。

NF 服务使用者（如 UDM）通过向 AUSF 提供指导信息列表来使用此服务操作计算"SoR-MAC-I$_{AUSF}$"和"CounterSoR"。NF 服务使用者（如 UDM）还可以通过提供 UE 上传的确认指示来请求 AUSF 计算"SoR-XMAC-I$_{UE}$"。

（3）Nausf_UPUProtection。

AUSF 作为 NF 服务提供者向 NF 服务使用者提供"UPUProtection"服务，该服务允许向 NF 服务使用者（如 UDM）提供"UPU-MAC-I$_{AUSF}$"和"CounterUPU"，以保护 UE 参数更新数据不被 VPLMN 篡改或删除；该服务还允许向 NF 服务使用者（如 UDM）提供"UPU-XMAC-I$_{UE}$"，"UPU-XMAC-I$_{UE}$"允许 NF 服务使用者（如 UDM）验证 UE 是否准确接收了 UE 参数更新数据。

在以下过程中使用"UPUProtection"服务操作：

UE 参数更新的过程。

NF 服务使用者（如 UDM）使用此服务操作向 AUSF 提供 UE 参数以更新数据。

2. ARPF

ARPF 保留身份验证凭据，由客户端侧（UE 侧）的 USIM 镜像。订户信息存储在统一数据存储库（UDR）中。ARPF 只在安全环境中处理长期密钥 K 和任何其他敏感数据。密钥 K 的长度应为 128 位或 256 位。在认证和密钥协商过程中，在使用 EAP-AKA′的情况下，ARPF 应从 K 导出 $CK′$ 和 $IK′$；在使用 5G AKA 的情况下，ARPF 应从 K 导出 K_{AUSF}。ARPF 必须将派生的密钥转发给 AUSF。ARPF 拥有本地网络私钥，SIDF 使用本地网络私钥来隐藏 SUCI 和重构 SUPI。

3. SIDF

SIDF 负责从 SUCI 中取消隐藏 SUPI。当使用归属网络公钥对 SUPI 进行加密时，SIDF 应使用安全存储在归属运营商网络中的归属网络私钥来解密 SUCI；取消隐藏应在 UDM 中进行；必须定义对 SIDF 的访问权限，以便仅允许本地网络的一个网络元素请求 SIDF；SIDF 负责对 SUCI 进行取消隐藏处理，并应满足以下要求。

（1）SIDF 是 UDM 提供的服务。

（2）SIDF 必须根据用于生成 SUCI 的保护方案来从 SUCI 解析 SUPI。

用于保护用户隐私的本地网络专用密钥应受到保护，以避免 UDM 中的物理攻击。UDM 应持有用于用户隐私的专用/公用密钥对的归属网络公用密钥标识符。用于用户隐私的算法应在 UDM 的安全环境中执行。

4. SEAF

SEAF 通过服务网络中的 AMF 提供身份验证功能，SEAF 应满足：支持使用 SUCI 的主要认证，SEAF 扮演着传递身份验证器的角色。

5. SEPP

SEPP 应作为非透明代理节点。SEPP 应保护属于使用 N32 接口相互通信的不同 PLMN 的两个 NF 之间的应用层控制面消息。SEPP 应处理密钥管理方面的内容，涉及在两个 SEPP 之间的 N32 接口上设置保护消息所需的加密密钥。SEPP 应通过限制外部方可见的内部拓扑信息来执行拓扑隐藏。SEPP 作为反向代理，应提供对内部 NF 的单点访问和控制功能。接收方 SEPP 应能够验证发送方 SEPP 是否被授权使用接收到的 N32 消息中的 PLMN ID。SEPP 应该能够清楚地区分用于对等 SEPP 认证的证书和用于修改消息的中间件认证的证书。SEPP 必须实施限速功能，以保护自身和 NF 免受过多控制面信令的侵害，包括 SEPP 到 SEPP 信令消息。SEPP 必须实施反欺骗机制，以实现源和目标地址及标识符（如 FQDN 或 PLMN ID）的跨层验证。例如，如果消息的不同层之间存在不匹配问题，或者目标地址不属于 SEPP 自己的 PLMN，则丢弃该消息。

不同 PLMN 之间的互联互通允许在不同 PLMN 中的 NF 服务使用者和 NF 服务提供者之间进行安全通信，对应于这两个网络的安全边缘保护代理（分别称为 cSEPP 和 pSEPP）需要启用安全性保护。SEPP 执行应用过程层安全性的保护策略，从而确保对需要保护的元素进行完整性和机密性保护。

假定在 cSEPP 和 pSEPP 之间存在提供互联的过程，与 cSEPP 的运营商有

业务关系的互联提供商称为 cIPX，而与 pSEPP 的运营商有业务关系的互联提供商称为 pIPX。

SEPP 使用 JSON Web 加密来保护 N32 接口上的消息，而 IPX 提供过程使用 JSON Web 签名来保护其所做的修改。

N32 接口包括 N32-c 连接，用于管理 N32 接口。N32-f 连接用于在 SEPP 之间发送 JWE 和 JWS 保护的消息。

2.2.3　5G 网络的安全功能特性

5G 在网络安全方面提供了比 LTE 更强的安全功能。

在采用 SA 组网模式时，无线接入网（RAN）分为分布式单元（DU/gNB-DU）和中央单元（CU/gNB-CU），DU 和 CU 一起构成 gNB，它们之间的接口为 F1 接口。由于 DU 可能部署在不受监管的站点中，因此，它无权访问客户通信。终止接入层（AS）安全性的 CU 和非 3GPP 互通的功能将部署在更安全的站点中。

在核心网中，访问管理功能（AMF）是非访问层（NAS）安全性的终止点。AMF 与 SEcurity 锚定功能（SEAF）并置，该功能保存了受访网络的根密钥（称为锚定密钥），允许将安全锚与移动功能分离。

5G UE 的安全信任模型包括两个信任域：防篡改 UICC［通用订户身份模块（USIM）作为其中的信任锚］和移动设备（ME）。ME 和 USIM 共同构成 UE。

在不同的接入网络技术（3GPP 接入网络和非 3GPP 接入网络）同时注册 UE 的情况下，AUSF 保留了重用密钥，该密钥可在身份验证后获得。身份验证凭据存储库和处理功能（ARPF）保留身份验证凭据。在客户端（UE）上的 USIM 镜像保存这些身份验证凭据。订户信息存储在统一数据存储库（UDR）中。统一数据管理（UDM）使用存储在 UDR 中的订阅数据，实现应用过程逻辑以执行各种功能，如身份验证凭证生成、用户标识、服务和会话连续性等。通过空中接口，在控制面和用户面都考虑了主动攻击和被动攻击。为了保护用户隐私，用户身份的永久标识符在空中接口上被保密。5G 移动性锚点可以与安全性锚点分开。

在漫游体系结构中，归属和拜访网络通过 SEPP 连接到控制面。为了防御网络安全攻击，如 SS7 中的密钥盗窃、重新路由攻击及 DIAMETER 协议中信令消息的网络节点模拟和源地址欺骗，利用因特网互联的可信任性质，在 5G 中进行 SEPP 的增强。

主要身份验证：5G 中的网络和设备相互之间的身份验证基于主要身份验证，类似于 LTE，但也有一些区别。身份验证机制具有内置的归属网络控制，允许归属网络运营商知道设备是否在服务网络中通过了身份验证，并接受了最终的身份验证请求。在 5G 中，有两个身份验证选项：5G 身份验证和密钥协议（5G-AKA）及可扩展身份验证协议-AKA′（EAP-AKA′）。在 5G 中还允许使用其他基于 EAP 的身份验证机制，如在特定情况下使用专用网络。此外，主要身份验证与无线访问技术无关，因此，也可以在非 3GPP 技术（如 IEEE 802.11 WLAN）上运行。

二级身份验证：5G 中的二级身份验证旨在与移动运营商域外的数据网络进行身份验证。因此，可以使用不同的基于 EAP 的身份验证方法和关联的凭据。

在密钥层次结构方面，5G 层次结构使用密钥分离的安全原理实现了整个安全体系结构和信任模型的演进。在用户面，5G 的一个重要安全改进是可以保护用户面的完整性。

当采用 NSA 组网模式时，使用 LTE 作为主要的无线接入技术，而 5G NR 用作辅助无线接入技术。在这种组网结构下，除了功能协商有所变化外，Eutra-NR 双连接（EN-DC）的安全性过程基本上遵循 LTE 双重连接安全性的规范。

2.2.4　5G 网络中的安全上下文

5G 网络中关于安全消息的处理需要基于网络安全上下文作为消息处理的参考。以下为 5G 网络中各种安全上下文的定义及相互关系。

（1）5G 安全上下文：是在 UE 和服务网络域本地建立的，并由存储在 UE 和服务网络的"5G 安全上下文数据"表示的状态。

5G 安全上下文数据包括 5G NAS 安全上下文、用于 3GPP 访问的 5G AS 安全上下文、用于非 3GPP 访问的 5G AS 安全上下文。

5G 安全上下文的类型为映射、完全本地、部分本地，其状态可以是"当前"或"非当前"。安全上下文一次只能是一种类型、处于一种状态；特定上下文类型的状态可以随时间变化，可以将部分本地上下文转换为完全本地上下文。除此以外，不可再转换为其他类型。

（2）5G NAS 安全上下文：具有相关密钥集标识符、UE 安全功能、上下行 NAS COUNT 值的密钥 K_{AMF}。

（3）完整的 NAS 安全上下文：如果 5G NAS 安全上下文还包含完整性和加密密钥及所选 NAS 完整性和加密算法的关联标识符，则称为"完整"。

（4）用于 3GPP 接入的 5G AS 安全上下文：AS 级别的加密密钥及其标识符，用于下一跳访问密钥派生的 NH（Next Hop）参数、NCC（Next Hop Chaining Counter）参数，所选 AS 级别的标识符加密算法，UE 安全功能，网络侧的 UP 安全策略，UP 安全激活状态和用于重放保护的计数器。在连接模式下，NH 和

NCC 也需要存储在 AMF 中。

（5）非 3GPP 访问的 5G AS 安全上下文：密钥 K_{N3IWF} 在 IPSec 层保护 IPSec SA 的密码密钥、密码算法和隧道安全关联参数。

图 2.6 展示了 5G 安全上下文的数据结构和关系。

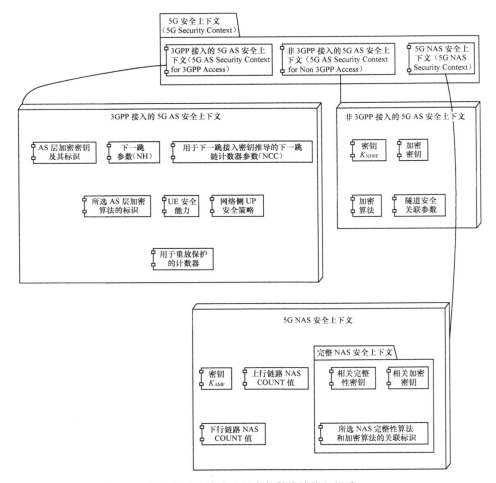

图 2.6　5G 安全上下文的数据结构和关系

2.2.5　5G 的密钥体系

在 5G 网络中，与身份验证相关的密钥包括 K、CK/IK。对于 EAP-AKA'，密钥 CK'、IK'是由 CK、IK 派生的。密钥层次结构包括以下密钥：K_{AUSF}、K_{SEAF}、

K_{AMF}、K_{NASint}、K_{NASenc}、K_{N3IWF}、K_{gNB}、K_{RRCint}、K_{RRCenc}、K_{UPint} 和 K_{UPenc}。

图 2.7 展示了 5G 密钥体系结构和推衍关系。

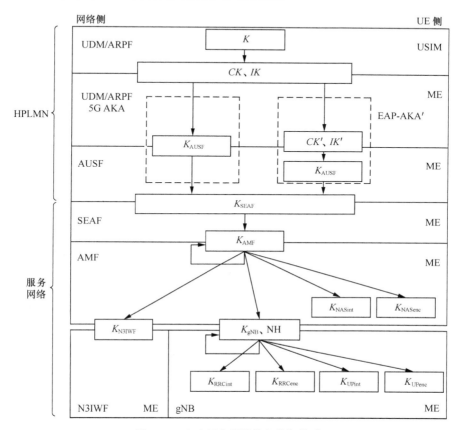

图 2.7　5G 密钥体系结构和推衍关系

（1）归属网络中 AUSF 的密钥。

K_{AUSF} 是派生的密钥：在 EAP-AKA′情况下，在 ME 和 AUSF 中，K_{AUSF} 由 CK' 和 IK' 推衍。CK' 和 IK' 是作为从 ARPF 发送的鉴权向量的一部分传送给 AUSF 的；在 5G AKA 的情况下，K_{AUSF} 由 ME 和 ARPF 通过 CK 和 IK 推衍，K_{AUSF} 是作为来自 ARPF 的 5G 的 HE 鉴权向量的一部分传送给 AUSF 的；K_{SEAF} 是由 ME 和 AUSF 通过 K_{AUSF} 推衍的锚密钥，AUSF 向服务网络中的 SEAF 提供 K_{SEAF}。

（2）服务网络中 AMF 的密钥。

K_{AMF} 是由 ME 和 SEAF 经 K_{SEAF} 密钥推衍的。当执行水平密钥推导时，ME 和源 AMF 可以进一步推衍 K_{AMF}。

（3）NAS 信令的密钥。

K_{NASint} 是由 ME 和 AMF 经密钥 K_{AMF} 推衍的，应仅被用于 NAS 信令的特定完整性保护；K_{NASenc} 是由 ME 和 AMF 经密钥 K_{AMF} 推衍的，应仅被用于 NAS 信令的特定机密性保护。

（4）NG-RAN 的密钥。

K_{gNB} 由 ME 和 AMF 经密钥 K_{AMF} 推衍。当执行水平或垂直密钥推导时，ME 和源 gNB 进一步推导 K_{gNB}，K_{gNB} 可以用于 ME 和 ng-eNB 之间的密钥 K_{eNB}。

（5）上行流量的密钥。

K_{UPenc} 是由 ME 和 gNB 经密钥 K_{gNB} 推衍的，应仅被用于上行流量的机密性保护；K_{UPint} 是由 ME 和 gNB 经密钥 K_{gNB} 推衍的，应仅被用于上行流量的完整性保护。

（6）RRC 信令的密钥。

K_{RRCenc} 是由 ME 和 gNB 经密钥 K_{gNB} 推衍的，应仅被用于 RRC 信令的机密性保护；K_{RRCint} 是由 ME 和 gNB 经密钥 K_{gNB} 推衍的，应仅被用于 RRC 信令的完整性保护。

（7）中间密钥。

NH 是由 ME 和 AMF 导出的用来提供前向安全性的密钥；K_{NG-RAN}* 是由 ME 和 NG-RAN（gNB 或 ng-eNB）导出的密钥；K'_{AMF} 是 ME 在一个 AMF 到另一个 AMF 之间移动时，由 ME 和 AMF 推衍的密钥。

（8）非 3GPP 接入的密钥。

K_{N3IWF} 是由 ME 和 AMF 经 K_{AMF} 推衍的用于非 3GPP 接入的密钥，K_{N3IWF} 不在 N3IWF 之间转发。

密钥的推衍方法如下。

（1）K_{AUSF} = KDF（KEY=$CK\|IK$, FC = 0x6A，P0 = 服务网络名称，L0 = 服务网络名称的长度，P1 = SQN^AK，L1 = SQN^ AK 的长度）。

其中，序列号（SQN）和匿名密钥（AK）作为认证令牌（AUTN）的一部分发送到 UE。如果不使用 AK，则设为 0。

（2）K_{SEAF} = KDF（KEY=K_{AUSF}，FC = 0x6C，P0 = 服务网络名称，L0 = 服务网络名称的长度）。

（3）K_{AMF} = KDF（KEY=K_{SEAF}，FC = 0x6D, P0 = SUPI 的字符串，L0 = P0 的长度，P1 = ABBA 参数，L1 = ABBA 参数的长度）。

（4）K_{NAS} =KDF（KEY=K_{AMF}，FC = 0x69，P0 = 算法类型区分子，L0 = 算法类型区分子的长度（0x00 0x01），P1 = 算法标识，L1 = 算法标识的长度）。

（5）K_{gNB} = KDF（KEY=K_{AMF}, FC = 0x6E，P0 = 上行链路 NAS COUNT，L0 = 上行链路 NAS COUNT 的长度，P1 = 接入类型区分标识符，L1 = 接入类型区分标识符的长度）。

（6）NH = KDF（KEY=K_{AMF}, FC = 0x6F，P0 = SYNC 输入，L0 = SYNC 输入的长度）。

（7）K'_{AMF} = KDF（KEY=K_{AMF}, FC = 0x72，P0 = DIRECTION，L0 = DIRECTION 的长度，P1 = COUNT，L1 = COUNT 的长度）。

上述密钥推衍过程所使用的 KDF 推导函数算法如下。

```
密钥推衍方法 KDF
Desc:5GC 所使用的密钥推衍（包括输入参数编码）都应采用 3GPP TS 33.220 附录 B.2.0 中规定的密钥推衍函数（KDF）
KDF 的算法的伪代码描述如下。
Input:  Key:密钥
        FC:区分不同算法的单个 octet 或两个 octet
        P0,...,Pn:一系列输入参数列表,长度范围:[0,65535]
Output:DerivedKey:推衍密钥结果
Begin
        S=FC
        For P in[P0,...,Pn]:
            L=length(P)#用两个 octet 标识 L,例如:如果长度为 2,则 L=0000000000000010(二进制),或 0x000x02(16
进制)
            S=S||p||L#||表示串联 octet 流

        Return HMAC-SHA-256(Key,S)#用 SHA 函数计算的 HMAC,输出被截断为最左 256 位,参见 RFC 2104
End
```

在网络中，更新密钥算法是非常困难的，因为有可能涉及硬件更新和网元设备。但是，为了支持 5G 系统及时更新密钥算法，IETF 在设计新的安全标准时已经考虑了 KDF 协商，如对于 EAP-AKA，两个对等方可以使用 AT_KDF 来协商 KDF，而对于 TLS 1.3，两个对等方可以使用密码套件来协商与 KDF 一起使用的散列算法。

2.3　5G 网络安全算法

2.3.1　安全算法工作机制

5G 的机密性算法包括 NEA0、NEA1、NEA、NEA3，完整性保护算法包括 NIA0、NIA1、NIA、NIA3。NEA0 和 NIA0 分别是空加密和完整性保护算法，不能提供安全保护能力。

1. 空加密（NEA0）算法和完整性保护（NIA0）算法

NEA0 算法的实现应使其生成全零的 KEYSTREAM。生成的 KEYSTREAM 的长度应等于 LENGTH 输入参数，不需要其他输入参数，但需要 LENGTH。除此之外，所有与加密相关的处理都应与其他加密算法完全相同。NIA0 算法的实现方式是生成全零的 32 位 MAC-I/NAS-MAC 和 XMAC-I/XNAS-MAC。当 NIA0 被激活时，重放保护将不被激活。与完整性相关的所有处理（重放保护除外）应与其他完整性算法完全相同，只是接收方不检查接收到的 MAC。除了紧急会话外，NIA0 不得用于信令无线承载（SRB），在任何情况下，NIA0 都不能用于数据无线承载（DRB）。

2. 加密算法

加密算法的输入参数是一个名为 KEY 的 128 位密码密钥、一个 32 位 COUNT、一个 5 位承载身份 BEARER、1 位传输方向（DIRECTION）及所需密钥流的长度 LENGTH。对于上行链路，方向位应为 0；对于下行链路，方向位应为 1。

基于输入参数，算法生成输出密钥流块 KEYSTREAM，该密钥流块用于加密输入明文块 PLAINTEXT 以生成输出密文块 CIPHERTEXT。输入参数 LENGTH 将仅影响 KEYSTREAM BLOCK 的长度，而不影响其中实际使用的比特。当使用加密算法 NEA 基于密钥流来加密明文时，使用的是明文和密钥流的逐位二进制加法，在接收方，通过使用相同的输入参数生成相同的密钥流，并对密文应用逐位二进制加法可以解密恢复明文。

3. 完整性算法

完整性算法的输入参数是一个名为 KEY 的 128 位完整性密钥、一个 32 位 COUNT、一个名为 BEARER 的 5 位承载身份、1 位传输方向（DIRECTION）和消息本身（MESSAGE）。对于上行链路，方向位应为 0；对于下行链路，方向位应为 1。MESSAGE 的位长为 LENGTH。

基于这些输入参数，发送方使用完整性算法 NIA 计算 32 位消息身份验证码（MAC-I/NAS-MAC）。消息身份验证码在发送时附加到消息中。对于完整性保护算法，接收方在接收到的消息中计算预期的消息身份验证码（XMAC-I/XNAS-MAC），这种方法与发送方在发送的消息中计算其消息身份验证码的方式相同，并验证消息的数据完整性，将其与接收到的消息身份验证码（MAC-I/NAS-MAC）进行比较。

这些算法的实现细节参见 3GPP TS 33.401 相关定义。

2.3.2　机密性算法

网络的机密性保护过程：UE 和网络安全地协商随后应使用的机密性算法的属性，商定可能使用的密码密钥的属性，确保信令和用户数据不会在传输通道上被窃听。机密性算法的密码密钥协商是在执行身份验证和密钥协商机制的过程中实现的，密码算法协议是通过用户与网络之间的安全模式协商机制实现的，这种机制还可以使选定的加密算法和商定的密钥以分层的方式应用。

通信网络中通过加密算法对业务数据进行安全保护。在进行加密时，首先通过加密算法 NEA 计算密钥流，然后明文和密钥流通过逐比特异或来加密明文；在解密端，通过使用相同的输入参数生成相同的密钥流，然后密文和密钥流通过逐比特异或来恢复明文。

根据规范，加密算法的输入参数是名为 KEY 的 128 位密码密钥、32 位 COUNT、5 位承载标识 BEARER、1 位传输方向（DIRECTION），以及所需密钥流的长度。上行链路的 DIRECTION 位应为 0，下行链路的 DIRECTION 位应为 1。

以下是加密算法的伪代码。

```
Input:KEY,COUNT,BEARER,DIRECTION,LENGTH
     PLAINTEXT:明文
Output:CIPHERTEXT:加密后的数据
Begin

     KEYSTREAMBLOCK = NEA(KEY,COUNT,BEARER,DIRECTION,LENGTH)
     CIPHERTEXT= PLAINTEXT ^ KEYSTREAMBLOCK;#按位异或运算
End
```

以下是解密算法的伪代码。

```
Input:KEY,COUNT,BEARER,DIRECTION,LENGTH
     CIPHERTEXT:加密后的数据
Output: PLAINTEXT:明文
Begin

     KEYSTREAMBLOCK = NEA(KEY,COUNT,BEARER,DIRECTION,LENGTH)
     PLAINTEXT= CIPHERTEXT ^ KEYSTREAMBLOCK; #按位异或运算
End
```

5G 中使用 4 种加密算法：NEA0、128-NEA1、128-NEA2 和 128-NEA3。

（1）NEA0 是空加密算法。

（2）128-NEA1 基于 SNOW 3G（详见 3GPP TS 35.215, ETSI TC SAGE Specification: "Specification of the 3GPP Confidentiality and Integrity Algorithms UEA2 & UIA2; Document 1: UEA2 and UIA2 specifications" v2.1）。

（3）128-NEA2 基于 CTR 模式下的 128 位 AES（详见 Advanced Encryption Standard (AES) (FIPS PUB 197)）。

（4）128-NEA3 基于 ZUC 算法（详见 3GPP TS 35.221, ETSI TC SAGE

"Specification of the 3GPP Confidentiality and Integrity Algorithms 128-EEA3 & 128-EIA3; Document 1: 128-EEA3 & 128-EIA3 Specification" version 1.7）。

2.3.3 完整性算法

网络的完整性保护过程：UE 和网络安全地协商随后应使用的完整性算法的属性，商定可能使用的密码密钥的属性，确保接收实体能够验证信令数据自发送实体发送以来未经授权方式修改的属性，以及接收的信令的数据来源确实是所要求的。完整性算法的密码密钥协商是在执行身份验证和密钥协商机制的过程中实现的，密码算法协议是通过用户与网络之间的安全模式协商机制实现的，这种机制还可以使选定的加密算法和商定的密钥以分层的方式应用。

对于完整性保护算法，在发送端，发送方首先使用完整性算法 NIA 计算 32 位消息认证码（MAC-I/NAS-MAC），然后把消息认证码附加到消息中发送，接收方计算接收到的消息上的预期消息认证码（XMAC-I/XNAS-MAC）（其计算方式与发送方计算其发送消息认证码的方式相同），验证消息的数据完整性，这是通过将其与接收的消息认证码（MAC-I/NAS-MAC）进行比较来实现的。

以下是完整性算法的伪代码。

```
Input:KEY,COUNT,BEARER,DIRECTION
     MESSAGE:需要完整性保护的消息
Output:MAC(发送方)/XMAC(接收方)

发送方：
MAC = NIA(KEY,COUNT,DIRECTION,MESSAGE,BEARER)

接收方：
XMAC = NIA(KEY,COUNT,DIRECTION,MESSAGE,BEARER)
```

5G 中使用 4 种完整性保护算法：NIA0、128-NIA1、128-NIA2 和 128-NIA3。

（1）NIA0 是空算法。

（2）128-NIA1 基于 SNOW 3G（详见 3GPP TS 35.215, ETSI TC SAGE Specification: "Specification of the 3GPP Confidentiality and Integrity Algorithms UEA2 & UIA2; Document 1: UEA2 and UIA2 specifications" v2.1）。

（3）128-NIA2 基于 CMAC 模式下的 128 位 AES(详见 Advanced Encryption Standard (AES) (FIPS PUB 197))。

（4）128-NIA3 基于 128 位 ZUC（详见 3GPP TS 35.221, ETSI TC SAGE Specification: "Specification of the 3GPP Confidentiality and Integrity Algorithms 128-EEA3 & 128-EIA3; Document 1: 128-EEA3 & 128-EIA3 Specification" version 1.7）。

2.3.4　SNOW 3G 算法

SNOW 3G 是一种面向字的数据流加/解密算法，它在 128 位密钥和 128 位初始化变量的控制下生成 32 位字序列。这些字序列可以用来加密明文。算法执行时，首先执行密钥初始化，即对密码进行计时而不产生输出，然后每隔一个时钟周期就产生一个 32 位的输出字。

SNOW 3G 的密钥流产生算法框图如图 2.8 所示。

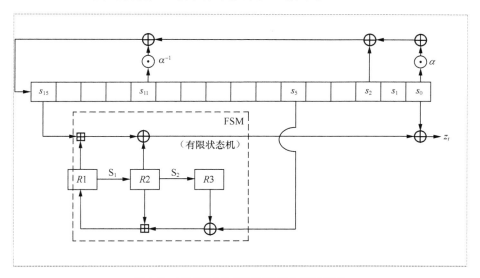

图 2.8　SNOW 3G 的密钥流产生算法框图

2.3.5　AES 算法

高级加密标准（AES）用来保护机密信息的对称分组密码。AES 包括 3 个分组密码：AES-128、AES-192 和 AES-256。AES-128 使用 128 位密钥长度来加密和解密消息块，而 AES-192 和 AES-256 分别使用 192 位和 256 位密钥长度来加密、解密消息。每个密码分别使用 128 位、192 位和 256 位的加密密钥对 128 位块中的数据进行加密和解密。

信息密级可以分为 3 类：秘密、机密、最高机密。所有密钥长度都可用于保护机密和秘密级别。最高机密信息需要 192 位或 256 位密钥长度来保护。128 位密钥有 10 个回合，192 位密钥有 12 个回合，而 256 位密钥有 14 个回合。一

个回合包括几个处理步骤，包括进入明文的替换、转置和混合，以将其转换为密文的最终输出。

AES 加密算法定义了对要存储在阵列中的数据执行的众多转换。加密的第一步是将数据放入一个数组中，然后，加密转换将在多个加密回合中重复进行。AES 加密密码中的第一次转换使用替换表替换数据，第二次转换将移动数据行，第三次转换将混合列。使用加密密钥的不同部分对每列数据执行最后的转换。较长的钥匙需要更多回合才能完成。

2.3.6 ZUC 算法

ZUC 是面向字的数据流加/解密算法。它以 128 位初始密钥和 128 位初始向量为输入，并输出 32 位字的密钥流，用于加/解密数据。ZUC 的执行分为两个阶段：初始化阶段和工作阶段。在 ZUC 的第一阶段，它执行密钥初始化过程，即密码被计时而不产生输出；第二阶段是工作阶段，算法在每个时钟周期中产生 32 位输出字。

| 2.4　5G 网络安全认证过程 |

UE 在使用 5G 网络功能时，需要通过安全认证及授权，根据 UE 的配置参数，安全认证有可能采取不同的步骤。在使用过程中，根据 UE 所处的场景特性及 5G 安全上下文的状态会有不同的安全处理流程。5G 网络安全处理过程如图 2.9 所示。需要注意的是，在现网中由于 UE 所处的环境及业务的差异较大，不一定严格按照图 2.9 所示的次序执行网络安全过程。

基于 5G 系统中的身份验证框架，网络运营商可以为签约用户和物联网设备提供可选择的身份验证凭据、标识符格式和身份验证方法。与以往移动网络需要物理 SIM 卡来提供凭据不同的是，5G 系统在此基础上还允许其他类型的凭据，如证书、预共享密钥和令牌卡。

基于 5G 身份验证和密钥协商（5G AKA）协议及可扩展身份验证协议（EAP）框架，网络运营商可以选择不同的身份验证方法。

EAP 的一个关键功能是具有灵活的验证方式，可以在不影响中间节点的情况下使用不同的身份验证协议和凭据类型。基于 EAP 的这个特点，可以使网络的接入能力有很大的扩展。例如，可以同时支持基于 SIM 卡和非 SIM 卡的认证方式。基于 SIM 卡的认证方式对于具有智能手机的移动宽带用户将继续可用；

而基于非 SIM 卡的认证对造价便宜的物联网设备很有用，而如果需要在这些物联网设备上实施和部署 SIM 卡将大幅增加其成本。5G 系统还可以作为 WLAN 接入的一种替换方式，将现有的公钥和证书基础结构重新用于网络访问身份验证。

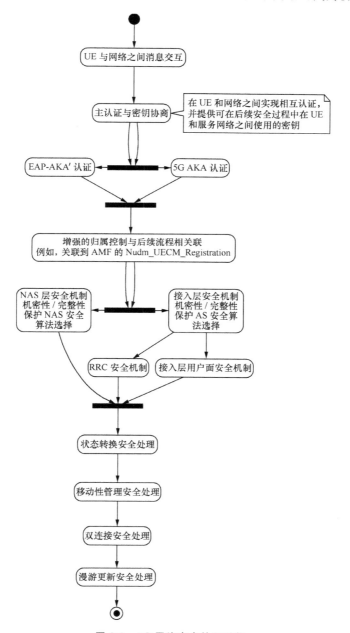

图 2.9　5G 网络安全处理过程

5G 网络运营商能够在身份验证过程中（即使在漫游时）确定签约用户的存在，从而避免潜在的欺诈、针对订户或运营商的安全和隐私攻击。

2.4.1 主认证和密钥协商过程

主认证和密钥协商过程（PAKA，Primary Authentication and Key Agreement）的目标是实现 UE 和网络之间的相互认证，并提供可在后续安全过程中在 UE 和服务网络之间使用的密钥材料。由 PAKA 生成的密钥推导出的由归属网络 AUSF 提供给客户网络的 SEAF 称为 K_{SEAF} 的锚密钥，进而可以从 K_{SEAF} 派生多个安全上下文的密钥，而无须运行新的身份验证。例如，在 3GPP 接入网络上运行的认证还可以提供密钥，以在 UE 和不可信的非 3GPP 接入中使用的 N3IWF 之间建立安全性。锚密钥 K_{SEAF} 由 K_{AUSF} 导出，可以将 K_{AUSF} 安全地存储在 AUSF 中。

PAKA 应将 K_{SEAF} 绑定到服务网络以防止服务网络的伪装，从而向 UE 提供隐式服务网络认证。无论采用何种接入网络技术，都应该向 UE 提供该隐式服务网络认证，它适用于 3GPP 和非 3GPP 接入网络。提供给服务网络的锚密钥还应特定于 UE 和 5G 核心网络之间发生的认证，即 K_{SEAF} 应与从归属网络传送到服务网络的密钥 K_{ASME} 加密分离。在 3GPP TS 33.501 的子条款 6.1.3 中规定了从用户密钥到锚密钥的密钥推衍算法。

5G 网络的 UE 和服务器网络应支持 EAP-AKA′及 5G AKA 两种认证方法。图 2.10 展示了这两种鉴权方法共用的前 4 个步骤。

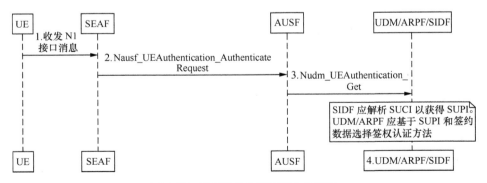

图 2.10 网络鉴权认证的前 4 个步骤

1. UE=>SEAF#收发 N1 接口消息

在 UE 向网络建立 N1 NAS 信令连接的过程中，SEAF 可根据 UE 在网络中的状态和协议判断是否需要启动安全认证。

2．SEAF=>AUSF#Nausf_UEAuthentication_Authenticate Request

当 SEAF 希望启动网络安全认证时，SEAF 将通过向 AUSF 发送 Nausf_UEAuthentication_Authenticate Request 消息来调用 Nausf_UEAuthentication 服务，该消息应包含 SUCI 或 SUPI。如果 SEAF 具有有效的 5G-GUTI 并且重新认证 UE，则 SEAF 应在 Nausf_UEAuthentication_Authenticate Request 消息中包含 SUPI；否则，SEAF 应将 SUCI 包含在服务请求中。Nausf_UEAuthentication_Authenticate Requset 应包含服务网络名称，AUSF 应临时存储接收的服务网络名称。服务网络名称是服务代码和服务网络标识的串联，在 UE 侧及 SEAF 侧构造服务网络名称的方式如下。

（1）UE 应按如下步骤构建服务网络名称。

① 将服务代码设置为 "5G"。

② 将网络标识符设置为正在进行身份验证的网络的服务网络标识。

③ 将服务代码和服务网络标识用分隔符 "："连接起来。

（2）SEAF 应按如下步骤构建服务网络名称。

① 将服务代码设置为 "5G"。

② 将网络标识符设置为 AUSF 向其发送认证数据的服务网络的服务网络标识。

③ 使用分隔符 "："连接服务代码和服务网络标识。

在接收到 Nausf_UEAuthentication_Authenticate Request 消息时，AUSF 通过将服务网络名称与预期服务网络名称进行比较来检查服务网络中的请求 SEAF 是否有权使用 Nausf_UEAuthentication_Authenticate Request 中的服务网络名称。如果服务网络未被授权使用服务网络名称，则 AUSF 将在 Nausf_UEAuthentication_Authenticate Response 中响应 "未授权的服务网络"。

3．AUSF=>UDM/ARPF/SIDF#Nudm_Nudm_UEAuthentication_Get

根据鉴权需要，AUSF 可向 UDM/ARPF/SIDF 网络功能获取用户鉴权数据。从 AUSF 发送到 UDM 的 Nudm_UEAuthentication_Get 请求包括以下信息。

（1）SUCI 或 SUPI。

（2）服务网络名称。

4．UDM/ARPF/SIDF

在接收到 Nudm_UEAuthentication_Get 请求后，如果接收到 SUCI，则 UDM 将调用 SIDF。在 UDM 处理请求之前，SIDF 应解析 SUCI 以获得 SUPI。UDM/ARPF 应基于 SUPI 和签约数据选择鉴权认证方法，即 EAP-AKA′及 5G AKA 两种认证方法。

2.4.2　EAP-AKA'认证过程

　　EAP 框架在 RFC 3748 中规定，它定义 3 类角色：鉴权对等体、传递身份验证者和后端身份验证服务器。其中，后端身份验证服务器充当 EAP 服务器，终止与对等方的 EAP 认证方法。在 5G 系统中以图 2.11 所示方式支持 EAP 框架。

　　（1）UE 扮演对等体的角色。

　　（2）SEAF 扮演传递身份验证者的角色。

　　（3）AUSF 扮演后端身份验证服务器的角色。

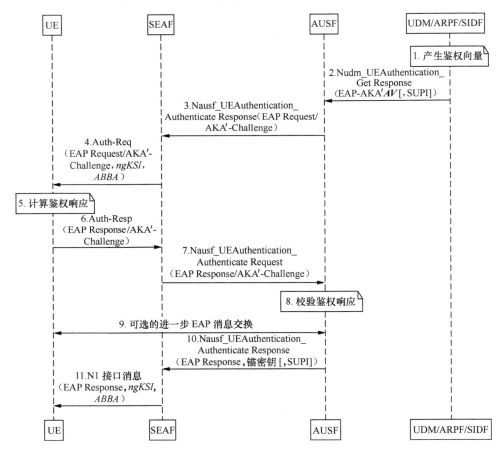

图 2.11　EAP-AKA'认证流程

　　EAP-AKA'认证处理顺序如图 2.12 所示。

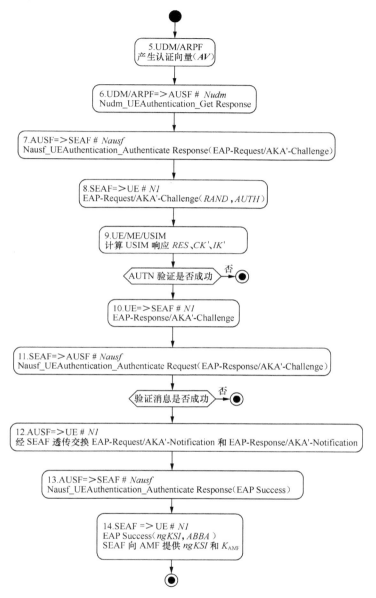

图 2.12　EAP-AKA'认证处理顺序

5.　UDM/ARPF，产生认证向量（*AV*）

UDM/ARPF 应首先生成认证向量，将其认证管理字段的分离比特位设置为 1，然后 UDM/ARPF 将根据 3GPP TS 33.501 附录 A 计算 *CK'* 和 *IK'*，并用 *CK'* 和 *IK'* 替换 *CK* 和 *IK*，构造鉴权认证向量 *AV'*（*RAND*、*AUTN*、*XRES*、*CK'*、*IK'*）。

6. UDM/ARPF => AUSF # *Nudm*，Nudm_UEAuthentication_Get Response

如果 SUCI 包含在 Nudm_UEAuthentication_Get 请求中，则 UDM 将在响应中包含 *AV'*和 SUPI。然后，AUSF 和 UE 将按照 RFC 5448 执行鉴权直到 AUSF 准备好发送 EAP-Success。

7. AUSF => SEAF # *Nausf*，Nausf_UEAuthentication_Authenticate Response (EAP-Request/AKA'-Challenge)

AUSF 应在 Nausf_UEAuthentication_Authenticate Response 消息中向 SEAF 发送 EAP-Request/AKA'-Challenge 消息。SEAF 应按照 3GPP TS 33.501 附录 A.7.1 的规定设置 ABBA（Anti-Bidding down Between Architectures）参数。

8. SEAF => UE # *N1*，EAP-Request/AKA'-Challenge(*RAND,AUTH*)

SEAF 应在 NAS 消息认证请求消息中透明地将 EAP-Request/AKA'-Challenge 消息转发给 UE。该消息应包括 *ngKSI* 和 *ABBA* 参数。SEAF 应在所有 EAP-Authentication 请求消息中包含 *ngKSI* 和 *ABBA* 参数。*ABBA* 提供针对在低版本系统中应用高版本安全特性的保护，并指示当前网络中启用了该安全特性。UE 和 AMF 将使用 *ngKSI* 来标识在身份验证成功时创建的部分本地安全上下文。

9. UE/ME/USIM，计算 USIM 响应 *RES、CK'、IK'*

UE 中的移动设备（ME，Mobile Equipment）功能模块应将 EAP-Request/AKA'-Challenge 消息中收到的 *RAND* 和 *AUTN* 转发给通用用户标识模块（USIM，Universal Subscriber Identity Module）。收到 *RAND* 和 *AUTN* 后，USIM 应通过检查是否可以按照 3GPP TS 33.102 中的描述使用 *AUTN* 来验证 *AV'*的更新程度。

（1）如果 *AV'*的更新程度通过验证，USIM 计算响应 *RES*。USIM 应将 *RES、CK、IK* 返回给 ME。ME 应根据 3GPP TS 33.501 附件 A.3 得出 *CK'*和 *IK'*。

（2）如果 *AUTN* 的验证在 USIM 上失败，则应按照 3GPP TS 33.501 中 6.1.3 节的规定执行。

10. UE => SEAF # *N1*，EAP-Response/AKA'-Challenge

UE 应在 NAS 的 Auth-Resp 消息中向 EAF 发送 EAP-Response/AKA'-Challenge 消息。

11. SEAF => AUSF # *Nausf*，Nausf_UEAuthentication_Authenticate Request (EAP-Response/AKA'-Challenge)

SEAF 应在 Nausf_UEAuthentication_Authenticate Request 消息中透明地将 EAP-Response/AKA'-Challenge 消息转发给 AUSF。AUSF 应验证该消息，如果成功验证该消息，则应继续如下步骤，否则应返回错误。

12. AUSF => UE # *N1*，**经 SEAF 透传交换** EAP−Request/AKA′−Notification **和** EAP−Response/AKA′−Notification

AUSF 和 UE 可以通过 SEAF 交换 EAP-Request/AKA′-Notification 和 EAP-Response/AKA′-Notification 消息。SEAF 应透明地转发这些信息。

13. AUSF => SEAF # *Nausf*, Nausf_UEAuthentication_Authenticate Response（EAP Success）

如 IETF RFC 5448 和 3GPP TS 33.501 附件 F 所述，AUSF 从 *CK′* 和 *IK′* 导出扩展主会话密钥（EMSK，Extended Master Session Key）。AUSF 使用 EMSK 的前 256 位作为 K_{AUSF}，然后通过 K_{AUSF} 计算 K_{SEAF}。AUSF 应在 Nausf_UEAuthentication_Authenticate Response 内向 SEAF 发送 EAP Success 消息，该消息应将其透明地转发给 UE。Nausf_UEAuthentication_Authenticate 响应消息包含 K_{SEAF}。如果 AUSF 在启动认证时从 SEAF 收到 SUCI，则 AUSF 还应在响应消息中包含 SUPI。

在 Nausf_UEAuthentication_Authenticate Response 消息中接收的密钥将成为密钥层次意义上的锚密钥 K_{SEAF}。然后，SEAF 应根据 3GPP TS 33.501 附件 A.7 通过 K_{SEAF}、*ABBA* 参数和 SUPI 推导出 K_{AMF}，并将其发送给 AMF。在接收到 EAP-Success 消息时，UE 通过 IETF RFC 5448 和 3GPP TS 33.501 附件 F 中描述的 *CK′* 和 *IK′* 导出 EMSK。ME 使用 EMSK 的前 256 位作为 K_{AUSF}，然后计算 K_{SEAF}。UE 应根据 3GPP TS 33.501 附件 A.7 通过 K_{SEAF}、*ABBA* 参数和 SUPI 导出 K_{AMF}。

如果未成功验证 EAP-Response/AKA′-Challenge 消息，则根据归属网络的策略确定后续 AUSF 行为。

14. SEAF => UE # *N1*, EAP Success（*ngKSI, ABBA*），**SEAF 向 AMF 提供** *ngKSI* **和** K_{AMF}

SEAF 应在 N1 消息中向 UE 发送 EAP Success 消息。该消息还应包括 *ngKSI* 和 *ABBA* 参数。SEAF 应按照 3GPP TS 33.501 附件 A.7.1 的规定设置 *ABBA* 参数。如果 AUSF 和 SEAF 确定认证成功，则 SEAF 向 AMF 提供 *ngKSI* 和 K_{AMF}。

在此过程中，EAP-AKA′ 模式下 AMF 与 AUSF 的消息交互如图 2.13 所示，其中，AUSF 所提供的服务信息可以参见附录 I。

1. 网络功能者（AMF）必须向 AUSF 发送 POST 请求。主体的有效载荷应至少包含 UE ID 和服务网络名称。

2a. 如果请求发送成功，将返回"201 Created"。有效载荷主体应包含所生成资源的表示，而 Location 字段应包含所生成资源的 URI（例如，…/v1/ue_authentications/{authCtxId}/eap-session）。AUSF 生成子资源"eap 会话"。AUSF 必须在有效负载中提供指向该子资源的超媒体链接，以指示 AMF 在哪里发送包含 EAP 数据分组响应的 POST 请求。主体有效载荷还应包含 EAP 分组 EAP-Request/AKA′-

Challenge。

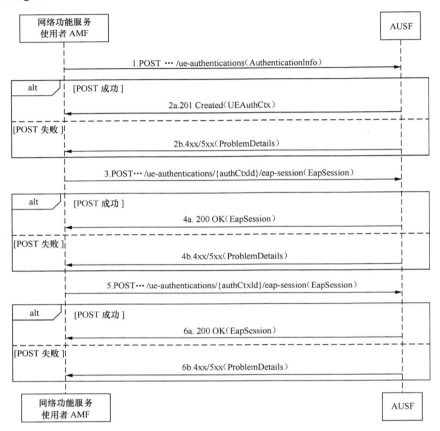

图 2.13　EAP-AKA'模式下 AMF 与 AUSF 的消息交互

2b. 如果请求发送失败，应返回相应 HTTP 状态代码，并在消息正文中包含一个 ProblemDetails 结构，并将"原因"属性设置为相应的应用程序错误。特别地，如果服务网络未被授权，则 AUSF 必须使用 SERVING_NETWORK_NOT_AUTHORIZED 作为原因。

3. 基于鉴权过程的数据，网络功能服务使用者（AMF）必须发送 POST 请求，其中包括从 UE 接收到的 EAP-Response/AKA'-Challenge。POST 请求发送到由 AUSF 提供或由网络功能服务使用者（AMF）派生的 URI。

4a. 如果发送成功，并且如果 AUSF 和 UE 已指示使用 IETF RFC 5448 中的受保护的成功结果指示，则 AUSF 将以"200 OK"HTTP 消息包含 EAP 请求/ AKA 通知和指向子资源"Eap Session"的超媒体链接。

4b. 如果发送失败，则返回相应 HTTP 状态代码，并在消息正文中包含一个 ProblemDetails 结构，并将"原因"属性设置相应的应用程序错误。

5. 网络功能服务使用者（AMF）必须发送 POST 请求，包括从 UE 接收到的 EAP Response/AKA′ Notification。POST 请求被发送到由 AUSF 提供或由网络功能服务使用者（AMF）派生的 URI。

6a. 如果成功完成 EAP 身份验证交换（带有或不带有可选的通知请求/响应消息交换），则应将"200 OK"返回给网络功能服务使用者（AMF）。有效载荷应包含认证结果、EAP 成功/失败和认证成功的 K_{seaf}。如果 UE 未经认证，则 AUSF 应将 authResult 设置为 AUTHENTICATION_FAILURE。

6b. 如果失败，应返回相应 HTTP 状态代码，并在消息正文中包含一个 ProblemDetails 结构，并将"原因"属性设置相应的应用程序错误。

2.4.3　5G AKA 认证过程

5G AKA 通过为归属网络提供从访问网络成功认证 UE 的证据来增强 EPS AKA。认证数据由访问网络在认证确认消息中发送。在 5G AKA 中，服务网络名称具有将 RES^* 和 $XRES^*$ 绑定到服务网络的作用，如图 2.14 所示。

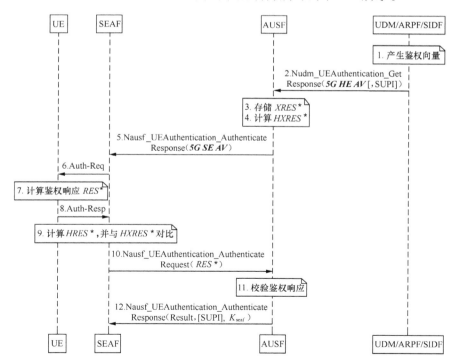

图 2.14　5G-AKA 认证流程

5G AKA 认证处理顺序如图 2.15 所示。

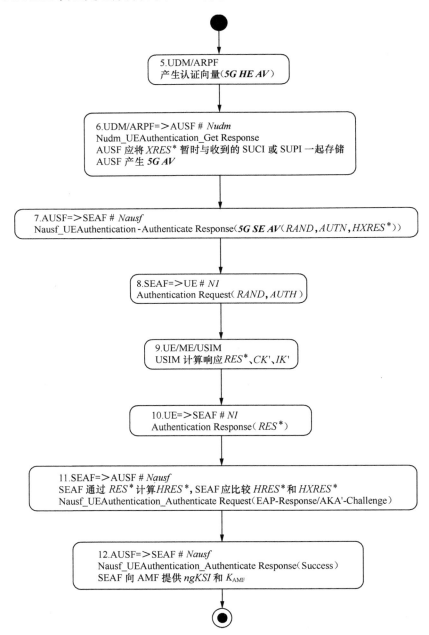

图 2.15　5G AKA 认证处理顺序

5. UDM/ARPF，产生认证向量（*5G HE AV*）

对于 Nudm_Authenticate_Get 请求，首先，UDM/ARPF 应创建 *5G HE AV*（5G 归属环境鉴权向量）。UDM/ARPF 通过将 TS 33.102 中定义的认证管理字段分离位设置为 "1"，然后，根据 3GPP TS 33.501 附录 A.2 推导出 K_{AUSF}，并根据 3GPP TS 33.501 附录 A.4 计算 *XRES**，最后，UDM/ARPF 通过 *RAND*、*AUTN*、*XRES** 和 K_{AUSF} 创建一个 *5G HE AV* 鉴权认证向量。

6. UDM/ARPF => AUSF # *Nudm*, Nudm_UEAuthentication_Get Response

UDM 应将 *5G HE AV* 通过 Nudm_UEAuthentication_Get Response 返回给 AUSF，同时指示 *5G HE AV* 将用于 Nudm_UEAuthentication_Get Response 中的 5G-AKA。如果在 Nudm_UEAuthentication_Get 请求中包含 SUCI，则 UDM 将在 Nudm_UEAuthentication_Get Reponse 中包含 SUPI。

AUSF 应存储 *XRES**、SUCI 或 SUPI 及 K_{AUSF}。然后，AUSF 将基于从 UDM/ARPF 收到的 *5G HE AV* 产生 5G AV，根据规范 3GPP TS 33.501 附录 A.5 计算 *HXRES**，根据 3GPP TS 33.501 附录 A.6 计算 K_{AUSF} 的 K_{SEAF}，接着在 *5G HE AV* 中，用 *HXRES** 替换 *XRES**、用 K_{SEAF} 替换 K_{AUSF}。

7. AUSF => SEAF # *Nausf*, Nausf_UEAuthentication_Authenticate Response（*5G SE AV*（*RAND*，*AUTN*，*HXRES**））

AUSF 在 Nausf_UEAuthentication_Authenticate Response 消息中将 *5G SE AV*（*RAND*，*AUTN*，*HXRES**）返回给 SEAF。

8. SEAF => UE # *N1*，Authentication Request（*RAND*，*AUTH*）

SEAF 应在 NAS 消息 Authentication-Request 中向 UE 发送 *RAND* 和 *AUTN* 参数。此消息还应包括将由 UE 和 AMF 用于标识 K_{AMF} 的 *ngKSI*，以及在身份验证成功时创建的部分本地安全上下文。该消息还应包括 *ABBA* 参数，由 SEAF 按照 3GPP TS 33.501 附录 A.7.1 的规定设置。ME 应将 NAS 消息认证请求中收到的 *RAND* 和 *AUTN* 转发给 USIM。

9. UE/ME/USIM，USIM 计算响应 *RES**、*CK'*、*IK'*

在收到 *RAND* 和 *AUTN* 后，USIM 检查是否可以按照 3GPP TS 33.102 中的描述接受 *AUTN* 来验证 *5G AV* 的更新程度。如果可以，USIM 计算响应 *RES*，并将 *RES*、*CK*、*IK* 返回给 ME。然后 ME 应根据 TS 33.501 附录 A.4 通过 *RES* 计算 *RES**。ME 应根据 TS 33.501 附录 A.2 通过 *CK*、*IK* 计算 K_{AUSF}。ME 应根据 3GPP TS 33.501 附录 A.6 条款通过 K_{AUSF} 计算 K_{SEAF}。当 ME 接入 5G 网络时，应在认证期间检查 *AUTN* 的鉴权管理字段中的 "分离位" 是否设置为 "1"。

10. UE => SEAF # *N1*，Authentication Response(*RES**)

UE 应在 NAS 消息认证响应中将 *RES** 返回到 SEAF。

11. SEAF => AUSF # *Nausf*, Nausf_UEAuthentication_Authenticate Request （EAP-Response/AKA'- Challenge）

SEAF 通过 RES^* 计算 $HRES^*$，SEAF 应比较 $HRES^*$ 和 $HXRES^*$。

SEAF 应根据 3GPP TS 33.501 附录 A.5 通过 RES^* 计算 $HRES^*$，SEAF 应比较 $HRES^*$ 和 $HXRES^*$，如果一致，则 SEAF 应从服务网络的角度考虑验证成功；如果不一致，SEAF 按照 3GPP TS 33.501 中 6.1.3.2.1 的规定执行。如果 UE 不可达并且 SEAF 从未接收到 RES^*，则 SEAF 应认为认证失败，并向 AUSF 指示失败。SEAF 应在从 Nausf_UEAuthentication_Authenticate Request 消息向 AUSF 发送 RES^* 及从 UE 接收相应的 SUCI 或 SUPI。

当 AUSF 接收到包括 RES^* 的 Nausf_UEAuthentication_Authenticate Request 消息时，它可以验证 **AV** 是否已经过期。如果 **AV** 已经过期，则 AUSF 可以认为从归属网络的角度来看认证是不成功的。AUSF 应将收到的 RES^* 与存储的 $XRES^*$ 进行比较。如果 RES^* 和 $XRES^*$ 相等，则 AUSF 应从归属网络的角度考虑认证成功。

12. AUSF => SEAF # *Nausf*, Nausf_UEAuthentication_Authenticate Response (Success)，SEAF **向 AMF 提供** *ngKSI* **和** K_{AMF}。

AUSF 应在 Nausf_UEAuthentication_Authenticate Response 中向 SEAF 表明从归属网络的角度来看认证是否成功。如果验证成功，则应在 Nausf_UEAuthentication_Authenticate Response 中将 K_{SAEF} 发送到 SEAF。如果 AUSF 在启动认证时，从 SEAF 收到 SUCI 并且认证成功，则 AUSF 还应在 Nausf_UEAuthentication_Authenticate Response 中包含 SUPI。

如果认证成功，则在 Nausf_UEAuthentication_Authenticate Response 消息中接收的密钥 K_{SEAF} 将成为密钥层级意义上的锚定密钥。然后，SEAF 应根据 3GPP TS 33.501 附录 A.7 通过 K_{SEAF}、*ABBA* 参数和 SUPI 中推导出 K_{AMF}，并应向 AMF 提供 *ngKSI* 和 K_{AMF}。

如果 SUCI 用于此认证，则 SEAF 仅在收到包含 SUPI 的 Nausf_UEAuthentication_Authenticate Response 消息后才向 AMF 提供 *ngKSI* 和 K_{AMF}。在 SUPI 为服务网络所知之前，不会向 UE 提供通信服务。

在此过程中，AMF 与 AUSF 之间的消息处理过程如图 2.16 所示，其中 AUSF 所提供的服务信息可以参见附录 1。

1. 网络功能（NF）服务使用者必须向 AUSF 发送 POST 请求。主体的有效载荷应至少包含 UE ID 和服务网络名称。

2a. 请求发送成功后，将返回 " 201 Created"。有效载荷主体应包含所创建资源的表示，而 Location 字段应包含所创建资源的 URI（如…/v1/ue_authentications/

{authCtxId}）。AUSF 生成子资源 "5g-aka-confirmation"。AUSF 必须在有效负载中提供指向该子资源的超媒体链接，以指示 AMF 在哪里发送 PUT 请求进行确认。

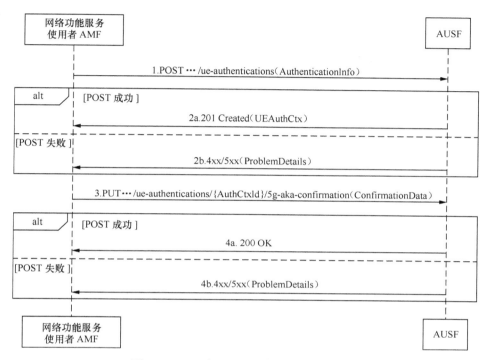

图 2.16　AMF 与 AUSF 之间的消息处理过程

2b. 当请求发送失败时，应返回 HTTP 相应状态代码，并在消息正文中包含一个 ProblemDetails 结构，并将 "原因" 属性设置为相应的应用程序错误。如果服务网络未被授权，则 AUSF 应使用 SERVING_NETWORK_NOT_AUTHORIZED 作为 "原因"。

3. 基于鉴权过程的数据，网络功能服务使用者（AMF）可以选择将包含 UE 提供的 "RES^*" 或由其自身导出的值通过 PUT 请求发送到 AUSF 提供的 URI。在以下情况下，网络功能服务使用者（AMF）还应在 RES^* 中发送包含空值的 PUT 请求以便向 AUSF 指示失败。

（1）如果 UE 不可达，并且网络功能服务消费者（AMF）从未收到 RES^*。

（2）在网络功能服务使用者（AMF）中无法比较 $HRES^*$ 和 $HXRES^*$。

（3）从 UE 接收到的认证失败，如同步失败或 MAC 失败。

4a. 如果发送成功，将返回 "200 OK"。如果 UE 未被认证，如 RES^* 的验证

在 AUSF 中未成功，则 AUSF 应将 AuthResult 的值设置为 AUTHENTICATION_ FAILURE。

4b. 如果发送失败，应返回相应的 HTTP 状态代码，并在消息正文中包含一个 ProblemDetails 结构，将"原因"属性设置为应用程序错误。

在以上认证过程中，相关密钥的推衍关系如图 2.17 所示。

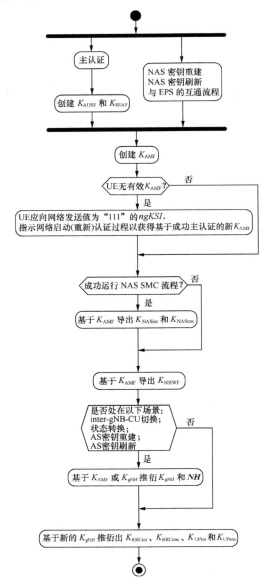

图 2.17 相关密钥的推衍关系

2.5　SA 模式下 NAS 层安全机制

2.5.1　NAS 安全机制的目标

NAS 安全机制可基于 5G 安全上下文的相关安全参数保护 N1 参考点上的 UE 和 AMF 之间的 NAS 信令和数据的安全机制，包括完整性保护和机密性保护。通过受安全保护的 5GMM 消息（UL NAS TRANSPORT 消息和 DL NAS TRANSPORT 消息）的支持，可以间接保护 5GSM 消息的安全。在网络中使用加密是一个网络运营商选项。通过配置 AMF 可以实现不进行加密的网络操作，以便它始终选择"空加密算法"5G-EA0。

2.5.2　NAS 完整性机制

NAS 信令消息的完整性保护应作为 NAS 协议的一部分提供。在使用 NAS 完整性算法时，相关参数的设置：KEY 输入应等于 K_{NASint} 密钥，BEARER 输入应等于 NAS 连接标识符。对于上行链路，DIRECTION 比特应设置为 0；对于下行链路，DIRECTION 比特应设置为 1。

COUNT 输入构造方法如下。COUNT：= 0x00 || NAS 数量。其中，NAS COUNT 是 24 位 NAS UL COUNT 或 24 位 NAS DL COUNT 值，具体取决于方向，该值与当前 NAS 连接相关联，该值由用于形成 BEARER 输入的值标识。

NAS COUNT 的构造方法如下。NAS COUNT：= NAS 溢出 || NAS SQN，其中：

（1）NAS 溢出是一个 16 位值，当 NAS SQN 从最大值开始增加时，该值就会增加。

（2）NAS SQN 是每个 NAS 消息中携带的 8 位序列号。

5GS 应使用 NAS SMC 程序或从 EPC 进行系统间切换后激活 NAS 完整性。除非选择了空的完整性保护算法，否则当完整性保护被激活时，重放保护也将被激活。重放保护应确保接收者仅使用一次由相同的 NAS 安全上下文保护所传入的 NAS COUNT 值。一旦 NAS 完整性被激活，没有完整性保护的 NAS 消息将不被 UE 或 AMF 接收。

在激活 NAS 完整性之前，只有在无法应用完整性保护的某些情况下，UE 或 AMF 才会接收没有完整性保护的 NAS 消息。NAS 完整性将保持激活状态，直到在 UE 或 AMF 中删除 5G 安全上下文为止。规范禁止了从非空完整性保护算法更改为空完整性保护算法。

2.5.3 NAS 机密性机制

NAS 信令消息的机密性保护应作为 NAS 协议的一部分提供。

NAS 128 位加密算法的输入参数应与前述的用于 NAS 完整性保护的参数相同，不同之处在于，将另一个密钥 K_{NASenc} 用作密钥，并且存在一个附加输入参数，即由加密算法生成的密钥流的长度。5GS 应使用 NAS SMC 程序或从 EPC 进行系统间切换后激活 NAS 机密性。一旦激活了 NAS 机密性，没有机密性保护的 NAS 消息将不被 UE 或 AMF 接受。

在激活 NAS 机密性之前，没有机密性保护的 NAS 消息仅在无法应用机密性保护的某些情况下才应由 UE 或 AMF 接收。NAS 机密性将保持激活状态，直到在 UE 或 AMF 中删除 5G 安全上下文为止。

2.5.4 初始 NAS 消息的保护

初始 NAS 消息是 UE 从空闲状态转变后发送的第一条 NAS 消息。当 UE 没有 NAS 安全上下文时，将发送有限的一组 IE（称为明文 IE），包括在初始消息中建立安全性所需的 IE。当 UE 具有安全上下文时，将发送一条消息，该消息具有在 NAS 容器中加密的完整初始 NAS 消息及具有保护整个消息完整性的明文 IE。完整的初始消息在需要的情况下（如 AMF 无法找到使用的安全上下文）包含在 NAS 容器中的 "NAS 安全模式完成" 消息中。

步骤 1： UE 必须将初始 NAS 消息发送给 AMF。

如果 UE 没有 NAS 安全上下文，则初始 NAS 消息包含的参数应包括明文 IE［签约标识符（如 SUCI 或 GUTI）］、UE 安全能力 ngKSI、UE 来自 EPC 的指示、附加 GUTI。如果 UE 是在 LTE 的空闲态下移动，则还应包含 TAU 请求。

如果 UE 具有 NAS 安全上下文，则发送的消息应包含以上以明文形式给出的信息，并在 NAS 容器中加密完整的初始 NAS 消息。在 NAS 安全上下文中，发送的消息也应受到完整性保护。如果初始 NAS 消息受到保护并且 AMF 具有相同的安全上下文，则可以省略步骤 2～步骤 4。在这种情况下，AMF 将使用

NAS 容器中完整的初始 NAS 消息作为响应消息。

步骤 2：如果 AMF 无法从本地或上次访问的 AMF 找到安全上下文，或者完整性检查失败，则 AMF 必须启动与 UE 的认证过程。如果 AMF 可以从上次访问的 AMF 获取旧的安全上下文，则 AMF 可以使用相同的安全上下文来解密 NAS 容器，并获取初始 NAS 消息，可以省略其余步骤。如果 AMF 从上次访问的 AMF（接收 keyAmfChangeInd）中获取新的 K_{AMF}，则可以不再对 UE 进行鉴权。

步骤 3：如果 UE 鉴权成功，则 AMF 将发送 NAS 安全模式命令消息（NAS SMC）。如果初始 NAS 消息受到保护但未通过完整性检查（由于 MAC 失败或 AMF 无法找到使用的安全上下文），或者 AMF 无法解密 NAS 容器中的完整初始 NAS 消息（由于从上次访问的 AMF 接收到"keyAmfChangeInd"），则 AMF 在安全模式命令（SMC）消息中应包含一个标识，请求 UE 在 NAS 安全模式完成消息中发送完整的初始 NAS 消息。

步骤 4：UE 应响应 NAS 安全模式命令消息，将 NAS 安全模式完成消息发送到网络。NAS 安全模式完成消息将被加密并保护完整性。此外，如果 AMF 请求或 UE 发送不受保护的初始 NAS 消息，则 NAS 安全模式完成消息应在 NAS 容器中包括完整的初始 NAS 消息。AMF 必须使用 NAS 容器中完整的初始 NAS 消息作为响应消息。

步骤 5：AMF 必须发送其对初始 NAS 消息的响应。该消息应被加密并保护完整性。

5GS 支持对初始 NAS 消息的保护。初始 NAS 消息的保护适用于 REGISTRATION REQUEST、SERVICE REQUEST、CONTROL PLANE SERVICE REQUEST 消息，并通过以下方式实现。

（1）如果 UE 没有有效的 5G NAS 安全上下文，则发送仅包含明文 IE 的 REGISTRATION REQUEST 消息。在激活由安全模式控制过程产生的 5G NAS 安全上下文后：

① 如果 UE 需要发送非明文 IE，则 UE 应在 NAS 消息容器 IE 中包含整个 REGISTRATION REQUEST 消息（同时包含明文 IE 和非明文 IE），并在 NAS 消息容器中包含 NAS 消息容器 IE"安全模式已完成"消息；

② 如果 UE 不需要发送非明文 IE，则 UE 应在 NAS 消息容器 IE 中包含整个 REGISTRATION REQUEST 消息（仅包含明文 IE），并且应在"安全模式已完成"消息中包含 NAS 消息容器 IE 信息。

（2）如果 UE 具有有效的 5G NAS 安全上下文，则按以下方式处理：

① UE 需要在 REGISTRATION REQUEST 或 SERVICE REQUEST 消息中

发送非明文 IE，UE 将整个 REGISTRATION REQUEST 或 SERVICE REQUEST 消息（同时包含明文 IE 和非明文 IE）都包含在 NAS 消息容器 IE 和应加密 NAS 消息容器 IE 的值部分。然后，UE 应发送包含明文 IE 和 NAS 消息容器 IE 的注册请求或服务请求消息；

② UE 需要在 CONTROL PLANE SERVICE REQUEST 消息中发送非明文 IE；

③ UE 不需要在 REGISTRATION REQUEST、SERVICE REQUEST 或 CONTROL PLANE SERVICE REQUEST 消息中发送非明文 IE，UE 发送 REGISTRATION REQUEST、SERVICE REQUEST 或 CONTROL PLANE SERVICE REQUEST 消息不包含 NAS 消息容器 IE。

当初始 NAS 消息是 REGISTRATION REQUEST 消息时，明文 IE 为：

（1）扩展协议鉴别符；

（2）安全头类型；

（3）备用半字节；

（4）注册请求消息的身份；

（5）5GS 注册类型；

（6）*ngKSI*；

（7）5GS 移动身份；

（8）设备安全能力；

（9）附加的 GUTI（全球唯一临时标识符）；

（10）UE 状态；

（11）EPSNAS 消息容器。

当初始 NAS 消息是 SERVICE REQUEST 消息时，明文 IE 为：

（1）扩展协议鉴别符；

（2）安全头类型；

（3）备用半字节；

（4）*ngKSI*；

（5）服务请求消息的身份；

（6）服务类型；

（7）5G-S-TMSI。

当初始 NAS 消息是 CONTROL PLANE SERVICE REQUEST 消息时，明文 IE 为：

（1）扩展协议鉴别符；

（2）安全头类型；

（3）备用半字节；

（4）*ngKSI*；

（5）CONTROL PLANE SERVICE REQUEST 消息身份；

（6）控制面服务类型。

当 UE 发送包括 NAS 消息容器 IE 的 REGISTRATION REQUEST、SERVICE REQUEST 或 CONTROL PLANE SERVICE REQUEST 消息时，UE 应将初始 NAS 消息的安全头类型设置为"完整性保护"。

如果 UE 不需要在初始 NAS 消息中发送非明文 IE，则 UE 应发送初始 NAS 消息，即仅具有明文 IE 不包括 NAS 消息容器 IE 的 REGISTRATION REQUEST 或 SERVICE REQUEST 或 CONTROL PLANE SERVICE REQUEST 消息。

当 AMF 收到包括 NAS 消息容器 IE 的完整性受保护的初始 NAS 消息时，AMF 将解密 NAS 消息容器 IE 的值部分。如果接收到的初始 NAS 消息是 REGISTRATION REQUEST 或 SERVICE REQUEST 消息，则 AMF 将把从 NAS 消息容器 IE 获得的 NAS 消息视为触发该过程的初始 NAS 消息。

如果初始 NAS 消息是 DEREGISTRATION REQUEST 消息，则 UE 总是发送未加密的 NAS 消息。

在以下情况下，UE 应当丢弃 5G NAS 安全上下文并发送包括明文 IE 在内的初始 NAS 消息，如同 UE 没有有效的 5G NAS 安全上下文的情况。

（1）将 5G-EA0 作为选定的 5G NAS 安全算法。

（2）选择除已注册的 PLMN 和 EPLMN 之外的 PLMN。

2.5.5　多个 NAS 连接的安全性

当 UE 通过两种类型的接入（如 3GPP 和非 3GPP）在服务网络中注册时，UE 具有两个相同的活动 NAS 连接 AMF。在注册过程中，会在第一种访问类型上创建一个通用的 5G NAS 安全上下文。为了实现密码分离和重放保护，公共 NAS 安全上下文应具有特定于每个 NAS 连接的参数。特定的连接参数包括用于上行链路和下行链路的一对 NAS COUNT 和唯一的 NAS 连接标识符。对于 3GPP 访问，唯一 NAS 连接标识符的值应设置为"0x01"，对于非 3GPP 访问，应将其设置为"0x02"。所有其他参数（如公共 NAS 安全上下文中的算法标识符）对于多个 NAS 连接都是公共的。

当 UE 通过某种类型的接入（如 3GPP）在一个 PLMN 的服务网络中注册，并且通过另一种类型的接入（如非 3GPP）在另一个 PLMN 的服务网络中注册时，UE 具有两个不同的活动 NAS 连接不同 PLMN 中的 AMF。UE 应独立维护和使用两个不同的 5G 安全上下文，每个 PLMN 服务网络各一个。

2.5.6　关于 5G NAS 安全上下文的处理

在可以激活安全性之前，AMF 和 UE 需要建立 5G NAS 安全上下文。5G NAS 安全上下文中包括用于身份验证、完整性保护和加密的安全参数，并由密钥集标识符（ngKSI）标识。5G NAS 上下文包括以下几种类型：当前 5G NAS 上下文、本地 5G NAS 上下文、映射的 5G NAS 上下文、完整的 5G NAS 上下文、部分 5G NAS 上下文，分别对应不同安全过程中的状态。

5G NAS 安全上下文的建立发生在以下几种情况下。

（1）在 AMF 和 UE 之间的主身份验证和密钥协商后。

（2）在 N1 模式到 N1 模式切换过程中。

（3）在从 S1 模式到 N1 模式的系统间更改过程中，不使用 N26 不支持的 AMF 和以单注册模式运行的 UE，可以从 UE 建立的 EPS 安全上下文中获取映射的 5G NAS 安全上下文。

（4）在 5GMM-CONNECTED 状态下将系统间从 S1 模式更改为 N1 模式过程中，应建立映射的 5G NAS 安全上下文。

（5）在 5GMM-CONNECTED 状态下从 N1 模式到 S1 模式的系统间更改过程中，应建立 EPS 安全上下文。

当 AMF 启动安全模式控制过程时，在 N1 模式到 N1 模式的切换过程中或在从 S1 模式到 N1 模式的系统间更改过程中，UE 和 AMF 将使用 5G NAS 安全上下文。在网络通信过程中使用的 5G NAS 安全上下文被称为当前 5G NAS 安全上下文。当前的 5G NAS 安全上下文可以是本地或映射的类型，即源自本地 5G NAS 安全上下文或映射的 5G NAS 安全上下文。

2.5.7　密钥集标识符 ngKSI

AMF 在以下情况下分配密钥集标识符。

（1）在主身份验证和密钥协商过程中。

（2）如果使用映射的 5G NAS 安全上下文，则在系统间更改过程中分配 *ngKSI*。

ngKSI 由一个值和一种类型的安全上下文参数组成，该参数指示 5G NAS 安全上下文是本地 5G NAS 安全上下文还是映射的 5G NAS 安全上下文。

如果 5G NAS 安全上下文是本机 5G NAS 安全上下文，则 *ngKSI* 的值为 KSI_{AMF}，而当当前 5G NAS 安全上下文的类型为映射时，*ngKSI* 的值为 KSI_{ASME}。

当建立新的 N1 NAS 信令连接而无须执行新的主身份验证和密钥协商时，或 AMF 启动安全模式控制过程时，可以使用 *ngKSI* 所指示的 5G NAS 安全上下文来建立 NAS 消息的安全交换。因此，初始 NAS 消息（REGISTRATION REQUEST、DEREGISTRATION、REQUEST、SERVICE REQUEST、CONTROL PLANE SERVICE REQUEST）和安全模式命令消息会在对应消息的 NAS 密钥集标识符 IE 中包含一个 *ngKSI* 值，以便指定用于 NAS 消息完整性所使用的当前 5G NAS 安全上下文。

当要求 UE 删除 *ngKSI* 时，UE 应将 *ngKSI* 设置为"无密钥可用"，并考虑相关的密钥 K_{AMF} 或 K'_{AMF}，5G NAS 加密密钥和 5G NAS 完整性密钥无效（与 *ngKSI* 关联的 5G NAS 安全上下文不再有效）。

2.5.8 5G NAS 安全上下文的维护

为了与连接到 EPC 的 E-UTRAN 互通，支持 S1 模式和 N1 模式的 UE 可以在单注册模式或双注册模式下运行。在双注册模式下运行的 UE 必须独立维护和使用 EPS 安全上下文及 5G NAS 安全上下文。UE 和 AMF 需要能够同时维护两个 5G NAS 安全上下文，即当前 5G NAS 安全上下文和非当前 5G NAS 安全上下文，原因如下。

（1）在 5G 重新认证后，UE 和 AMF 可以同时具有当前 5G NAS 安全上下文和尚未使用的非当前 5G NAS 安全上下文（部分本地 5G NAS 安全上下文）。

（2）在系统间从 S1 模式更改为 N1 模式后，UE 和 AMF 可以同时具有映射的 5G NAS 安全上下文（当前 5G NAS 安全上下文）和非当前本地 5G NAS 安全上下文，即在 N1 模式中上一次接入期间创建的。

UE 和 AMF 需要同时维护的 5G NAS 安全上下文的数量受到以下要求的限制。

（1）成功的 5G（重新）身份验证创建了新的部分本地 5G NAS 安全上下文后，AMF 和 UE 应删除非当前 5G NAS 安全上下文（如果有）。

（2）当通过安全模式控制过程使用部分本地 5G NAS 安全上下文时，AMF 和 UE 应删除先前的当前 5G NAS 安全上下文。

（3）当 AMF 和 UE 在针对紧急服务的初始注册过程或针对 UE 的移动性和定期注册更新的注册过程中使用"空完整性保护算法"和"空密码算法"创建 5G NAS 安全上下文时，具有紧急 PDU 会话，AMF 和 UE 应删除先前的当前 5G NAS 安全上下文。

（4）在从 S1 模式到 N1 模式的系统间更改过程中使用"空完整性保护算

法"和"空密码算法"创建的新映射的 5G NAS 安全上下文或 5G NAS 安全上下文时，如果已有当前 5G NAS 安全上下文，则 AMF 和 UE 将不会删除该上下文。相反，AMF 和 UE 应将先前的当前 5G NAS 安全上下文变为非当前 5G NAS 安全上下文，并且 AMF 和 UE 应删除其中部分本地 5G NAS 安全上下文；如果没有先前的当前 5G NAS 安全上下文，但是有部分本地 5G NAS 安全上下文，则该部分本地 5G NAS 安全上下文不会被删除。

（5）当 AMF 和 UE 在从 S1 模式到 N1 模式的系统间更改过程中获得新的映射 5G NAS 安全上下文时，AMF 和 UE 应删除任何现有的当前映射的 5G NAS 安全上下文。

（6）当通过安全模式控制过程使用非当前完整的本地 5G NAS 安全上下文时，AMF 和 UE 应删除先前映射的 5G NAS 安全上下文。

（7）当 UE 或 AMF 从 5GMM 已注册状态变为 5GMM 已注销状态时，如果当前 5G NAS 安全上下文是映射的 5G NAS 安全上下文，并且存在非当前完整的本地 5G NAS 安全上下文，则非当前 5G NAS 安全上下文将成为当前 5G NAS 安全上下文。此外，UE 和 AMF 将删除任何映射的 5G NAS 安全上下文或部分本地 5G NAS 安全上下文。

（8）如果在具有 N26 接口的网络中以单注册模式运行的 UE 执行从 N1 模式到 S1 模式的系统间更改，且 UE 具有映射的 5G NAS 安全上下文，则系统间更改是在以下情况之一执行的：

① 5GMM-IDLE 模式，在成功完成跟踪区域更新过程后，UE 应删除映射的 5G NAS 安全上下文。

② 5GMM-CONNECTED 模式，UE 应在系统间更改完成后删除映射的 5G NAS 安全上下文。

（9）如果在具有 N26 接口的网络中以单注册模式运行的 UE 在 5GMM-IDLE 模式下执行从 S1 模式到 N1 模式的系统间更改，则 UE 具有非当前完整的本地 5G NAS 安全上下文，UE 将非当前完整的本地 5G NAS 安全上下文作为当前本地 5G NAS 安全上下文。如果有映射的 5G NAS 安全上下文，UE 将删除映射的 5G NAS 安全上下文。

当 UE 发起初始注册过程时，或者当 UE 离开状态 5GMM-DEREGISTERED 而进入其他除 5GMM-NULL 以外的状态时，都要在 USIM 或非易失性存储器上将 5G NAS 安全上下文标记为无效。当 UE 从 5GMM-NULL 以外的任何其他状态进入 5GMM-DEREGISTERED 状态，或 UE 中止初始注册过程而没有离开 5GMM-DEREGISTERED 状态时，UE 存储当前本地 5G NAS 安全上下文，将其标记为有效。

2.5.9　建立 NAS 消息的安全模式

经由 NAS 信令连接的 NAS 消息的安全交换通常由 AMF 在注册过程中通过启动安全模式控制过程来建立。安全模式控制过程成功完成后，将使用当前的 5G 安全算法向 UE 和 AMF 之间交换的所有 NAS 消息发送完整性保护的消息，并且 UE 之间交换的所有 NAS 消息使用当前的 5G 安全算法对 AMF 进行加密发送。

当 AMF 启动重新身份验证以创建新的 5G NAS 安全上下文时，在身份验证过程中交换的消息将受到完整性保护，并使用当前 5G NAS 安全上下文进行加密。UE 和 AMF 都应继续使用当前 5G NAS 安全上下文，直到 AMF 启动安全模式控制过程为止。AMF 发送的 SECURITY MODE COMMAND 消息包括要使用的新 5G NAS 安全上下文的 *ngKSI*。AMF 必须发送受新 5G NAS 安全上下文进行完整性保护但未加密的 SECURITY MODE COMMAND 消息。当 UE 用 SECURITY MODE COMPLETE 消息响应时，它将发送通过新 5G NAS 安全上下文保护的完整性和机密性消息。

通过发送包含要修改的 5G NAS 安全上下文的 *ngKSI* 及一组新的选定 NAS 安全算法的 SECURITY MODE COMMAND 消息，AMF 还可以修改当前 5G NAS 安全上下文或使用非当前 5G NAS 安全上下文。在这种情况下，AMF 将发送经过修改的 5G NAS 安全上下文进行完整性保护但未加密的 SECURITY MODE COMMAND 消息。当 UE 回复 SECURITY MODE COMPLETE 消息时，它将发送使用修改后的 5G NAS 安全上下文保护和加密的完整性消息。

2.5.10　NAS Count 计数器的管理

每个 5G NAS 安全上下文应与同一 PLMN 中每种接入类型的两个单独的计数器 NAS COUNT 相关联：一个与上行 NAS 消息有关，另一个与下行 NAS 消息有关。如果在同一 PLMN 中将 5G NAS 安全上下文用于 3GPP 和非 3GPP 接入，则有两个与 5G NAS 安全上下文关联的 NAS COUNT 计数器对。NAS COUNT 计数器使用 24 位内部表示，由 UE 和 AMF 独立维护。NAS COUNT 应包括 NAS 序列号（8 位）和一个 NAS 溢出计数器（16 位）。将 NAS COUNT 应用到 NAS 加密或 NAS 完整性算法时，应将其视为一个 32 位实体，该实体应通过在 24 位内部表示中填充最高有效位中的 8 个 0 来构造。

从 USIM 或非易失性存储器中存储或读出的上行链路 NAS COUNT 的值是

在下一个 NAS 消息中要使用的值。从 USIM 或非易失性存储器中存储或读出的下行链路 NAS COUNT 的值是成功进行完整性检查的 NAS 消息中使用的最大下行链路 NAS COUNT。NAS COUNT 的 NAS 序列号部分应作为 NAS 信令的一部分在 UE 和 AMF 之间交换。在每个新的或重传的出站安全保护 5GS NAS 消息之后，发送者应将 NAS COUNT 编号加 1。当发送初始 NAS 消息时，如果较低的层指示无法建立 RRC 连接，则不需要对 NAS COUNT 递增。在消息的发送方，NAS 序列号应加 1，如果递增结果为 0（回绕），则 NAS 溢出计数器也应加 1；对接收方，应估计发送方使用的 NAS 计数，如果估算的 NAS 序列号回绕，则 NAS 溢出计数器应增加 1。

如果在按上述方式增加 NAS COUNT 时，AMF 检测到其下行 NAS COUNT 或 UE 的上行 NAS COUNT 将接近回绕（接近 2^{24}），则 AMF 应采取以下措施。

（1）如果不存在具有足够低的 NAS COUNT 值的非当前 5G NAS 安全上下文，则 AMF 必须与 UE 发起主认证和密钥协商过程，从而重新建立 5G NAS 安全上下文。当激活新的 5G NAS 安全上下文时，在 UE 和 AMF 中均将 NAS COUNT 重置为 0。

（2）AMF 可以使用足够低的 NAS COUNT 值来激活非当前 5G NAS 安全上下文，或者启动一个新的主认证和密钥协商过程。

如果由于某种原因，在 NAS COUNT 回绕之前尚未使用主认证和密钥协商过程建立新的 K_{AMF}，则需要发送 NAS 消息的网元（AMF 或 UE）应释放 NAS 信令连接。在发送下一个上行 NAS 消息之前，UE 将删除表示当前 5G NAS 安全上下文的 *ngKSI*。

当 5G-IA0 用作 NAS 完整性算法时，UE 和 AMF 将允许 NAS COUNT 回绕。如果发生 NAS COUNT 回绕，则满足以下要求。

（1）UE 和 AMF 必须继续使用当前 5G NAS 安全上下文。

（2）AMF 不得启动主认证和密钥协商过程。

（3）AMF 不得释放 NAS 信令连接。

（4）UE 不应执行 NAS 信令连接的本地释放。

2.5.11　NAS 信令消息的完整性保护

对于 UE，一旦存在有效的 5G NAS 安全上下文并已使用，则完整性保护信令对于 5GMM NAS 消息是强制性的。对于网络，一旦已为 NAS 信令连接建立了 5GS NAS 消息的安全交换，则 5GMM NAS 消息必须具有完整性保护的信令。NAS 负责所有 NAS 信令消息的完整性保护。激活完整性保护的是网络。

仅在以下情况下，允许在当前 5G NAS 安全上下文中使用"空完整性保护算法"5G-IA0。

（1）对于允许建立紧急服务的未经认证的 UE。

（2）代表 FN-RG 的 W-AGF。

为了在发出的 NAS 消息中设置安全头类型，无论 5G NAS 安全上下文中是否指示"空完整性保护算法"或任何其他完整性保护算法，UE 和 AMF 均应应用相同的规则。如果已选择"空完整性保护算法"5G-IA0 作为完整性保护算法，则接收方应将带有指示完整性保护的安全性标头的 NAS 消息视为受完整性保护。

当需要同时发送加密和完整性保护的 NAS 消息时，首先对 NAS 消息进行加密，然后通过计算 MAC 对加密的 NAS 消息和 NAS 序列号进行完整性保护；当需要发送未加密和完整性保护的 NAS 消息时，通过计算 MAC 即可对未加密的 NAS 消息和 NAS 序列号进行完整性保护。

当在 5GMM 消息中附带 5GSM 消息时，只存在用于保护 5GMM 消息的一个序列号 IE 和一个消息验证码 IE。

1. UE 中 NAS 信令消息的完整性检查

除了以下列出的消息，除非网络已为 NAS 信令连接建立 5GS NAS 消息的安全交换，否则 UE 中接收的 5GMM 实体不应处理任何 NAS 信令消息或将其转发给 5GSM 实体。

（1）IDENTITY REQUEST（如果请求的识别参数是 SUCI）。

（2）认证请求。

（3）认证结果。

（4）认证拒绝。

（5）登记拒绝（如果该 5GMM 原因代码既不是 #31 又不是 #76）。

（6）接受注销（非关闭）。

（7）服务拒绝（如果该 5GMM 原因代码既不是 #31 又不是 #76）。

这些消息在没有完整性保护的情况下被 UE 接收是因为在某些情况下它们是在安全性可以被激活之前由网络发送的。完整性保护永远不会直接应用于 5GSM 消息，而是应用于包含 5GSM 消息的 5GMM 消息。网络可以在注册过程中通过 REGISTRATION ACCEPT 消息向 UE 提供 SOR 透明容器 IE。SOR 透明容器 IE 的完整性是由归属 PLMN 保护的。一旦建立了 NAS 消息的安全交换，UE 中的接收 5GMM 实体将不处理任何 NAS 信令消息，除非它们已经成功地由 NAS 进行了完整性检查。如果收到尚未成功通过完整性检查的 NAS 信令消息，则 UE 中的 NAS 实体将丢弃该消息。如果网络已经建立了 NAS 消

息的安全交换，但仍收到未受到完整性保护的 NAS 信令消息，则 NAS 将丢弃该消息。

2．AMF 中 NAS 信令消息的完整性检查

除下面列出的消息外，除非已为 NAS 信令连接建立了安全的 NAS 消息交换，否则 AMF 中接收的 5GMM 实体不应处理任何 NAS 信令消息或将其转发给 5GSM 实体。

（1）注册请求。

（2）身份响应（如果请求的识别参数为 SUCI）。

（3）认证响应。

（4）认证失败。

（5）安全模式拒绝。

（6）注销请求。

（7）接受注销。

如果注册过程是由 5GMM-IDLE 模式下的系统间更改而启动的，并且 UE 中没有当前的 5G NAS 安全上下文，则在没有完整性保护的情况下，UE 发送 REGISTRATION REQUEST 消息。其他消息在没有完整性保护的情况下由 AMF 接收，因为在某些情况下，其他消息是在安全性可以被激活之前由 UE 发送的。完整性保护永远不会直接应用于 5GSM 消息，而是应用于包含 5GSM 消息的 5GMM 消息。

如果存在当前 5G NAS 安全上下文，并为 NAS 信令连接建立了 NAS 消息的安全交换，即使消息中包含的 MAC 失败，AMF 中接收的 5GMM 实体也应处理以下 NAS 信令消息。

（1）注册请求。

（2）身份响应（如果请求的识别参数为 SUCI）。

（3）认证响应。

（4）认证失败。

（5）安全模式拒绝。

（6）注销请求。

（7）接受注销。

（8）服务请求。

（9）控制面服务请求。

即使在完整性检查失败或无法验证 MAC 时，AMF 也会处理这些消息，因为在某些情况下，这些消息可以由受网络中不再可用的 5G NAS 安全上下文保护的 UE 发送。

如果用于初始注册的 REGISTRATION REQUEST 消息未通过完整性检查并且不是紧急服务的注册请求，则 AMF 必须在进一步处理注册请求之前对用户进行身份验证。此外，AMF 将启动安全模式控制过程。

如果用于移动性和定期注册更新的 REGISTRATION REQUEST 消息未通过完整性检查，并且 UE 提供了由源 MME 成功验证的 EPS NAS 消息容器 IE，则 AMF 可以创建映射的 5G NAS 安全上下文并启动安全模式控制过程使用新的映射 5G NAS 安全上下文；否则，如果 UE 仅建立了非紧急 PDU 会话，则 AMF 将启动主身份验证和密钥协商过程以创建新的本地 5G NAS 安全上下文。此外，AMF 将启动安全模式控制过程，并将附加的 5G 安全信息 IE 包含 SECURITY MODE COMMAND 消息中的 RINMR 位设置为"重传请求的初始 NAS 消息"。

如果 DEREGISTRATION REQUEST 消息未通过完整性检查，则 AMF 必须按以下步骤进行。

（1）如果是由于关闭而非注销请求，并且 AMF 可以启动身份验证过程，则 AMF 应该在进一步处理注销请求之前对用户进行身份验证。

（2）如果是由于关闭导致注销请求，或者 AMF 由于任何其他原因未启动身份验证过程，则 AMF 可能会忽略注销请求，并保持 5GMM 已注册状态。

如果 SERVICE REQUEST 或 CONTROL PLANE SERVICE REQUEST 消息未通过完整性检查，并且 UE 仅建立了非紧急 PDU 会话，则 AMF 将发送带有 5GMM 原因 #9"UE 身份不能由网络导出"的 SERVICE REJECT 消息，并且保持 5GMM 上下文和 5G NAS 安全上下文不变。针对 UE 具有紧急 PDU 会话且完整性检查失败的情况，即使没有 5G NAS 安全上下文可用，AMF 也会跳过身份验证过程，并直接进行安全模式控制过程。AMF 将在 SECURITY MODE COMMAND 消息中包括附加的 5G 安全信息 IE，并将 RINMR 位设置为"重传请求的初始 NAS 消息"。成功完成服务请求过程后，网络应在本地释放所有非紧急 PDU 会话，不得释放紧急 PDU 会话。

一旦为 NAS 信令连接建立了安全的 NAS 消息交换，则除非已成功地由 NAS 进行完整性检查，否则 AMF 中接收的 5GMM 实体不得处理任何 NAS 信令消息。如果收到未成功通过完整性检查的任何 NAS 信令消息，则 AMF 中的 NAS 将丢弃该消息。如果收到了任何 NAS 信令消息，即使已经建立了安全的 NAS 消息交换，没有受到完整性保护，NAS 也应丢弃该消息。

2.5.12　NAS 信令消息的机密性保护

在网络中使用加密是受 AMF 配置约束的运营商选项。当配置了不加密的

网络操作时，AMF 将在当前 5G NAS 安全上下文中为所有 UE 指示使用"空加密算法" 5G-EA0。为了在出站 NAS 消息中设置安全头类型，无论 5G NAS 安全上下文中是否指示"空加密算法"或任何其他加密算法，UE 和 AMF 都应使用相同的规则。

当 UE 建立一个新的 N1 NAS 信令连接时，它应对初始 NAS 消息应用安全保护。当已经为 N1 NAS 信令连接建立了 NAS 消息的安全交换时，UE 应开始对 NAS 消息进行加密和解密。从这个时间开始，除非明确定义，否则 UE 将发送所有加密的 NAS 消息，直到释放 N1 NAS 信令连接或 UE 将系统间更改为 S1 模式为止。

AMF 必须对 NAS 消息进行加密和解密，从这个时间开始，除"安全模式命令"消息外，AMF 将发送已加密的所有 NAS 消息，直到释放 N1 NAS 信令连接或 UE 将系统间更改为 S1 模式为止。加密永远不会直接应用于 5GSM 消息，而是应用于包含 5GSM 消息的 5GMM 消息。

一旦在 AMF 和 UE 之间开始了 NAS 消息的加密，接收方将丢弃未加密的 NAS 消息，该消息应被加密。如果已选择"空加密算法"5G-EA0 作为加密算法，则将具有安全头指示加密的 NAS 消息视为已加密。

|2.6 NSA 模式下的 NAS 消息安全保护机制|

2.6.1 EPS 安全上下文的处理

用于身份验证、完整性保护和加密的安全参数在 EPS 安全上下文中关联在一起，并由 E-UTRAN（eKSI）的密钥集标识符标识。在可以激活安全性之前，MME 和 UE 需要建立 EPS 安全上下文。EPS 安全上下文的创建机制如下。

（1）通常，EPS 安全上下文是作为 MME 与 UE 之间的 EPS 身份验证过程的结果而创建的。

（2）在从 A/Gb 模式到 S1 模式或从 Iu 模式到 S1 模式的系统间切换过程中，MME 和 UE 从 UE 处于 A/Gb 时建立的 UMTS 安全上下文中获取映射的 EPS 安全上下文模式或 Iu 模式。

（3）在从 A/Gb 模式到 S1 模式或从 Iu 模式到 S1 模式的 CS 到 PS SRVCC 切换过程中，MME 和 UE 从已在 UE 处于 A 模式建立的 CS UMTS 安全上下文中获取映射的 EPS 安全上下文。

在 MME 启动安全模式控制过程或在从 A/Gb 模式到 S1 模式或从 Iu 模式到 S1 模式的系统间切换过程中，UE 和 MME 将使用 EPS 安全上下文。网络使用的 EPS 安全上下文称为当前 EPS 安全上下文。当前的 EPS 安全上下文可以是本地或映射的类型，即源自本地 EPS 安全上下文或映射的 EPS 安全上下文。

2.6.2　密钥集标识符 eKSI

密钥集标识符 eKSI 由 MME 在 EPS 身份验证过程中或对于映射的 EPS 安全上下文在系统间切换过程中分配。eKSI 由一个值和一种类型的安全性上下文参数组成，用于指示 EPS 安全上下文是本地 EPS 安全性上下文还是映射的 EPS 安全上下文。当 EPS 安全上下文是本地 EPS 安全上下文时，eKSI 的值为 KSI_{ASME}；而当 EPS 安全上下文为映射类型时，eKSI 的值为 KSI_{SGSN}。

当建立新的 NAS 信令连接而不执行新的 EPS 身份验证过程，或 MME 启动安全模式控制过程时，可以使用 eKSI 指示的 EPS 安全上下文来建立 NAS 消息的安全交换。因此，初始 NAS 消息（附着请求、跟踪区域更新请求、分离请求、服务请求、扩展服务请求、控制面服务请求）和 SECURITY MODE COMMAND 消息在 NAS 密钥集标识符 IE 中包含 eKSI，或包含 eKSI 在 KSI 中的值和序列号 IE，以便指示用于完整性保护 NAS 消息的当前 EPS 安全上下文。

当要求 UE 删除 eKSI 时，UE 应将 eKSI 设置为"无密钥可用"，同样要考虑其相关密钥 K_{ASME} 或 K'_{ASME}，EPS NAS 加密密钥和 EPS NAS 完整性密钥无效（与 eKSI 关联的 EPS 安全上下文不再有效）。

2.6.3　EPS 安全上下文的维护

UE 和 MME 需要能够同时维护两个 EPS 安全上下文，即当前 EPS 安全上下文和非当前 EPS 安全上下文，原因如下。

（1）在 EPS 重新认证后，UE 和 MME 可以同时具有当前 EPS 安全上下文和尚未被使用的非当前 EPS 安全上下文（部分本地 EPS 安全上下文）。

（2）在 A/Gb 模式到 S1 模式或从 Iu 模式到 S1 模式的系统间切换之后，UE 和 MME 既可以具有映射的 EPS 安全上下文（当前 EPS 安全上下文），又可以具有 S1 模式或 S101 模式下的上一次接入过程中创建的非当前的本地 EPS 安全上下文。

UE 和 MME 需要同时维护的 EPS 安全上下文的数量受到以下要求的限制。

（1）成功的 EPS（重新）认证创建了新的部分本地 EPS 安全上下文后，MME 和 UE 应删除非当前 EPS 安全上下文（如果有）。

（2）当通过安全模式控制过程使用部分本地 EPS 安全上下文时，MME 和 UE 应删除先前的当前 EPS 安全上下文。

（3）当 MME 和 UE 在用于紧急承载服务的附着（Attach）过程或在用于紧急承载服务的 PDN 连接的 UE 的跟踪区域更新过程中使用空完整性和空加密算法创建 EPS 安全上下文时，MME 和 UE 应删除先前的当前 EPS 安全上下文。

（4）当在从 A/Gb 模式到 S1 模式或从 Iu 模式到 S1 模式的系统间切换过程中使用了空完整性和空加密算法创建的新映射 EPS 安全上下文或 EPS 安全上下文时，MME 和 UE 不得删除先前的当前本地 EPS 安全上下文（如果有）。相反，先前的当前本地 EPS 安全上下文将变为非当前本地 EPS 安全上下文，并且 MME 和 UE 将删除任何部分本地 EPS 安全上下文。如果以前不存在当前本地 EPS 安全上下文，则 MME 和 UE 不应删除部分本地 EPS 安全上下文（如果有）。

（5）当在从 A/Gb 模式到 S1 模式或从 Iu 模式到 S1 模式的系统间切换过程中，MME 和 UE 导出新的映射的 EPS 安全上下文时，MME 和 UE 将删除任何现有的当前映射的 EPS 安全上下文。

（6）当安全模式控制过程使用非当前的完整本地 EPS 安全上下文时，则 MME 和 UE 应删除先前的当前映射的 EPS 安全上下文。

（7）当 UE 或 MME 从 EMM 注册状态变为 EMM 注销状态时，如果当前 EPS 安全上下文是映射的 EPS 安全上下文，并且存在非当前完整的本地 EPS 安全上下文，则非当前 EPS 安全上下文将成为当前的 EPS 安全上下文。此外，UE 和 MME 将删除任何映射的 EPS 安全上下文或部分本地 EPS 安全上下文。

当 UE 发起附加过程时，或者当 UE 离开状态 EMM-DELOCATED 进入除 EMM-NULL 之外的任何其他状态时，UE 应将 USIM 或非易失性存储器上的 EPS 安全上下文标记为无效。并且仅当 UE 从除 EMM-NULL 之外的任何其他状态进入 EMM-DEREGISTERED 状态，或当 UE 中止附着过程而没有离开 EMM-DEREGISTERED 时，UE 应存储当前的本地 EPS 安全上下文，并将其标记为有效。

2.6.4　建立 NAS 消息的安全模式

经由 NAS 信令连接的 NAS 消息的安全交换通常由 MME 在附着过程中通过启动安全模式控制过程来建立。在成功完成安全模式控制过程后，使用当前的 EPS 安全算法对 UE 和 MME 之间交换的所有 NAS 消息进行完整性保护，并使用当前 EPS 安全算法对 UE 和 MME 发送的 NAS 消息进行加密保护。

当 MME 启动重新身份验证以创建新的 EPS 安全上下文时, 在身份验证过程中交换的消息将受到完整性保护, 并使用当前 EPS 安全上下文 (如果有) 进行加密。

UE 和 MME 都将继续使用当前 EPS 安全上下文, 直到 MME 启动安全模式控制过程为止。MME 发送的 SECURITY MODE COMMAND 消息包括要使用的新 EPS 安全上下文的 eKSI。MME 必须发送受新 EPS 安全上下文完整性保护但未进行加密的 SECURITY MODE COMMAND 消息。当 UE 以安全模式完成响应时, 它将发送进行完整性保护和加密的新的 EPS 安全上下文消息。MME 还可以通过发送包括要修改的 EPS 安全上下文的 eKSI 及选定的 NAS 安全算法的 "安全模式命令" 消息来修改当前 EPS 安全上下文或使用非当前本地 EPS 安全上下文 (如果有)。在这种情况下, MME 必须发送由修改后的 EPS 安全上下文进行完整性保护但未加密的 SECURITY MODE COMMAND 消息。当 UE 回复 SECURITY MODE COMPLETE 消息时, 它应发送消息, 并使用修改后的 EPS 安全上下文对消息进行完整性保护和加密。

2.6.5　NAS COUNT 和 NAS 序列号的处理

每个 EPS 安全上下文应与两个单独的计数器 NAS COUNT 相关联: 一个与上行 NAS 消息有关, 另一个与下行 NAS 消息有关。NAS COUNT 计数器使用 24 位内部表示, 并且由 UE 和 MME 独立维护。NAS COUNT 应构造为 NAS 序列号 (8 位) 和一个 NAS 溢出计数器 (16 位)。当将 NAS COUNT 输入到 NAS 加密或 NAS 完整性算法时, 应将其视为一个 32 位实体, 该实体应通过在 24 位内部表示中填充最高有效位中的 8 个 0 来构造。

从 USIM 或非易失性存储器中存储或读出的上行链路 NAS COUNT 的值是在下一个 NAS 消息中使用的值。从 USIM 或非易失性存储器中存储或读出的下行链路 NAS COUNT 的值是成功进行完整性检查的 NAS 消息中使用的最大下行链路 NAS COUNT。NAS COUNT 的 NAS 序列号部分应作为 NAS 信令的一部分在 UE 和 MME 之间交换。在每个新的或重新传输的出站安全保护的 NAS 消息后, 发送者应将 NAS COUNT 编号加 1。如果较低层指示建立 RRC 连接失败, 则初始 NAS 消息的 NAS COUNT 不加一。具体来说, 在发送方, NAS 序列号应加 1, 如果结果为 0 (由于回绕), 则 NAS 溢出计数器也应加 1。接收方应估计发送方使用的 NAS 计数, 如果估算的 NAS 序列号回绕, 则 NAS 溢出计数器应增加 1。

在以单注册模式操作的 UE 的系统间以 EMM-IDLE 模式从 N1 模式更改为 S1 模式的过程中, MME 必须将映射的 EPS NAS 安全上下文与上、下行 NAS COUNT 计数器存储在一起, 该计数器与导出的 K'_{ASME} 密钥相关联, 分别设置

映射的 EPS NAS 安全上下文的上行和下行 NAS COUNT 计数器。UE 应将上行和下行 NAS COUNT 计数器分别设置为当前 5G NAS 安全上下文的上行和下行 NAS COUNT 计数器。

2.6.6 重放保护

在 MME 和 UE 中，应为接收到的 NAS 消息支持重放保护。但是，由于重放保护的实现不影响节点之间的互操作性，因此，不需要特定的机制来实现。

重放保护必须确保接收者两次不接收同一条 NAS 消息。具体来说，对于给定的 EPS 安全上下文，给定的 NAS COUNT 值最多只能接收一次，并且仅在消息完整性正确验证的情况下才可以接收。当使用 EIA0 时，重放保护不适用。

2.6.7 基于 NAS COUNT 的完整性保护和验证

1. 发送方应使用其本地存储的 NAS COUNT 作为完整性保护算法的输入

接收方应使用接收到的消息中包含的 NAS 序列号和 NAS 溢出计数器的估计值来形成 NAS 计数进入完整性验证算法。在成功进行完整性保护验证后，接收机应使用此 NAS 消息的 NAS COUNT 估计值更新其相应的本地存储的 NAS COUNT。在使用 EIA0 时，完整性验证不适用。

2. 基于 NAS COUNT 的加密和解密

发送方应将其本地存储的 NAS COUNT 作为加密算法的输入。接收机应使用接收到的消息中包含的 NAS 序列号和 NAS 溢出计数器的估计值来形成 NAS 计数进入解密算法。NAS 加密算法的进入参数是常量 BEARER ID、DIRECTION 位、NAS COUNT、NAS 加密密钥及由加密算法生成的密钥流的长度。当将部分加密用于通过控制面传输用户数据的初始普通 NAS 消息（CONTROL PLANE SERVICE REQUEST 消息）时，将密钥流的长度设置为初始普通 NAS 消息的一部分的长度（ESM 消息容器 IE 的值部分或 NAS 消息容器的值部分）。

3. NAS COUNT 回绕

如果在按上述方式增加 NAS COUNT 时，MME 检测到其下行 NAS COUNT 或 UE 的上行 NAS COUNT 接近回绕时（接近 2^{24}），则 MME 应采取以下措施。

（1）如果不存在具有足够低的 NAS COUNT 值的非当前本地 EPS 安全上下文，则 MME 将与 UE 发起新的 AKA 过程，从而新建立 EPS 安全上下文，当新的 EPS 安全上下文被激活时，UE 和 MME 的 NAS COUNT 都重置为 0。

（2）MME 可以使用足够低的 NAS COUNT 值激活非当前的本地 EPS 安全

上下文，或启动一个新的 AKA 过程。

如果由于某种原因在 NAS COUNT 结束之前尚未使用 AKA 建立新的 K_{ASME}，则需要发送 NAS 消息的网元（MME 或 UE）应释放 NAS 信令连接。在发送下一个上行链路 NAS 消息之前，UE 应删除指示当前 EPS 安全上下文的 eKSI。

当 EIA0 用作 NAS 完整性算法时，UE 和 MME 将允许 NAS COUNT 回绕。如果发生 NAS COUNT 回绕，则满足以下要求。

（1）UE 和 MME 将继续使用当前的安全上下文。

（2）MME 不得启动 EPSAKA 过程。

（3）MME 不得释放 NAS 信令连接。

（4）UE 不应执行 NAS 信令连接的本地释放。

2.6.8 NAS 信令消息的完整性保护

对于 UE，一旦存在有效的 EPS 安全上下文并已被使用，完整性保护信令对于 NAS 消息就是强制性的。对于网络，一旦已为 NAS 信令连接建立了安全的 NAS 消息交换，则对于 NAS 消息来说，完整性保护的信令就是强制性的。NAS 负责所有 NAS 信令消息的完整性保护，激活完整性保护的是网络。

在当前安全上下文中，仅允许未经许可的 UE 使用"空完整性保护算法" EIA0，该 UE 允许建立紧急承载服务或接入受限的本地服务。为了在出站 NAS 消息中设置安全头类型，UE 和 MME 应该应用相同的规则，而不管安全上下文中是否指示了"空完整性保护算法"或任何其他完整性保护算法。如果已选择"空完整性保护算法" EIA0 作为完整性保护算法，则接收方应将带有指示完整性保护的安全头的 NAS 消息视为完整性保护。

当需要同时发送加密和完整性保护的 NAS 消息时，首先对 NAS 消息进行加密，然后通过计算 MAC 对加密的 NAS 消息和 NAS 序列号进行完整性保护。当需要部分加密发送初始 NAS 消息并保护完整性时，同样适用。

当需要发送未加密和完整性保护的 NAS 消息时，通过计算 MAC 即可对未加密的 NAS 消息和 NAS 序列号进行完整性保护。

在 EPS 附着过程或服务请求过程中，如果在 EMM 消息中附带 ESM 消息，则 NAS 消息最多只有一个序列号 IE 和一个消息验证码 IE。

1. UE 中 NAS 信令消息的完整性检查

除了下面列出的消息，除非网络已经为 NAS 信令连接建立了 NAS 消息的安全交换，否则 UE 中接收的 EMM 实体不应处理任何 NAS 信令消息或将其转发给 ESM 实体。

（1）EMM 消息。

（2）IDENTITYREQUEST（如果请求的标识参数是 IMSI）。

（3）认证请求。

（4）拒绝认证。

（5）附加拒绝（如果 EMM 原因代码不是 #25 和 #31）。

（6）分离接受（用于非关闭状态）。

（7）跟踪区域更新拒绝（如果 EMM 原因代码不是 #25 和 #31）；

（8）拒绝维修（如果 EMM 原因不是 #25）。

这些消息在没有完整性保护的情况下被 UE 接收是因为在某些情况下它们是在安全性可以被激活之前由网络发送的。

所有 ESM 消息均受完整性保护。一旦建立了 NAS 消息的安全交换，UE 中接收的 EMM 或 ESM 实体将不处理任何 NAS 信令消息，除非它们已由 NAS 成功地进行了完整性检查。如果收到尚未成功通过完整性检查的 NAS 信令消息，则 UE 中的 NAS 将丢弃该消息。如果网络已经建立了 NAS 消息的安全交换，但仍收到未受到完整性保护的 NAS 信令消息，则 NAS 将丢弃该消息。

2. MME 中 NAS 信令消息的完整性检查

除下面列出的消息外，除非已为 NAS 信令连接建立了安全的 NAS 消息交换，否则 MME 中接收的 EMM 实体将不处理任何 NAS 信令消息或将其转发给 ESM 实体。

（1）EMM 消息。

（2）附着请求。

（3）IDENTITYRESPONSE（如果请求的标识参数是 IMSI）。

（4）认证响应。

（5）验证失败。

（6）安全模式拒绝。

（7）分离请求。

（8）接受分离。

（9）跟踪区域更新请求。

如果由于空闲模式下的系统间更改而启动了跟踪区域更新过程，并且 UE 中没有可用的当前 EPS 安全上下文，则在没有完整性保护的情况下由 UE 发送跟踪区域更新请求消息。其他消息在没有完整性保护的情况下被 MME 接收，这是因为在某些情况下，其他消息是在安全性可以被激活之前由 UE 发送的。

分离请求消息可以在没有完整性保护的情况下由 UE 发送，例如，如果 UE 被附加用于紧急承载服务或受限的本地服务，并且没有可用的共享 EPS 安全上下文，或由于用户交互在建立 NAS 消息的安全交换之前取消了附着过程。对于这些情况，网络可以在将 UE 标记为"EMM-已注销"之前尝试使用其他标准。

如果 PDN CONNECTIVITY REQUEST 消息在 ATTACH REQUEST 消息中携带发送且未激活的 NAS 安全性，则该 ESM 消息可以不受完整性保护，其他 ESM 消息均受完整性保护。

如果存在当前的 EPS 安全上下文，并为 NAS 信令连接建立了 NAS 消息的安全交换，即使消息中包含的 MAC 完整性失败，MME 中接收的 EMM 实体也应处理以下 NAS 信令消息。

（1）附着请求。

（2）IDENTITYRESPONSE（如果请求的标识参数是 IMSI）。

（3）认证响应。

（4）验证失败。

（5）安全模式拒绝。

（6）分离请求。

（7）接受分离。

（8）跟踪区域更新请求。

（9）服务请求。

（10）扩展服务请求。

（11）控制面服务请求。

即使在完整性检查失败或无法验证 MAC 时，这些消息也由 MME 处理，这是因为在某些情况下，这些消息可以由受 EPS 安全上下文保护的 UE 发送，该 EPS 安全上下文在网络中不再可用。

如果 MME 收到的 ATTACH REQUEST 消息是没有完整性保护的或者该消息的完整性检查失败，并且它既不是紧急承载服务的附着请求，又不是接入受限的本地服务的附着请求，则 MME 必须在处理该附着请求之前对用户进行身份验证。另外，如果 MME 启动了安全模式控制过程，则 MME 必须在 SECURITY MODE COMMAND 消息中包括 HASHMME IE。

如果 DETACH REQUEST 消息未通过完整性检查，则 MME 将按以下步骤进行。

（1）如果不是由于关机而引起的分离请求，并且 MME 可以启动身份验证过程，则 MME 应该在进一步处理分离请求之前对订户进行身份验证。

（2）如果是由于关机而导致的分离请求，或者 MME 由于其他原因未启动身份验证过程，则 MME 可能会忽略分离请求并保持 EMM 已注册状态。

在将 UE 标记为 EMM 注销之前，网络可以尝试使用其他标准（如 UE 之后是否仍在执行定期跟踪区域更新还是仍在响应寻呼）。

如果接收到的跟踪区域更新请求消息没有完整性保护或完整性检查失败，并且 UE 在跟踪区域更新请求消息中提供了 nonceUE、GPRS（通用分组无线服务）加密密钥序列号、P-TMSI（数据分组 TMSI）和 RAI（路由区域标识），则 MME 将启动安全模式控制过程以使用新的映射 EPS 安全上下文；如果 UE 仅建立了用于非紧急承载服务的 PDN 连接，而 PDN 连接不适用受限的本地服务，则 MME 将启动认证过程。另外，如果 MME 启动了安全模式控制过程，则 MME 必须在 SECURITY MODE COMMAND 消息中包括 HASHMME IE。如果"服务请求""扩展服务请求"或"控制面服务请求"消息未能通过完整性检查，并且 UE 仅建立了用于非紧急承载服务的 PDN 连接，而该 PDN 连接不适用受限的本地服务，则 MME 将通过以下方式发送"服务拒绝"消息： EMM 错误原因代码 9："网络无法导出 UE 身份"，并保持 EMM 上下文和 EPS 安全上下文不变。对于 UE 具有用于紧急承载服务或受限的本地服务的 PDN 连接且完整性检查失败的情况，即使没有 EPS 安全上下文可用，MME 也会跳过身份验证过程，并直接执行指定的安全模式控制过程。在成功完成服务请求过程后，网络应在本地停用所有不受限的本地服务的 EPS 承载的非紧急 EPS 承载。紧急 EPS 承载不得停用。网络可以停用受限的本地服务的 EPS 承载。

一旦已为 NAS 信令连接建立了安全的 NAS 消息交换，则 MME 中接收的 EMM 或 ESM 实体将不处理任何 NAS 信令消息，除非已成功通过 NAS 进行完整性检查。如果收到未成功通过完整性检查的任何 NAS 信令消息，则 MME 中的 NAS 将丢弃该消息；如果收到的任何 NAS 信令消息没有受到完整性保护，即使其已经建立了安全的 NAS 消息交换，NAS 也应丢弃该消息。

2.6.9　NAS 信令消息的加密

在网络中使用加密是受 MME 配置约束的运营商选项。当配置了不加密的网络操作时，MME 将在当前安全上下文中为所有 UE 指示使用"空加密算法"EEA0。为了在出站 NAS 消息中设置安全头类型，无论在安全上下文中指示"空加密算法"还是任何其他加密算法，UE 和 MME 都应该应用相同的规则。

当 UE 建立新的 NAS 信令连接时，它将发送初始 NAS 消息，包括以下情况。

（1）如果是包含 ESM 消息容器信息元素或 NAS 消息容器信息元素的控制面服务请求消息，则部分加密。

（2）已解密（如果是任何其他初始 NAS 消息）。

UE 将使用当前 EPS 安全上下文的加密算法对 ESM 消息容器 IE 的值或 NAS 消息容器的值进行加密，从而对 CONTPROL PLANE SERVICE REQUEST 消息进行部分加密。UE 应发送始终未加密的 ATTACH REQUEST 消息及始终未加密的"跟踪区域更新请求"消息。

除了包含 ESM 消息容器信息元素或 NAS 消息容器信息元素的 CONTROL PLANE SERVICE REQUEST 消息外，当已为 NAS 信令连接建立了 NAS 消息的安全交换时，UE 应开始对 NAS 消息进行加密和解密。从这个过程开始，除非明确定义，否则 UE 将发送所有加密的 NAS 消息，直到释放 NAS 信令连接，或者 UE 将系统间切换到 A/Gb 模式或 Iu 模式为止。MME 必须对 NAS 消息进行加密和解密。从这个过程开始，除了 SECURITY MODE COMMAND 消息外，MME 将发送所有加密的 NAS 消息，直到释放 NAS 信令连接，或者 UE 执行系统间切换到 A/Gb 模式或 Iu 模式。

一旦在 MME 和 UE 之间开始了 NAS 消息的加密，接收方将丢弃未加密的 NAS 消息。MME 将丢弃任何 CONTROL PLANE SERVICE REQUEST 消息，包括未根据上述规则部分加密的 ESM 消息容器信息元素或 NAS 消息容器信息元素。

如果已选择"空加密算法"EEA0 作为加密算法，则将带有安全头表示加密的 NAS 消息视为已加密。

| 2.7 接入层的 RRC 安全机制 |

在 NR 接口协议中，信令无线承载（SRB，Signalling Radio Bearer）是仅用于 RRC 和 NAS 消息的传输无线承载。规范中定义了以下类型的 SRB。

（1）SRB0：基于 CCCH 逻辑信道，传送 RRC 消息。

（2）SRB1：基于 DCCH 逻辑信道，传送携带 NAS 的 RRC 消息，以及在建立 SRB2 之前收发 NAS 的 RRC 消息。

（3）SRB2：基于 DCCH 逻辑信道，传送包含 NAS 消息的 RRC 消息。SRB2 的优先级低于 SRB1，可以通过 AS 安全激活后由网络进行配置。SRB2 不包括任何 RRC 协议控制信息。

（4）SRB3：基于 DCCH 逻辑信道，当 UE 处于（NG）EN-DC 或 NR-DC 中时，SRB3 用于特定的 RRC 消息。

在下行链路中，附带的 NAS 消息仅用于一个相关的过程（联合成功/失败），包括承载建立/修改/释放。在上行链路中，附带的 NAS 消息仅用于在连接建立和连接恢复过程中传输初始 NAS 消息。SRB1 和 SRB2 中的所有 MR-DC 选项都支持拆分 SRB（SRB0 和 SRB3 不支持拆分 SRB）。激活 AS 安全性后，PDCP

将对 SRB1、SRB2 和 SRB3 上的所有 RRC 消息（包括包含 NAS 消息的 RRC 消息）进行完整性保护和加密。

2.7.1 RRC 层的安全保护机制

UE 和 gNB 之间的 PDCP 层应提供 RRC 完整性保护，并且在 PDCP 下面的任何层均不得受到完整性保护。当激活完整性保护时，应激活重放保护（所选的完整性保护算法为 NIA0 时除外）。重放保护应确保接收者使用相同的 AS 安全上下文仅接收每个特定的输入 PDCP COUNT 值一次。

RRC 层安全保护包括完整性和机密性保护两种机制。

2.7.2 RRC 完整性保护机制

NIA 算法的输入参数是：作为 MESSAGE 的 RRC 消息、作为 KEY 的 128 位完整性密钥 $KRRC_{int}$，由 3GPP TS 38.323 指定的值的 5 位承载身份 BEARER、1 位传输方向和与承载特定方向有关的 32 位输入 COUNT（该 32 位输入 COUNT 对应于 32 位 PDCP COUNT）。在 ME 和 gNB 中均应执行 RRC 完整性检查。如果在完整性保护开始后检测到完整性检查失败（MAC-I 错误或丢失），则应丢弃有关消息。这可能发生在 gNB 端或 ME 端。UE 可以触发 3GPP TS 38.331 中指定的恢复过程。

2.7.3 RRC 机密性机制

UE 和 gNB 之间的 PDCP 层提供 RRC 机密性保护。

NEA 算法的输入参数是作为 KEY 的 128 位密码密钥 K_{RRCenc}、与无线承载标识相对应的 5 位承载标识 BEARER、1 位传输方向 DIRECTION、密钥流所需的长度 LENGTH 和与承载有关且与方向相关的 32 位输入 COUNT，该输入对应于 32 位 PDCP COUNT。

|2.8 接入层 PDCP 的安全保护机制|

对于 UE 需要发送的数据，将首先经过 PDCP，然后进入 RLC；对于 UE

接收到的数据，将从 RLC 通过 PDCP 才能到达上层应用。在 5G UE 的 PDCP 层除了进行数据发送处理外，还支持用户面数据的机密性保护和完整性保护。

加密功能包括加密和解密，如果配置，则在 PDCP 中执行。除了 SDAP 标头和 SDAP 控制 PDU 以外，已加密的数据单元是 MAC-I 和 PDCP 数据 PDU 的数据部分。加密不适用于 PDCP 控制 PDU。PDCP 实体要使用的加密算法需要对下行链路和上行链路进行加密和解密。加密功能所需的输入包括 COUNT 值、DIRECTION、BEARER、KEY（控制面和用户面的加密密钥分别为 K_{RRCenc} 和 K_{UPenc}）。

完整性保护功能包括完整性保护和完整性验证，并且在 PDCP 中执行。受到完整性保护的数据单元是 PDU 头和 PDU 加密前的数据部分。完整性保护始终应用于基于 SRB 的 PDCP 数据 PDU。如果进行了配置，完整性保护也可以应用于基于 DRB 的 PDCP 数据 PDU。完整性保护不适用于 PDCP 控制 PDU。

对于下行链路和上行链路完整性保护和验证，PDCP 进行完整性保护所需的参数包括 COUNT、DIRECTION、BEARER、KEY（控制面和用户面的完整性保护密钥分别为 K_{RRCint} 和 K_{UPint}）。在发送数据时，UE 计算 MAC-I 字段的值，并且在接收时，UE 通过基于相关输入参数计算 X-MAC 来验证 PDCP 数据 PDU 的完整性。如果所计算的 X-MAC 等于接收到的 MAC-I，则完整性保护成功通过验证。

基于 SRB 的 PDCP 数据分组结构如图 2.18 所示。

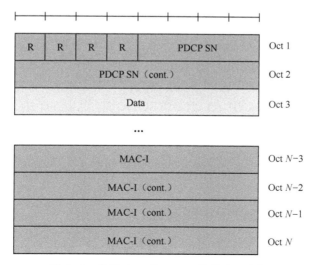

图 2.18　基于 SRB 的 PDCP 数据分组结构

基于 DRB 的 PDCP 数据分组结构如图 2.19 所示。

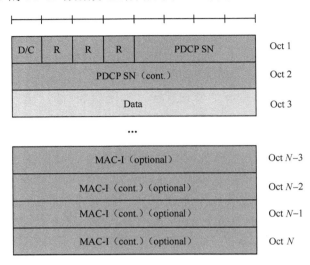

图 2.19 基于 DRB 的 PDCP 数据分组结构

2.8.1 PDCP 加密和解密

加密功能包括加密和解密，并且在 PDCP 中（如果已配置）执行。加密的数据单元是 PDCP 数据 PDU 的数据部分，但 SDAP 标头、SDAP 控制 PDU 和 MAC-I 除外。加密不适用于 PDCP 控制 PDU。PDCP 实体要使用的加密算法和密钥由上层配置，并且应按照规定应用加密方法。加密功能由上层激活，当安全性被激活时，加密功能应分别应用于由上层指示的下行链路和上行链路的所有 PDCP 数据 PDU。对于下行链路和上行链路的加密和解密，参考 3GPP TS 33.501 定义的 PDCP 加密所需的参数，并将这些参数输入到加密算法中。加密功能所需的输入参数包括 COUNT 和 DIRECTION。上层提供的 PDCP 所需的参数如下。

（1）BEARER。

（2）KEY（用于加密密钥的控制面和用户面是 K_{RRCenc} 和 K_{UPenc}）。

2.8.2 PDCP 完整性保护和验证

完整性保护功能包括完整性保护和完整性验证，并且在 PDCP 中（如果已配置）执行。受到完整性保护的数据单元是 PDU 头和 PDU 加密前的数据部分。

完整性保护始终应用于 SRB 的 PDCP 数据 PDU。完整性保护适用于配置了完整性保护的 DRB 的 PDCP 数据 PDU，不适用于 PDCP 控制 PDU。PDCP 实体要使用的完整性保护算法和密钥由上层配置，并且应按照规定应用完整性保护算法。完整性保护功能由上层激活，当安全性被激活时，完整性保护功能应应用于其后收发的所有 PDU，包括上层分别指示下行链路和上行链路的 PDU。

由于激活完整性保护功能的 RRC 消息本身受此 RRC 消息中包含的配置的完整性保护，因此，在对接收到该消息的 PDU 进行完整性保护验证之前，首先需要由 RRC 对该消息进行解码。

对于下行链路和上行链路完整性保护和验证，PDCP 进行完整性保护所需的参数在 3GPP TS 33.501 中定义，并输入到完整性保护算法中。

完整性保护功能所需的输入包括 COUNT 值和 DIRECTION。上层提供的 PDCP 所需的参数如下。

（1）BEARER。

（2）KEY（用于完整性保护密钥的控制面和用户面是 K_{RRCint} 和 K_{UPint}）。

在发送时，UE 计算 MAC-I 字段的值，并且在接收时，UE 通过上述输入参数计算 X-MAC 来验证 PDCP 数据 PDU 的完整性。如果所计算的 X-MAC 对应于接收到的 MAC-I，则完整性保护验证成功。

| 2.9　用户面的安全机制 |

用户面安全实施信息仅适用于 3GPP 接入。一旦确定了 PDU 会话的建立，用户面安全实施信息便适用于 PDU 会话的生存期内。

2.9.1　用户面的安全保护策略

SMF 在 PDU 会话建立时，根据以下信息为 PDU 会话的用户面确定用户面安全实施信息。

（1）签约的用户面安全策略，它是从 UDM 接收的 SM 签约信息的一部分。

（2）在 UMF 不提供用户面安全策略信息时，使用 SMF 中（DNN、S-NSSAI）本地配置的用户面安全策略。

（3）在 PDU 会话建立过程中，UE 在完整性保护最大数据速率 IE 中由 UE 提供每个 UE 用于 DRB 完整性保护的最大支持数据速率。

SMF 可以基于本地配置，根据用于完整性保护的每个 UE 所支持的最大数据速率的值来拒绝 PDU 会话建立请求。

用户面（UP）安全策略提供的信息级别与用户面安全实施信息相同。UDM 中的用户面安全策略优先于本地配置的用户面安全策略。NG-RAN 保证在下行链路中传送给 UE 的最大用户面完整性保护数据速率不超过用于完整性保护的最大支持数据速率。

可以预期，UE 在上行链路中应用的 UP 完整性保护数据速率通常不会超过指示的最大支持数据速率。在切换时，从源到目标 NG-RAN 节点传达用户面安全实施信息和对每个 UE 进行完整性保护的最大支持数据速率，如果目标 RAN 节点不支持"用户面安全实施"信息中的要求，则拒绝为 PDU 会话设置资源的请求。在这种情况下，PDU 会话没有被切换到目标 RAN 节点，并且 PDU 会话被释放。

具有"用户面安全实施"信息的 UP 完整性保护且设置为"必需"的 PDU 会话不会切换给 EPS。

（1）在没有 N26 的移动性的情况下，如果用户面安全性实施的 UP 完整性保护设置为"必需"，则 PGW-C+SMF 将拒绝带有切换指示的 EPS 中的 PDN 连接请求。

（2）对于使用 N26 到 EPS 的移动性，源 NG-RAN 确保不会将具有"用户面安全实施"信息的 UP 完整性保护且设置为"必需"的 PDU 会话切换给 EPS。

不管 UP 机密保护在 EPS 中如何应用，都可以将 PDU 会话的 UP 机密保护的用户面安全性强制信息设置为"必需"，UP 完整性保护的用户面安全性强制信息不设置为"必需"，并将这些 PDU 会话切换给 EPS。

在双连接的情况下，将完整性保护设置为"首选"，当主 NG-RAN 节点无法满足"首选"值的用户面安全实施时，主 NG-RAN 节点可以通知 SMF。有关完整性保护状态的 PDU 会话的 SMF 处理取决于 SMF 实施决策。

SMF 应在 PDU 会话建立过程中向 ng-eNB/gNB 提供 PDU 会话的 UP 安全策略。UP 安全策略应指示是否为属于该 PDU 会话的所有 DRB 激活 UP 机密性和/或 UP 完整性保护，UP 安全策略还应为属于 PDU 会话的所有 DRB 激活 UP 机密性和/或 UP 完整性。

ng-eNB/gNB 必须基于 RRC 信令根据收到的 UP 安全策略为每个 DRB 激活 UP 机密性和/或 UP 完整性保护。如果用户面安全策略指示"必需"或"不需要"，则 ng-eNB/gNB 不应违反 SMF 提供的 UP 安全策略。如果收到的 UP 安全策略为"必需"，ng-eNB/gNB 无法激活 UP 机密性和/或 UP 完整性保护，则 gNB 将拒绝为 PDU 会话建立 UP 资源，并向 SMF 指示拒绝原因；如果收到的

UP 安全策略为"不需要"，则 PDU 会话的建立应按 3GPP TS 23.502 进行。在从源 ng-eNB/gNB 到目标 ng-eNB/gNB 的 Xn 切换中，源 ng-eNB/gNB 应在 HANDOVER REQUEST 消息中包括 UE 的 UP 安全策略。如果 UP 安全策略为"必需"，则目标 ng-eNB/gNB 将拒绝其无法遵守接收到的相应 UP 安全策略的所有 PDU 会话，并向 SMF 指示拒绝原因。对于已接受的 PDU 会话，目标 ng-eNB/gNB 将根据接收到的 UE 的 UP 安全策略为每个 DRB 激活 UP 机密性和/或 UP 完整性保护，并应由源 ng-eNB 在切换命令中指示给 UE。

如果 UE 在 HANDOVER COMMAND 中收到指示，在目标 ng-eNB/gNB 上启用了针对 PDU 会话的 UP 完整性保护和/或 UP 加密，则应生成或更新 UP 加密密钥和/或 UP 完整性保护密钥，并为相应的 PDU 会话激活 UP 加密和/或 UP 完整性保护。

此外，在"路径切换"消息中，目标 ng-eNB/gNB 必须将 UE 的 UP 安全策略和从源 gNB 接收到的相应 PDU 会话 ID 发送到 SMF。SMF 将验证从目标 ng-eNB/gNB 接收到的 UE 的 UP 安全策略是否与 SMF（本地存储）的 UE 的 UP 安全策略相同，如果不相同，则 SMF 应将其本地存储的 UE 的 PDU 会话的 UP 安全策略发送给目标 gNB。如果该安全策略信息包含在 SMF 中，则会在"路径切换确认"消息中将其传递到目标 ng-eNB/gNB。SMF 应支持此事件的日志记录功能，并可以采取其他措施，如发出警报。

如果目标 gNB 在"路径切换确认"消息中从 SMF 接收到 UE 的 UP 安全策略，则目标 gNB 将使用接收到的 UE 的 UP 安全策略更新当前的 UE 的 UP 安全策略。如果 UE 当前的 UP 机密性和/或 UP 完整性保护激活与接收到的 UE 的 UP 安全策略不同，则目标 gNB 将启动小区内切换过程（该过程包括 RRC 连接重置过程），以将 DRB 重新配置为激活或取消激活 DRB。根据从 SMF 接收到的策略，保护 UP 的完整性/机密性。

如果目标 ng-eNB/gNB 接收到 UE 安全能力和 UP 安全策略，则 ng-eNB/gNB 会启动小区内切换过程，该过程包含所选算法和下一跳链接计数器（NCC，Next hop Chaining Counter）参数。新的 UP 密钥应在 UE 和目标 gNB 上导出并使用。

在 N2 切换时，SMF 通过目标 AMF 将 UE 的 UP 安全策略发送到目标 ng-eNB/gNB。目标 ng-eNB/gNB 将拒绝所有不符合相应的接收到的 UP 安全策略的 PDU 会话，并通过目标 AMF 向 SMF 指示拒绝原因。对于所有其他 PDU 会话，目标 ng-eNB/gNB 将根据收到的 UE 的 UP 安全策略为每个 DRB 激活 UP 机密性和/或 UP 完整性保护。接入层 UP 完整性保护和加密激活应作为 DRB 添加过程的一部分，通过 RRC 连接重新配置过程来完成。SMF 必须将 UP 安全策略发送到 gNB/ng-eNB。

2.9.2　用户面的安全激活实施步骤

步骤 1：仅在 AS 安全模式命令（AS SMC）过程激活 RRC 安全性之后，才执行用于添加 DRB 的 RRC 连接重置过程。

步骤 2：gNB/ng-eNB 将向 UE 发送用于 UP 安全激活的 RRC 连接重置消息，其中包含用于激活 UP 完整性保护和根据安全策略为每个 DRB 加密的指示。

步骤 3：如果为 DRB 激活了 UP 完整性保护，且 gNB 没有 K_{UPint}，则 gNB 将生成 K_{UPint}，并且针对此类 DRB 的 UP 完整性保护应从 gNB 开始。类似地，如果为 DRB 激活了 UP 加密，且 gNB/ng-eNB 没有 K_{UPenc}，则 gNB/ng-eNB 将生成 K_{UPenc}，并且针对此类 DRB 的 UP 加密应从 gNB/ng-eNB 开始。

步骤 4：UE 将验证 RRC 连接重置消息。如果成功：

（1）如果为 DRB 激活了 UP 完整性保护，且 UE 没有 K_{UPint}，则 UE 应生成 K_{UPint}，并且对于此类 DRB 的 UP 完整性保护应从 UE 处开始。

（2）如果为 DRB 激活了 UP 加密，且 UE 没有 K_{UPenc}，则 UE 应生成 K_{UPenc}，并且针对此类 DRB 的 UP 加密应从 UE 处开始。

步骤 5：如果 UE 成功验证了 RRC 连接重置消息的完整性，则将向 gNB/ng-eNB 发送 RRC 连接重置完成消息。如果没有为 DRB 激活 UP 完整性保护，则 gNB 和 UE 不应该完整性保护该 DRB 的流量，并且不得将 MAC-I 放入 PDCP 分组中。如果没有为 DRB 激活 UP 加密，则 gNB/ng-eNB 和 UE 将不对此类 DRB 业务进行加密。

2.9.3　接入层的用户面保密机制

UE 和 NG-RAN 之间的 PDCP 应负责用户面数据机密性保护。

加密算法的输入参数包括消息包、作为密钥的 128 位密码密钥 K_{UPenc}、5 位承载身份 BEARER（其值由 3GPP TS 38.323 指定）、1 位传输方向 DIRECTION、所需密钥流的长度 LENGTH 和特定于承载及与方向相关的 32 位输入 COUNT，该输入对应于 32 位 PDCP COUNT。

2.9.4　接入层的用户面完整性机制

UE 和 NG-RAN 之间的 PDCP 应负责用户面数据完整性保护。

完整性算法的输入参数是消息分组，1 个作为 KEY 的 128 位完整性密钥

K_{UPint}（其 5 位承载身份 BEARER 值的分配如 3GPP TS 38.323 所述）、1 位传输方向 DIRECTION 及与承载有关且与方向相关的 32 位输入 COUNT，该输入对应于 32 位 PDCP COUNT。如果在完整性保护开始后，gNB 或 UE 接收到 PDCP PDU，但其完整性检查失败，且 MAC-I 丢失，则该 PDU 将被丢弃。

通过 AS 层的以上机制可以实现用户面的机密性和完整性保护。

2.9.5　非接入层的用户面安全保护

5G 核心网和 5G-AN（5G 接入网）之间基于 IP 的接口采用 3GPP、TS 33.210 所规定的 NDS/IP 机制保护。根据 NDS/IP，承载控制面信令的接口上的流量可以同时受到完整性保护和机密性保护。对于 IPSec，必须支持隧道模式，可选传输模式。

5G 核心网内部的接口可用于传输信令数据及对隐私敏感的材料(如用户和签约数据）或其他参数（如安全密钥），需要机密性保护和完整性保护。

对于非 SBA（基于服务的架构）的 5G 核心网内部接口（如 N4 和 N9），应使用 NDS/IP，除非通过其他方式（如物理安全性）提供了安全性；对于支持 SBA 的所有网络功能，均应支持 TLS（传输层安全性），网络功能应同时支持服务器端和客户端证书。

N2 是 AMF 和 5G-AN 之间的参考点，用于在 3GPP 和非 3GPP 接入上承载 UE 和 AMF 之间的 NAS 信令流量。基于 IPSec 和 DTLS（数据包传输层安全协议）保护，提供完整性保护、重放保护和机密性保护。

N3 是 5G-AN 与 UPF 之间的参考点，用于将用户面数据从 UE 传输到 UPF，基于 IPSec 提供 N3 上的用户数据传输完整性保护、机密性保护和重放保护。

Xn 是连接 NG-RAN 节点的接口，由 Xn-C 和 Xn-U 组成。Xn-C 用于承载信令，Xn-U 用于承载用户面数据。基于 IPSec 提供 Xn 上的控制面数据和用户数据的传输完整性保护、机密性保护和重放保护。

F1 接口将 gNB-CU 连接到 gNB-DU，由用于控制面的 F1-C 和用于用户面的 F1-U 组成。对于 F1-U/F1-C 接口，应支持基于 IPSec ESP 和 IKEv2 证书的身份验证以实现机密性保护、完整性保护和重放保护。对于 F1-C 接口，还应支持 DTLS，以提供完整性保护、重放保护和机密性保护。

E1 接口将 gNB-CU-CP 连接到 gNB-CU-UP，用于传输信令数据。基于 IPSec ESP 和 IKEv2 证书的身份验证及 DTLS 实现机密性保护、完整性保护和重放保护。

对于不属于 5G 系统一部分的其他网络实体之间的所有基于 DIAMETER 或

GTP 的接口(包括 PCF 和 IMS 之间的 Rx 接口及 AMF 和 MME 之间的 N26 接口)，按照 NDS/IP 支持这些接口的保护。

| 2.10　状态转换安全机制 |

在 5GS 中，为了加强对 UE 的管理，分别在 RRC 层和 NAS 层定义了多种活动状态。根据 UE 的活动情况，UE 将处于这些状态中的一种。在通信过程中，根据业务需要，UE 所处状态有可能发生变化。在 RRC 层，UE 有 3 种状态，即 RRC_IDLE、RRC_INACTIVE、RRC_CONNECTED。如果已建立 RRC 连接，则 UE 处于 RRC_CONNECTED 状态或 RRC_INACTIVE 状态；如果未建立 RRC 连接，则 UE 处于 RRC_IDLE 状态。在 NAS 层，对于注册管理（RM-REGISTERED、RM-DEREGISTERED）、连接管理（CM-IDLE、CM-CONNECT）、会话管理、移动性管理（5GMM-IDLE、5GMM-CONNECTED）分别有相应的状态管理机制。

UE 在上述各状态转化过程中，需要进行机密性和完整性保护，包括密钥处理和安全性处理。根据常见处理，主要介绍以下几类状态转换过程中涉及的安全问题。

2.10.1　从 RM-DEREGISTERED 到 RM-REGISTERED 状态的转换

当 ME 开始从 RM-DEREGISTERED 状态转换到 RM-REGISTERED 状态时，如果 ME 中当前没有可用的 5G NAS 安全上下文，并且 USIM 支持 RM 参数存储且 USIM 上存储的本地 5G NAS 安全上下文标记为有效，则 ME 将检索存储在 USIM 上的本地 5G NAS 安全上下文；如果 USIM 不支持 RM 参数存储，本地 5G NAS 安全上下文标记为有效，则 ME 应从其非易失性存储器中检索存储的本地 5G NAS 安全上下文。在检索存储的 5G NAS 安全上下文后，ME 应从 K_{AMF} 导出 K_{NASint} 和 K_{NASenc}，然后派生的 K_{NASint}、K_{NASenc} 和检索到的本地 5G NAS 安全上下文将成为当前的 5G NAS 安全上下文。

当 ME 从 RM-DEREGISTERED 状态转换到 RM-REGISTERED 状态时，如果 USIM 支持 RM 参数存储，则 ME 将在 USIM 上存储的 5G NAS 安全上下文标记为无效。如果 USIM 不支持 RM 参数存储，则 ME 在其非易失性存储器中将存储的 5G NAS 安全上下文标记为无效。如果 ME 使用 5G NAS 安全上下文保护 NAS 消息，则在 ME 的易失性存储器中更新不同的 NAS COUNT 值及与此访问关联的 NAS 连接标识符。如果从 RM-DEREGISTERED 状态转换到 RM-REGISTERED 状态失败，则 ME 将 5G NAS 安全上下文存储（可能已更新）到 USIM 或非易失性 ME 存储器上，并将其标记为有效，其内容包括不同的 NAS COUNT 值及与之关联的 NAS 连接标识符。

当从 RM-DEREGISTERED 状态转换到 RM-REGISTERED/CM-CONNECTED 状态时，需要根据是否存在完整的本地 5G NAS 安全上下文分别进行处理。

1. 存在完整的本地 5G NAS 安全上下文

UE 将发送"NAS 注册请求"消息。此消息使用不同的 NAS COUNT 值和与此访问关联的 NAS 连接标识符进行完整性保护，并且如果 UE 使用的 5G NAS 安全上下文在 AMF 中不是最新的，则应根据 3GPP TS 33.501 的第 6.3.2 节进行处理。此外，如果 NAS 注册请求带有"要重新激活的 PDU 会话"，并且在 AS SMC 之前没有 NAS SMC 过程，则应使用"注册请求"消息的 NAS COUNT 来推衍得出 K_{gNB}/K_{eNB}。作为带有"PDU session(s) to be re-activated"的 NAS 注册请求的结果，gNB/ng-eNB 必须将 AS SMC 发送给 UE 以激活 AS 安全性。使用的 K_{gNB}/K_{eNB} 是在当前 5G NAS 安全上下文中得出的。

如果 UE 在"PDU session(s) to be re-activated"的注册请求后没有收到 NAS 安全模式命令而是接收到 AS SMC，它将使用触发 AS SMC 的注册请求消息中作为新鲜度参数被发送的上行链路 NAS COUNT，用来推衍初始 K_{gNB}/K_{eNB} 的密钥。从这个初始的 K_{gNB}/K_{eNB} 进一步推衍出 RRC 保护密钥和 UP 保护密钥。

不管 UE 是否连接到之前连接的相同 AMF 或不同 AMF，都可以采用与生成初始 K_{gNB}/K_{eNB} 一样的过程。如果 UE 连接到不同的 AMF 且此 AMF 选择不同的 NAS 算法，则必须以新的算法 ID 作为输入在 AMF 中重新推导 NAS 密钥。

另外，AMF 需要将 NAS SMC 发送给 UE 以指示 NAS 算法的改变并使用重新获得的 NAS 密钥。UE 应确保使用 NAS SMC 中指定的算法 ID 导出用于验证 NAS SMC 完整性的 NAS 密钥。NAS SMC 命令和 NAS SMC 完成消息由新的 NAS 密钥保护。

如果在"PDU session(s) to be re-activated"的注册请求之后、在 AS SMC 之前存在 NAS 安全模式命令，则 UE 和 AMF 使用最新的 NAS 安全模式完成的上行链路 NAS COUNT 并在推导 K_{gNB}/K_{eNB} 时将与 K_{AMF} 相关的参数作为参数，进一步通过 K_{gNB}/K_{eNB} 导出 RRC 保护密钥和 UP 保护密钥。

2. 不存在完整的本地 5G NAS 安全上下文

如果 AMF 中没有可用的完整本地 5G NAS 安全上下文（UE 已发送未保护

的"注册请求"消息，或 UE 已使用当前版本保护了"注册请求"消息，但该 5G 安全上下文不再存储在 AMF 中），则需要进行一次基本身份验证。如果 AMF 中有完整的本地 5G NAS 安全上下文可用，则 AMF 在注册请求之后，可以（根据 AMF 策略）决定运行新的主身份验证和 NAS SMC 过程（该过程基于 K_{AMF} 激活新的 5G NAS 安全上下文）。

如果注册请求带有"PDU session(s) to be re-activated"，则在相应的 AS SMC 之前执行 NAS SMC 过程。NAS（上行链路和下行链路）COUNT 被设置为起始值。当 UE 接收到 AS SMC 时，应通过当前的 5G NAS 安全上下文中的新鲜 K_{AMF} 推衍出 K_{gNB}/K_{eNB}，此时上行链路 NAS COUNT 的起始值将用作推衍过程的新鲜度参数。NAS SMC 完成消息应包括在 K_{gNB} 推衍中用到的上行链路 NAS COUNT 的起始值，并且 K_{AMF} 是最新的。在完成主认证后，需要将 NAS SMC 从 AMF 发送到 UE 以便使用新的 NAS 密钥。NAS SMC 和 NAS SMC Complete 消息均受新的 NAS 密钥保护。

NAS SMC Complete 消息应包含在 K_{gNB}/K_{eNB} 的派生中用作新鲜度参数，且 K_{AMF} 是新的上行链路 NAS COUNT 的起始值。完成基本身份验证后，需要将 NAS SMC 从 AMF 发送到 UE，以便使用新的 NAS 密钥。NAS SMC 和 NAS SMC Complete 消息均受新的 NAS 密钥保护。

2.10.2 从 RM-REGISTERED 到 RM-DEREGISTERED 状态的转换

从 RM-REGISTERED 转换到 RM-DEREGISTERED 状态有不同的原因。如果是由于 NAS 消息导致 RM-REGISTERED 状态转换为 RM-DEREGISTERED，应由当前 5G NAS 安全上下文（映射或本地）进行安全保护（如果 UE 或 AMF 中存在）。

在转换到 RM-DEREGISTERED 状态时，UE 和 AMF 应执行以下操作。

（1）如果具有完整的非当前本地 5G NAS 安全上下文和当前映射的 5G NAS 安全上下文，则应将非当前本地 5G NAS 安全上下文作为当前 5G NAS 安全上下文。

（2）应删除其持有的任何映射或部分 5G NAS 安全上下文。

下面给出了每种情况下其他安全参数的处理方法。

1. Registration Reject 情况

其余的安全参数应从 UE 和 AMF 中删除。拒绝注册的原因有多种，应采取的措施在 3GPP TS 24.501 中给出。

2. Deregistration 情况

（1）如果是 UE 发起的请求：

① UE 关机，应从 UE 和 AMF 中删除其余的安全参数，但当前的本地 5G NAS 安全上下文除外，因为这些上下文应存储在 AMF 和 UE 中。

② UE 未关机，UE 和 AMF 应保留其余的安全参数。

（2）如果是 AMF 发起的请求：

① 显式：如果注销类型是"需要重新注册"，则其余的安全参数应保留在 UE 和 AMF 中。

② 隐式：其余的安全参数应保留在 UE 和 AMF 中。

（3）如果是 UDM/ARPF 发起的请求：

如果消息是"撤销签约"，则其余的安全参数应从 UE 和 AMF 中删除。

2.10.3　从 CM-IDLE 到 CM-CONNECTED 状态的转换

UE 发送初始 NAS 消息以启动从 CM-IDLE 状态到 CM-CONNECTED 状态的转换。

如果在 UE 和 AMF 中已经有完整的本地 5G NAS 安全上下文，则 UE 应直接使用可用的完整 5G NAS 安全上下文，并使用不同的 NAS COUNT 对，以及通过用于此访问的 NAS 连接标识符来保护初始 NAS 消息。

在过渡到 CM-CONNECTED 状态时，AMF 应该能够检查是否需要新的身份验证，如是否发生于网络提供商之间的切换。

如果 AMF 中已经存在 K_{AMF}，当需要建立无线承载的加密保护时，应按规范生成 RRC 保护密钥和 UP 保护密钥。如果使用不同的 NAS COUNT 对和该接入的 NAS 连接标识符对，则初始 NAS 消息应受当前的 5G NAS 安全上下文的完整性保护。如果不存在当前的 5G NAS 安全上下文，则 ME 将在初始 NAS 消息中通知"无可用密钥"。

作为此次接入或其他接入时运行的主认证的结果，或者在 N2 切换或空闲模式移动过程中从另一个 AMF 进行 5G 安全上下文传输的结果，应该在 AMF 中建立 K_{AMF} 密钥。当 gNB/ng-eNB 释放 RRC 连接时，UE 和 gNB/ng-eNB 将删除它们存储的密钥，以使处在 CM-IDLE 状态的 UE 的网络状态仅保留在 AMF 中。

2.10.4　从 CM-CONNECTED 到 CM-IDLE 状态的转换

从 CM-CONNECTED 状态转换到 CM-IDLE 状态时，gNB/ng-eNB 不再需

要存储相应 UE 的状态信息。gNB/ng-eNB 和 UE 将释放所有无线承载并删除 AS 安全上下文。AMF 和 UE 应保存 5G NAS 安全上下文。

2.10.5 从 RRC_INACTIVE 到 RRC_CONNECTED 状态的转换

1. 当此转换发生于新的 gNB/ng-eNB 时

当 UE 决定恢复 RRC 连接以从 RRC_INACTIVE 状态过渡到 RRC_CONNECTED 状态时，UE 在 SRB0 上发送 RRCResumeRequest 消息，此时该消息不受完整性保护。但是，RRCResumeRequest 消息应包括 I-RNTI 和 ResumeMAC-I/shortResumeMAC-1。I-RNTI（短 I-RNTI 或完整 I-RNTI）用于上下文标识，其值应与 UE 在带有 suspendConfig 消息的 RRCRelease 中从源 gNB/ng-eNB 接收到的 I-RNTI 相同。ResumeMAC-I/shortResumeMAC-I 是一个 16 位的消息认证令牌，UE 应在存储的 AS 安全上下文中使用完整性算法（NIA 或 EIA）来计算它，该算法在 UE 与源 gNB/ng 之间进行协商，相关密钥为 K_{RRCint}。

在发送 RRCResumeRequest 消息后，为了保护除 RRCReject 消息以外的其他 RRC 消息，UE 应基于水平密钥或垂直密钥、目标 PCI、目标 ARFCN-DL/EARFCN-DL 和 K_{gNB}/NH 等参数来推衍 K_{NG-RAN}^*。UE 还应进一步推衍 K_{NG-RAN}^* 中推导的 K_{RRCint}、K_{RRCenc}、K_{UPenc}（可选）和 K_{UPint}（可选）等密钥。

当目标 gNB/ng-eNB 从 UE 接收到 RRCResumeRequest 消息时，目标 gNB/ng-eNB 从 RRCResumeRequest 消息中提取 I-RNTI。目标 gNB/ng-eNB 通过发送 Xn-AP 检索 UE 上下文请求消息，基于 I-RNTI 中的消息与源 gNB/ng-eNB 联系，包括以下内容：I-RNTI、ResumeMAC-I/shortResumeMAC-I 和目标 Cell-ID，以便允许源 gNB/ng-eNB 验证 UE 请求并检索包括 UE 5G AS 安全上下文在内的 UE 上下文。

源 gNB/ng-eNB 使用 I-RNTI 从其数据库中检索存储的 UE 上下文，包括 UE 5G AS 安全上下文。源 gNB/ng-eNB 通过存储在检索到的 UE 5G AS 安全上下文中的当前 K_{RRCint} 密钥来验证 ResumeMAC-I/shortResumeMAC-I。如果 ResumeMAC-I/shortResumeMAC-I 验证成功，则源 gNB/ng-eNB 使用目标小区 PCI、目标 ARFCN-DL/EARFCN-DL 和当前的 K_{gNB}/NH 计算 K_{NG-RAN}^*，根据源 gNB/ng-eNB 是否具有未使用的 {NCC, NH} 对，基于水平密钥派生或垂直密钥派生的 UE 5G AS 安全上下文，源 gNB/ng-eNB 可以借助目标 gNB/ng-eNB 接收到的目标 Cell-ID 从小区配置数据库获得目标 PCI 和目标 ARFCN-DL/EARFCN-DL。然后，源 gNB/ng-eNB 将以 Xn-AP 检索 UE 上下文响应消息响应目标 gNB/

ng-eNB，该消息包含 UE 上下文。发送到目标 gNB/ng-eNB 的 UE 5G AS 安全上下文应包括新派生的 $K_{NG\text{-}RAN}{}^*$、与 $K_{NG\text{-}RAN}{}^*$ 相关的 NCC、UE 5G 安全能力、UP 安全策略、UP 安全激活状态（UE 具有相应的 PDU 会话 ID），以及 UE 与源小区一起使用的加密和完整性算法。

目标 gNB/ng-eNB 将检查其是否支持 UE 与最后一个源小区一起使用的加密和完整性算法。

（1）如果目标 gNB/ng-eNB 不支持 UE-S 与最后一个源小区使用的加密和完整性算法，或者倾向于使用与源 gNB/ng-eNB 不同的算法，则目标 gNB/ng-eNB 必须在 SRB0 上向 UE 发送 RRC Setup 消息，以便继续进行 RRC 连接建立，就像 UE 处于 RRC_IDLE 状态一样（回退过程）。

（2）如果目标 gNB/ng-eNB 支持 UE 与最后一个源小区一起使用的加密和完整性算法，并且这些算法是目标 gNB/ng-eNB 选择的算法，则目标 gNB/ng-eNB 应推导新的 AS 密钥（RRC 完整性密钥、RRC 加密密钥和 UP 密钥）使用 UE 与源小区和接收到的 $K_{NG\text{-}RAN}{}^*$ 一起使用的算法。目标 gNB/ng-eNB 将所有 PDCP COUNT 重置为 0，并激活 PDCP 层中的新密钥，并且将在 SRB1 上用 RRC Resume 消息响应 UE，该消息受到完整性保护并使用新的 RRC 密钥在 PDCP 层中加密。

如果目标 gNB/ng-eNB 可以支持 UP 安全激活状态，则将使用 UE 在最后一个源小区使用的 UP 安全激活；否则，目标 gNB/ng-eNB 将用 RRC Setup 消息进行响应，以与 UE 建立新的 RRC 连接。

当 UE 接收到 RRCResume 消息时，将使用基于 $K_{NG\text{-}RAN}{}^*$ 导出的 K_{RRCenc} 对消息进行解密。UE 还应使用基于 $K_{NG\text{-}RAN}$ 导出的 K_{RRCint} 验证 PDCP MAC-I，从而验证 RRC Connection Resume 消息，如果 RRCResume 消息验证成功，则 UE 应删除当前的 K_{RRCint} 密钥。UE 应从新派生的 $K_{NG\text{-}RAN}{}^*$ 中保存 K_{RRCint}、K_{RRCenc}、K_{UPenc}（可选）和 K_{UPint}（可选），作为 UE 当前 AS 安全上下文的一部分。在这种情况下，UE 将使用当前的 K_{RRCint} 和 K_{RRCenc} 将受完整性保护和加密的 RRCResumeComplete 消息发送到 SRB1 上的目标 gNB/ng-eNB。

如果 UE 从目标 gNB/ng-eNB 接收到 RRCReject 消息（作为 UE RRC Resume Request 消息的响应），则应删除用于连接恢复尝试的新获得的 AS 密钥，包括新获得的 $K_{NG\text{-}RAN}{}^*$、新获得的 RRC 完整性密钥、RRC 加密密钥和 UP 密钥，并将当前的 K_{RRCint} 和 K_{gNB}/NH 保留在当前的 AS 上下文中。

在接收和处理完 RRCResume 消息后，UE 侧已完全恢复安全特性；在接收并处理了 RRC Connection Resume 消息后，UE 可以在 DRB 上接收数据；在成功发送 RRCResumeComplete 消息后，UE 可以在 DRB 上发送上行链路数据。

从 RRC_INACTIVE 状态到 RRC_CONNECTED 状态转换成功后，目标 gNB/ng-eNB 将与 AMF 执行路径切换过程（Path Switch Procedure）。AMF 必须校验 UE 安全能力，而 SMF 必须校验 UE 安全策略。

　　2. **当此转换发生于同一个 gNB/ng–eNB 时**

单个 gNB/ng-eNB 会同时扮演源 gNB/ng-eNB 和目标 gNB/ng-eNB 的角色。

2.10.6　从 RRC_CONNECTED 到 RRC_INACTIVE 状态的转换

gNB/ng-eNB 将把带有 suspendConfig 消息的 RRCRelease 信令发送给 UE；在此过程中，将使用当前 AS 安全上下文在 PDCP 层对该消息进行加密和完整性保护。在 suspendConfig 消息中，gNB/ng-eNB 应包括一个新的 I-RNTI 和 NCC。I-RNTI 用于上下文标识，由 gNB/ng-eNB 分配的 I-RNTI 的 UE ID 在同一 UE 的连续挂起中应有所不同，这是为了避免基于 I-RNTI 来跟踪 UE。如果 gNB/ng-eNB 有一对新的和未使用的 $\{NCC, NH\}$，则将 NCC 包含在带有 suspendConfig 消息的 RRCRelease 中；否则，gNB/ng-eNB 将在带有 suspendConfig 消息的 RRCRelease 中包含与当前 K_{gNB} 关联的相同 NCC。NCC 参数是用于 AS 安全保护的。

gNB/ng-eNB 在向 UE 发送带有 suspendConfig 消息的 RRCRelease 后，应删除当前的 AS 密钥 K_{RRCenc}、K_{UPenc}（如果可用）和 K_{UPint}（如果可用），但应保留当前的 AS 密钥 K_{RRCint}。如果发送的 NCC 值属于未使用的 $\{NCC, NH\}$ 对，则 gNB/ng-eNB 将在当前的 UE AS 安全上下文中保存 $\{NCC, NH\}$ 对，并删除当前的 AS 密钥 K_{gNB}；如果发送的 NCC 值等于与当前 K_{gNB} 相关的 NCC 值，则 gNB/ng-eNB 将保留当前的 AS 密钥 K_{gNB} 和 NCC。gNB/ng-eNB 必须将发送的 I-RNTI 与当前的 UE 上下文（包括 AS 安全上下文的其余部分）一起存储。

在从 gNB/ng-eNB 接收到带有 suspendConfig 消息的 RRCRelease 后，UE 将通过检查 PDCP MAC-I 来验证接收到带有 suspendConfig 消息的 RRCRelease 的完整性是否正确。如果验证成功，则 UE 将获取接收到的 NCC 值，并将其保存为当前 UE 上下文中存储的 NCC。UE 将删除当前的 AS 密钥 K_{RRCenc}、K_{UPenc}（如果可用）和 K_{UPint}（如果可用），但保留当前的 AS 密钥 K_{RRCint}。如果存储的 NCC 值不同于与当前 K_{gNB} 关联的 NCC 值，则 UE 将删除当前的 AS 密钥 K_{gNB}；如果存储的 NCC 等于与当前 K_{gNB} 关联的 NCC 值，则 UE 将保留当前的 AS 密钥 K_{gNB}。UE 应将接收到的 I-RNTI 与当前 UE 上下文（包括 AS 安全上下文的其余部分）一起存储，以用于下一个状态转换。

|2.11　双连接安全机制|

根据与 eNB、gNB 及 5GC 连接方案的不同，带有 5GC 的 MR-DC（主节点 MN 为 eNB、次节点 SN 为 gNB）双连接协议体系结构有多种变体，包括 NGEN-DC、NE-DC、NR-DC 等。

2.11.1　建立安全上下文

当 MN 针对在 MN 与 UE 之间共享的给定 AS 安全上下文而首次在 SN 与 UE 之间建立安全上下文时，MN 为 SN 生成 K_{SN}，并通过 Xn-C 将其发送给 SN。为了生成 K_{SN}，MN 将一个称为 SN 的计数器与当前的 AS 安全上下文相关联。当需要生成新的 K_{SN} 时，MN 通过 RRC 信令路径将 SN 计数器的值发送给 UE。K_{SN} 用于推导在 UE 和 SN 之间使用的其他 RRC 和 UP 密钥。

当 MN 正在执行辅助节点添加过程（一个或多个无线承载向 SN 的初始卸载）或辅助节点修改过程时，需要更新 K_{SN}，MN 应导出 K_{SN}，维持 SN 计数器。

当 MN 执行将后续无线承载添加到同一 SN 的过程时，应为每个新的无线承载分配自上一次 K_{SN} 更改以来未曾使用过的无线承载标识。如果由于无线承载标识空间耗尽，MN 无法为 SN 中的新无线承载分配未使用的无线承载标识，则 MN 应增加 SN 计数器并计算新的 K_{SN}，然后执行 SN 修改程序以更新 K_{SN}。

当上行链路和/或下行链路 PDCP COUNT 即将为任何 SCG（第二小区组）DRB 或 SCG SRB 环绕（Wrap Around）时，SN 将请求主节点通过 Xn-C 更新 K_{SN}。如果主节点在 5G AS 安全上下文中将其当前活动的 AS 密钥重新密钥化，则应更新与该 5G AS 安全上下文关联的任何 K_{SN}。

当 UE 或 SN 开始使用一个新的 K_{SN} 时，应重新通过新的 K_{SN} 计算 RRC 和 UP 密钥。

MN 必须在其 AS 安全上下文中维护一个 16 位 SN 计数器。SN 计数器在计算 K_{SN} 时使用。MN 在当前 5G AS 安全上下文的持续时间内保持 SN 计数器的值。

MN 必须从 AMF 或先前的 NG-RAN 节点接收 UE 安全功能，包括 LTE 和 NR 安全功能。当在 SN 处为 UE 建立一个或多个 DRB 和/或 SRB 时，MN 应在 SN Addition/Modification Request 消息中向 SN 提供 UE 安全功能。收到此消息

后，SN 将在其本地配置的算法列表中选择优先级最高的算法，这些列表也出现在接收到的 UE 安全功能中，并将所选的算法包含在 SN Addition/Modification Request Acknowledge 中。MN 将在 RRCConnectionReconfiguration 过程中向 UE 提供选择的算法，RRCConnectionReconfiguration 过程用 SN 为 UE 配置 DRB 和/或 SRB。UE 将针对 PDCP 终止于 SN 的 DRB 和/或 SRB 使用指示的算法。

UE 和 SN 可以立即计算所有 SN RRC 和 UP 密钥，也可以根据需要使用。对于其 PDCP 终止于 SN 的 SRB，RRC 和 UP 密钥为 K_{RRCenc} 和 K_{RRCint}；对于 PDCP 终止于 SN 的 DRB，RRC 和 UP 密钥为 K_{UPenc}。

2.11.2　对于用户面的完整性保护

情况 1：UP 安全策略指示"需要"用户面完整性保护。

在 NGEN-DC 场景中，MN 将拒绝 PDU 会话。在 NE-DC 场景中，如果 MN 决定为该 PDU 会话激活 UP 完整性保护，则 MN 不得将 PDU 会话的任何 DRB 卸载到 SN。 在 NR-DC 场景中，MN 为在 MN 处终止的 PDU 会话做出决定，而 SN 为在 SN 处终止的 PDU 会话做出决定。

情况 2：UP 安全策略指示"首选"用户面完整性保护。

在 NGEN-DC 场景中，MN 必须始终停用 UP 完整性保护。在这种情况下，SN 将始终取消对在 SN 处终止的任何 PDU 会话的 UP 完整性保护。在 NE-DC 场景中，如果 MN 已激活 UP 完整性保护为"开"的任何此 PDU 会话 DRB，则 MN 不得将该 PDU 会话的任何 DRB 卸载到 SN。然而，如果 MN 已经通过完整性保护"关"激活了该 PDU 会话的所有 DRB，则 MN 可以将该 PDU 会话的 DRB 卸载到 SN。在这种情况下，SN 不应激活 UP 完整性保护，而应始终将 UP 完整性保护指示设置为"关"。在 NR-DC 场景中，MN 为在 MN 处终止的 PDU 会话做出决定，而 SN 为在 SN 处终止的 PDU 会话做出决定。

情况 3：UP 安全策略指示"不需要" UP 完整性保护。

在所有 MR-DC 场景中，MN 和 SN 都应始终停用 UP 完整性保护。

2.11.3　对于用户面的机密性保护

在所有 MR-DC 场景中，MN 和 SN 必须根据分别终止于 MN 和 SN 的 PDU 会话的 UP 安全策略来决定 UP 加密保护，其中属于同一 PDU 会话的所有 DRB 均应具有加密保护"开"或"关"。

在 MR-DC 的所有情况下，SN 应在"SN 添加/修改请求确认"消息中向 MN 发送 UP 完整性保护和加密指示。MN 将在"RRC 连接重置"消息中将 UP 完整性保护和加密指示转发给 UE。UE 基于 UP 完整性保护和加密指示，利用 SN 来激活 UP 安全保护。如果在发送"RRC 连接重置"消息之前，MN 尚未激活 RRC 安全性，则 MN 必须首先执行 AS SMC 程序。

| 2.12 基于服务的安全鉴权接口 |

在 5G 核心网中，通过基于 SBA 服务接口的网络功能提供多种鉴权消息，相关接口消息的具体定义参考附录 I。所有网络功能均应支持 TLS。网络功能应同时支持服务器端和客户端证书。除非通过其他方式提供网络安全性，否则，PLMN 内的传输必须通过 TLS 保护。

第 3 章

5G 网络采用的基础安全技术

5G 网络安全基于多种安全协议，包括 EAP、AKA、EAP-AKA、EAP-AKA′、TLS、EAP-TLS、OAuth、IKE、IPSec、HTTP 摘要 AKA、NDS/IP 等，这些协议构成了 5G 安全的基础技术。

|3.1 EAP|

可扩展身份验证协议（EAP）是一种支持多种身份验证方法的身份验证框架。EAP 通常直接在数据链路层（如点对点协议 PPP 或 IEEE 802）上运行，而不仅限于 IP。尽管 EAP 支持处理重传数据，但是它仍然依赖于较底层的传输顺序保证。EAP 可以用于专用链路、交换电路，以及有线和无线链路。

EAP 的网络架构主要包括身份验证器、验证对等方和 EAP 验证服务器。身份验证器通常使用 AAA 协议［RADIUS（远程用户拨号认证系统）或 Diameter］与位于后端实现身份验证服务的 EAP 服务器进行通信，而且其通常只是在 EAP 服务器之间来回中继 EAP 消息。如果不使用后端身份验证服务器，则 EAP 服务器是身份验证器的一部分。在身份验证器以直通模式运行的情况下，EAP 服务器位于后端身份验证服务器上。

EAP 可以选择特定的身份验证机制，而且通常在身份验证交换必要信息后才确定要使用的特定身份验证方法。同样的 EAP 网络结构可以支持多种身份验证方法，而 EAP 中的身份验证器只用于传递验证方法及参数。EAP 的功能结构如图 3.1 所示。

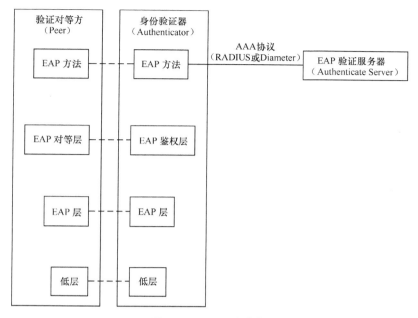

图 3.1　EAP 网络结构

EAP 的信令交互主要通过 EAP 数据分组进行信息交互。图 3.2 是 EAP 数据分组的通用格式说明。

```
 0                   1                   2                   3
 0 1 2 3 4 5 6 7 8 9 0 1 2 3 4 5 6 7 8 9 0 1 2 3 4 5 6 7 8 9 0 1
+-+-+-+-+-+-+-+-+-+-+-+-+-+-+-+-+-+-+-+-+-+-+-+-+-+-+-+-+-+-+-+-+
|     Code      |  Identifier   |            Length             |
+-+-+-+-+-+-+-+-+-+-+-+-+-+-+-+-+-+-+-+-+-+-+-+-+-+-+-+-+-+-+-+-+
|    Data ...
+-+-+-+-+
```

图 3.2　EAP 数据分组格式

其中，Code 字段是一个八位位组，用于标识 EAP 数据分组的类型。EAP 代码分配如下。

```
1    Request
2    Response
3    Success
4    Failure
```

EAP-Request 和 EAP-Response 数据分组是身份验证的主要类型，它们具有相同的结构，如图 3.3 所示。

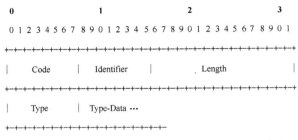

图 3.3　EAP-Request 和 EAP-Response 数据分组格式

其中，Type 字段的取值如下（附录 Ⅱ 中列举了已经注册的 EAP TYPE 值）：

```
  1     Identity
  2     Notification
  3     Nak (Response only)
  4     MD5-Challenge
  5     One Time Password (OTP)
  6     Generic Token Card (GTC)
254     Expanded Types
255     Experimental use
```

　　所有 EAP 实现必须支持 Type 1 ~ 4，并且应支持 Type 254，EAP 的实现可以支持 RFC 中定义的其他类型。身份类型（Identity）用于查询对等方的身份。身份验证器会将其作为初始请求发给对等方。如果需要给用户提示，则可以包括可选的可显示消息，以提示对等方。作为对该请求的响应，应答方应发送对 Type 1（Identity）的响应。

　　EAP 是点对点协议，可以在相反的方向上同时进行独立的身份验证。链接的两端可以同时充当身份验证者和对等方。在这种情况下，两端必须实现 EAP 身份验证器和对等方。此外，两个对等方上的 EAP 方法实现都必须支持身份验证器和对等方功能。支持使用这种方法进行点对点操作的主机将需要同时提供两种类型的凭据。例如，EAP-TLS 是一种客户端—服务器协议，其中，客户端和服务器通常使用不同的证书配置文件，这意味着支持使用 EAP-TLS 进行对等身份验证的主机将需要同时实现 EAP 对等方和身份验证器方，在 EAP-TLS 实现中同时支持对等身份和身份验证器角色，并提供适用于每个角色的证书。

　　EAP 方法可以支持结果指示，使对等方可以向 EAP 服务器指示它已成功认证 EAP 服务器，并且使服务器指示已对它进行了身份验证。但是，除非通过 AAA 协议将此信息提供给身份验证器，否则传递身份验证器将不会知道对等方已接受 EAP 服务器提供的凭据。认证者应该将接受包中的密钥属性解释为对等方已成功认证服务器的指示。但是，EAP 对等方在初始 EAP 交换期间也可能不满足访问策略，例如，EAP 身份验证器可能未显示出对等角色和身份验证者角色的授权，因此，即使对等方提供了 EAP 服务器已成功对其进行身份验证的指示，对等方也可能需要反向身份验证。

EAP 的优点：可以支持多种身份验证机制而无须预先协商特定的机制；网络访问服务器（NAS）设备（如交换机或访问点）不必了解每种身份验证方法，并且可以充当后端身份验证服务器的直通代理；认证者可以对本地对等方进行认证，也可以充当转发器（Pass Through）非本地对等方及不在本地实现的认证方法；身份验证器与后端身份验证服务器的分离简化了凭据管理和策略决策。EAP 的缺点：为了在特定场景或协议中使用 EAP，它需要在相关协议中添加新的身份验证类型，因此，需要修改相关协议。

| 3.2　AKA |

身份验证和密钥协议（AKA）机制在通用移动电信系统（UMTS）网络中执行认证和会话密钥分发。AKA 是基于挑战响应的机制，使用对称加密技术。AKA 通常在 UMTS 架构的 IM 服务标识模块（ISIM）中运行，驻留在设备的智能卡上，可实现对共享机密的防篡改保护。

AKA 的工作机制如下。

（1）预先在 ISIM 和身份验证中心（AuC）之间建立共享密钥 K，该密钥同时存储在 ISIM 和 AuC 中。

（2）用户归属网络的 AuC 基于共享密钥 K 和序列号 SQN 产生认证向量 AV。认证向量 AV 包含随机质询 $RAND$、网络认证令牌 $AUTN$、预期认证结果 $XRES$、用于完整性检查 IK 的会话密钥、用于加密 CK 的会话密钥。

（3）身份验证向量可以下载到认证服务器上。认证服务器也可以下载一批包含多个身份验证矢量的 AV。

（4）认证服务器创建一个身份验证请求，其中包含随机质询 $RAND$ 和网络身份验证器令牌 $AUTN$。

（5）身份验证请求已传递到客户端。

（6）客户端使用共享密钥 K 和序列号 SQN，通过 ISIM 所提供的功能验证 $AUTN$。如果验证成功，则说明网络已通过身份验证。然后，客户端使用共享密钥 K 和随机质询 $RAND$ 生成身份验证响应 RES。

（7）身份验证响应 RES 被传递到服务器。

（8）服务器将身份验证响应 RES 与预期响应 $XRES$ 进行比较。如果两者匹配，则用户已成功通过身份验证，于是，认证向量中的会话密钥 IK 和 CK 参数可用于保护客户端和服务器之间的进一步通信。当验证 $AUTN$ 时，客户端有可

能检测到客户端和服务器之间的序列号不同步。此时，客户端可以使用共享密钥 K 和客户端序列号 SQN 生成同步参数 $AUTS$，并在身份验证响应中传递到网络，从而可以基于使用同步序列号生成的身份验证向量再次尝试身份验证。AKA 认证流程如图 3.4 所示。

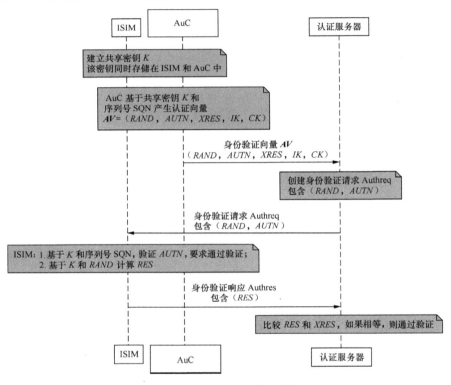

图 3.4 AKA 认证流程

|3.3 TLS|

　　TLS 协议的主要目标是在两个通信应用程序之间提供隐私和数据完整性。该协议由两层组成：TLS 记录协议和 TLS 握手协议。TLS 记录协议工作在最低级别上，位于某些可靠的传输协议（如 TCP）之上。

　　TLS 记录协议提供的连接安全性具有两个基本属性。

　　（1）连接私有。TLS 记录协议将对称加密用于数据加密（如 DES、RC4 等）。此对称加密的密钥是为每个连接唯一生成的，并且基于由另一个协议（如 TLS

握手协议）协商的密钥。记录协议也可以不使用加密。

（2）连接可靠。消息传输使用 MAC 密钥进行消息完整性检查。MAC 的计算基于安全散列函数（如 SHA、MD5 等）。记录协议通常需要 MAC 保护，但是如果已有另一协议使用记录协议作为协商安全参数的传输方式，则记录协议也可以不使用 MAC 保护。TLS 记录协议用于封装各种更高级别的协议，其中一种这样的封装协议即 TLS 握手协议，以允许服务器和客户端进行身份验证，并在应用程序协议发送或接收其第一字节数据之前协商加密算法和加密密钥。

TLS 握手协议提供具有 3 个基本属性的连接安全性。

（1）可以使用非对称或公共密钥技术（如 RSA、DSS 等）来验证对等方的身份。

（2）协商安全：所协商的秘密对于窃听者和任何其他已验证的用户都是不可获取的，即使攻击者将自己置于连接的中间，也无法获得秘密。

（3）协商可靠：攻击者未经通信双方的检测无法修改协商通信。

TLS 的优点之一是它与应用程序协议无关。更高级别的协议可以透明地在 TLS 协议之上传输。但是，TLS 标准未指定协议如何通过 TLS 添加安全性。有关如何启动 TLS 握手及如何解释交换的身份验证证书的决定，由运行在 TLS 之上的协议的设计者和实现者来做。

|3.4　EAP-AKA|

EAP-AKA 是 EAP 协议与 AKA 协议的结合，可以实现第三代移动通信身份认证和密钥协商机制的结合。通过在 EAP 中引入 AKA 可以实现多个新的鉴权应用,如下。（1）在已经包含身份模块的设备中将 AKA 用作安全的 PPP 身份验证方法；（2）在无线局域网中，使用第三代移动网络身份验证基础架构；（3）与其他可以使用 EAP 的技术架构相结合，实现 AKA 和基础架构的联合。有关 AKA 机制的规范及如何计算密码值 $AUTN$、RES、IK、CK 和 $AUTS$ 可以参考 3GPP TS 33.102（UMTS）或 3GPP2 Enhanced Cryptographic Algorithms （cdma2000）。

在进行身份验证前，通常会首先交换身份请求/响应消息对。在进行完全身份验证时，对等方的身份响应包括用户的身份标识 IMSI，或可以用于验证的临时身份，如 GUTI 或 SUCI。在获得用户身份标识后，EAP 服务器可以获得用于认证订户的认证向量（$RAND$，$AUTN$，RES，CK，IK）。EAP 服务器可以从该向量中导出密钥信息。

接下来，EAP 服务器通过发送 EAP-Request/AKA-Challenge 消息来启动实际的 AKA 协议。EAP-AKA 数据分组将参数封装在属性中，并以类型、长度、

值格式进行编码。EAP-Request/AKA-Challenge 消息包含 *RAND* 随机数（AT_RAND）、网络认证令牌（AT_AUTN）和消息认证代码（AT_MAC）。EAP-Request/AKA-Challenge 消息可以选择包含加密的数据，该数据用于身份隐私和快速重认证支持。AT_MAC 属性包含一个整个 EAP 数据分组的消息认证代码。验证对等方运行 AKA 算法（通常使用身份模块）并验证 *AUTN*。如果成功，则对等方确认其自身正在与合法的 EAP 服务器进行对话，并继续发送 EAP-Response/AKA-Challenge。此消息包含一个结果参数 *RES*，以允许 EAP 服务器依次验证对等方，并提供 AT_MAC 属性以完整性保护 EAP 消息。EAP 服务器验证 EAP-Response/AKA-Challenge 数据分组中的 *RES* 和 MAC 是否正确。

图 3.5 为 EAP-AKA 认证过程。

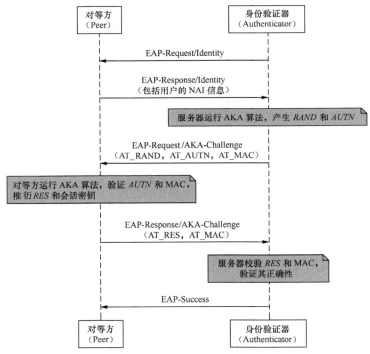

图 3.5　EAP-AKA 认证过程

| 3.5　EAP-AKA′ |

EAP-AKA′是对 EAP-AKA 鉴权方法的修订，它是具有 3GPP TS 33.402 中

指定的新密钥派生功能，以及对 AKA 的 EAP 封装。此功能将推衍的密钥绑定到接入网络，从而限定了接入网络和密钥的影响范围。随着加密需求和计算的演进，在网络中有可能使用新的密钥派生机制。

　　为了使这些新的密钥派生机制在 EAP-AKA 中依然可用，有必要新增附加的协议机制。鉴于 RFC 4187 要求使用 AKA 中的 CK（加密密钥）和 IK（完整性密钥），现有的实现仍继续使用它们。密钥派生的任何更改对于协议双方都必须是明确的，即不能在旧设备意外地连接到新设备而导致密钥派生错误或尝试使用错误的密钥时，发生无法得到响应消息的情况。这种更改还必须是安全的，以防止攻击者试图迫使参与者使用最不安全的机制而发起的攻击。EAP-AKA′可以采用来自 3GPP 规范的派生密钥 $CK′$ 和 $IK′$，并将散列函数更新为 SHA-256。假设 EAP-AKA 和 EAP-AKA′使用了不同的 EAP 方法类型值，则可以使用 EAP 中的标准机制来协商相互支持的方法。

　　图 3.6 为 EAP-AKA′的工作原理。

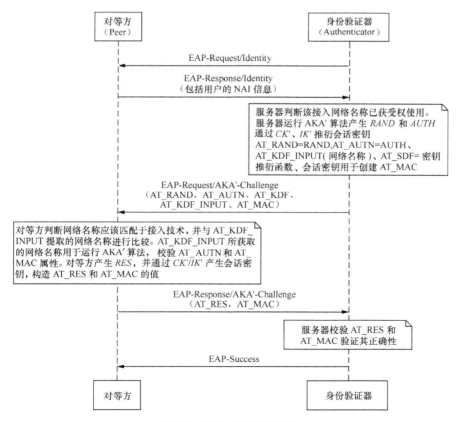

图 3.6　EAP-AKA′认证过程

|3.6 EAP-TLS|

EAP 提供了支持多种身份验证方法的标准机制。通过使用 EAP，可以添加对许多身份验证方案的支持，包括智能卡、Kerberos、公钥、一次性密码等。最初，EAP 与各种较低层协议一起使用，包括点对点协议（PPP）、点对点隧道协议（PPTP）或 L2TP、IEEE 802 有线网络，以及无线技术，如 IEEE 802.11 和 IEEE 802.16。EAP 与无线技术一起使用，以及 EAP 方法不支持相互身份验证，导致了新的需求出现，包括用于无线 LAN 身份验证的 EAP 方法支持相互身份验证和密钥派生。其他链路层也可以使用 EAP 来启用相互身份验证和密钥派生。EAP-TLS 规范定义了 EAP 传输层安全性，其中包括对基于证书的相互身份验证和密钥派生的支持，利用 TLS 协议的受保护密码套件协商，可以实现相互身份验证和密钥管理功能。

EAP-TLS 对话通常从身份验证器和对等方协商 EAP 开始。然后，身份验证器通常会向对等方发送 EAP-Request/Identity 数据分组，对等方将向 EAP 响应方身份验证器发送 EAP-Response/Identity 数据分组，其中包含对等方的用户标识。虽然名义上 EAP 对话发生在 EAP 身份验证器和对等方之间，但该身份验证器主要充当传递设备，将从对等方接收到的 EAP 数据分组封装传输到后端身份验证服务器。

一旦接收到对等方的身份，EAP 服务器就必须以 EAP-TLS/起始数据分组进行响应，该数据分组是具有 EAP-Type=EAP-TLS、起始（S）位设置且没有数据的 EAP-Request 数据分组。然后，将开始 EAP-TLS 会话，对等方发送 EAP-Type=EAP-TLS 的 EAP-Response 数据分组。该数据分组的数据字段将以 TLS 记录层格式封装一个或多个 TLS 记录，其中包含 TLSclient_hello 握手消息。TLS 记录的当前密码规范将是 TLS_NULL_WITH_NULL_NULL 和空压缩。当前的密码规范保持不变，直到通信双方通过 change_cipher_spec 消息告知后续交互过程中需要协商新的密码规范。client_hello 消息包含对等方的 TLS 版本号、sessionId、随机数，以及对等方支持的一组密码套件。对等方提供的版本必须对应于 TLSv1.0 或更高版本。然后，EAP 服务器将使用 EAP-Type=EAP-TLS 的 EAP-Request 数据分组进行响应。

如果 EAP 服务器在前面的 EAP-Request 数据分组中发送了 certificate_request 消息，那么除非对等方被配置为具有私密性，否则对等方还必须发送 certificate 和 certificate_verify 消息。前者包含对等方签名公共密钥的证书，而后者包含对等方对 EAP 服务器的签名身份验证响应。收到此数据分组后，如果需要，EAP 服务器将验证对等方的证书和数字签名。验证完成的消息包含对等方对 EAP 服务器的身份验证响应。

|3.7　OAuth|

OAuth 协议最初是由来自互联网的 Web 开发人员社区创建的，目标是解决允许访问受保护资源的常见问题。OAuth 1.0 版本于 2007 年 10 月发布，现主要使用 OAuth 2.0 版本。

在传统的客户端—服务器身份验证模型中，客户端使用其凭据访问服务器托管的资源。随着分布式 Web 服务和云计算使用的增加，第三方应用程序需要访问这些服务器托管的资源。OAuth 向传统的客户端—服务器身份验证模型引入了第三种角色：资源所有者。

在 OAuth 模型中，客户端请求访问由资源所有者控制但由服务器托管的资源。OAuth 允许服务器不仅验证资源所有者的授权，还验证发出请求的客户端的身份。OAuth 为客户端提供了一种代表资源所有者（如不同的客户端或最终用户）访问服务器资源的方法。它为最终用户提供了一种过程，以允许最终用户使用用户代理重定向来授权第三方访问其服务器资源而无须共享其凭据（通常是用户名和密码对）。例如，网络用户（资源所有者）可以授予打印服务（客户端）访问存储在照片共享服务（服务器）中的照片的权限，而无须与打印服务共享用户名和密码。相反，其直接向照片共享服务进行身份验证，该服务将发布特定于打印服务委托的凭据。为了使客户端访问资源，它首先必须获得资源所有者的许可。此许可以令牌和匹配的共享秘密的形式表示。

令牌的目的是使资源所有者不必与客户端共享其凭据。与资源所有者凭证不同，令牌可以在有限的范围和有限的生存期内发行，并且可以独立吊销。定义 OAuth 的 RFC 规范（OAuth 1.0 参见 REC 5849、OAuth 2.0 参见 RFC 64749）包括两部分：第一部分定义了一个基于重定向的用户代理过程，该过程使最终用户可以通过直接向服务器进行身份验证并将令牌提供给客户端以供身份验证方法使用，从而授权客户端对其资源的访问；第二部分定义了一种方法，该方法使用两组凭据发出经过身份验证的 HTTP 请求，其中一组用于标识发出请求的客户端，第二个用于标识正在提出请求的资源所有者。

OAuth 的工作过程包括以下步骤（如图 3.7 所示）。

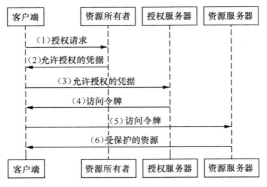

图 3.7　OAuth 工作过程

（1）客户端请求资源拥有者的授权。可以直接向资源拥有者提出授权请求，或者通过将授权服务器作为中介间接进行授权。

（2）客户端收到授权许可，该授权许可是表示资源拥有者授权的凭据。授权授予类型取决于客户端请求授权所使用的方法及授权服务器支持的类型。

（3）客户端通过与授权服务器进行身份验证并提供授权凭据来请求访问令牌。

（4）授权服务器对客户端进行身份验证并验证授权凭据，如果有效，则颁发访问令牌。

（5）客户端从资源服务器请求受保护的资源，并通过显示访问令牌进行身份验证。

（6）资源服务器验证访问令牌，如果有效，则处理请求。

关于令牌的访问及刷新流程包括以下步骤（如图 3.8 所示）

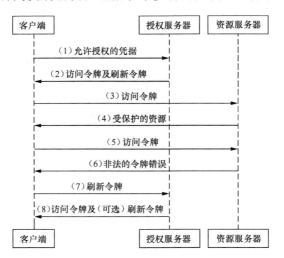

图 3.8　OAuth 令牌的访问及刷新过程

（1）客户端通过与授权服务器进行身份验证并提供授权来请求访问令牌。

（2）授权服务器对客户端进行身份验证并验证授权，如果有效，则颁发访问令牌和刷新令牌。

（3）客户端通过提供访问令牌向资源服务器发出受保护的资源请求。

（4）资源服务器验证访问令牌，如果有效，则服务该请求。

（5）重复步骤（3）和步骤（4），直到访问令牌过期。如果客户端知道访问令牌已过期，则跳至步骤（7）；否则，它将发出另一个受保护的资源请求。

（6）由于访问令牌无效，因此，资源服务器返回无效令牌错误。

（7）客户端通过与授权服务器进行身份验证并提供刷新令牌来请求新的访问令牌。客户端身份验证要求基于客户端类型和授权服务器策略。

（8）授权服务器对客户端进行身份验证并验证刷新令牌，如果有效，则颁发新的访问令牌(以及可选的新的刷新令牌)。

| 3.8　IKE |

IP 安全（IPSec）为 IP 数据报提供机密性、数据完整性、访问控制和数据源身份验证。IPSec 通过维护 IP 数据报的源和宿之间的共享状态来提供这些服务，该状态定义了提供给数据报的特定服务，包括将使用哪种加密算法来提供服务，以及用作加密算法输入的密钥。如果仅以手动方式建立此共享状态，显然是无法扩展和应用的。因此，需要一种动态建立此状态的协议，也就是 IKE（Internet Key Exchange）协议。

IKE 在两方之间执行相互身份验证，并建立 IKE 安全关联（SA），其中包括可用于有效建立 SA 的共享秘密信息。通过 IKE SA 设置的 ESP 或 AH 的 SA，称为"子 SA"。所有 IKE 通信都由消息对组成：请求和响应。建立 IKE SA 的消息的第一次交换称为 IKE_SA_INIT 和 IKE_AUTH 交换。随后的 IKE 交换称为 CREATE_CHILD_SA 或 INFORMATIONAL 交换。在通常情况下，只有一个 IKE_SA_INIT 交换和一个 IKE_AUTH 交换（总共 4 个消息）才能建立 IKE SA 和第一个子 SA。在特殊情况下，这些交换中的每个交换可能不止一个。在任何情况下，所有 IKE_SA_INIT 交换必须在任何其他交换类型之前完成，然后所有 IKE_AUTH 交换必须完成，然后，可以按任何顺序进行任意数量的 CREATE_CHILD_SA 和 INFORMATIONAL 交换。在某些情况下，IPSec 端点之间仅需要单个 Child SA，因此，不会进行其他交换。随后的交换可用于在同一对经过验

证的端点之间建立附加的子 SA，并执行管理功能。

IKE 用于在许多不同情况下协商 ESP 或 AH SA，每种情况都有其特殊要求。

（1）隧道模式下的安全网关到安全网关。

如图 3.9 所示，在这种情况下，IP 连接的任何端点都不会实现 IPSec，但是它们之间的网络节点会保护流量，保护对端点是透明的，并且依赖于普通路由通过隧道端点发送数据分组进行处理。每个端点将宣告一组地址，并且数据分组将以隧道模式发送，其中内部 IP 报头将包含实际端点的 IP 地址。

图 3.9　隧道模式下的安全网关到安全网关

（2）端点到端点传输模式。

如图 3.10 所示，在这种情况下，IP 连接的两个端点都实现 IPSec。传输模式通常不带内部 IP 标头。此场景将协商一对地址，以获取受此 SA 保护的数据分组。这些端点可以根据参与者的 IPSec 身份验证实现应用层访问控制。在这种情况下，一个或两个受保护的终节点可能在网络地址转换（NAT）节点之后，此时，隧道数据分组必须进行 UDP 封装，以便可以使用 UDP 标头中的端口号确定 NAT 相关的各个端点。

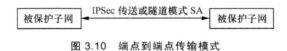

图 3.10　端点到端点传输模式

（3）隧道模式下的安全网关端点（如图 3.11 所示）。

图 3.11　隧道模式下的安全网关端点

在这种情况下，受保护的终节点（通常是便携式漫游计算机）通过受 IPSec 保护的隧道连接回到其公司网络。它可能仅使用此隧道访问公司网络上的信息，或者可能通过公司网络将所有流量通过隧道返回，以便利用公司防火墙提供的针对基于互联网的攻击的保护。在任何一种情况下，受保护的端点都需要与安全网关关联的 IP 地址，以便返回给它的数据分组到达安全网关并通过隧道回传，该 IP 地址可以是静态的，也可以由安全网关动态分配。在这种情况下，数据分组将使用隧道模式。在来自受保护端点的每个数据分组上，外部 IP 头将包含与其当前位置关联的源 IP 地址（使流量直接路由到该端点的地址），而内部 IP

头将包含源 IP 地址由安全网关分配的地址（流量路由到安全网关以转发到端点的地址）。外部目标地址将始终是安全网关的地址，而内部目标地址将是数据分组的最终目标。

（4）其他情况。

其他方案也是可能的，包括上述（1）～（3）方案的组合。

| 3.9　IPSec |

IPSec 是 IETF 定义的安全协议，为 IP 网络上两个通信点之间的通信提供数据身份验证、完整性和机密性。它定义了加密、解密和认证的数据分组，也定义了安全密钥交换和密钥管理所需的协议。IPSec 可执行的操作包括加密应用层数据，提供不加密的身份验证；通过 IPSec 隧道保护网络数据，在隧道端点之间发送的所有数据都被加密。

IPSec 的组成部分如下。

（1）封装安全有效载荷（ESP）：提供数据完整性、加密、身份验证和防重放，还提供有效负载的身份验证。

（2）身份验证标头（AH）：提供数据完整性、身份验证和防重放，不提供加密。防重放保护可防止未经授权的数据分组传输。

（3）Internet 密钥交换（IKE）：一种网络安全协议，动态交换加密密钥，并在两个设备之间建立安全关联（SA）。安全关联在两个网络实体之间建立共享的安全属性，以支持安全通信。

通过密钥管理协议（ISAKMP）为身份验证和密钥交换提供框架，并建立安全关联，以及在使用 IPSec 的两台主机之间建立直接连接。IKE 提供了消息内容保护，并且为实现诸如 SHA 和 MD5 之类的标准算法提供了开放框架。使用该算法的 IPSec 用户为每个数据分组生成唯一的标识符。然后，该标识符允许设备确定数据分组是否正确。未经授权的数据分组将被丢弃，并且不会发送给接收方。

IPSec 工作过程包括以下步骤。

（1）数据发送方首先决定是否使用 IPSec 传输数据，通过安全策略将判断该数据是否使用 IPSec。对于收到的数据，也会检测是否正确加密。

（2）开始 IKE 的阶段 1，使用 IPSec 的两个主机相互进行身份认证以启动安全隧道，该隧道将用于加密 IP 传输通路中的数据。有两种启动方式，分别是

更高安全性的主模式和更快速的积极模式。

（3）进入 IKE 的阶段 2，收发双方在安全隧道上协商使用的加密算法和密钥。

（4）通过 IPSec 安全隧道进行数据交换，在此过程中，使用 IPSec 的安全联盟进行数据加密与解密。

（5）通信结束或超时后将删除相关密钥及 IPSec 隧道。

| 3.10　JWE |

JSON Web 加密（JWE）表示使用基于 JSON 的数据结构的加密内容。JWE 加密机制对任意八位字节序列进行加密并提供完整性保护。与 JWE 密切相关的序列化有两种：JWE Compact 序列化，是一种紧凑的、URL 安全的表示形式，主要用于空间受限的环境，如 HTTP 授权标头和 URI 查询参数；JWE JSON 序列化，将 JWE 表示为 JSON 对象，并允许将相同的内容加密给多方。这两种序列化方法共享相同的密码基础。

| 3.11　HTTP 摘要 AKA |

超文本传输协议（HTTP）认证框架包括两种认证方案：基本认证和摘要认证。这两种方案都采用基于共享机密的机制进行身份验证访问。基本方案本质上是不安全的，因为它以纯文本格式传输用户凭据。摘要方案通过使用加密散列隐藏用户凭据，并通过提供有限的消息完整性来提高安全性。

认证和密钥协商（AKA）机制在通用移动电信系统（UMTS）网络中执行认证和会话密钥分发。AKA 是基于挑战响应的机制，它使用对称加密。AKA 通常在 UMTS IP 多媒体业务标识模块（ISIM）中运行，它位于类似设备的智能卡上，该设备还可以提供对共享机密的防篡改存储。AKA 的验证过程如下。

（1）预先在 ISIM 和 AuC 之间建立共享密钥 K，存储在 ISIM 中，该 ISIM 驻留在智能卡上。

（2）归属网络的 AuC 基于共享秘密 K 和序列号 SQN 产生认证向量 AV。认证向量包含随机质询 $RAND$、网络认证令牌 $AUTN$、预期认证结果 $XRES$、完整性保护密钥 IK、机密性保护密钥 CK。

（3）身份验证向量可以下载到服务器。服务器也可以下载一批包含多个身份验证矢量的 *AV*。

（4）服务器创建一个身份验证请求，其中包含随机质询 *RAND* 和网络身份验证器令牌 *AUTN*。

（5）身份验证请求传递到客户端。

（6）客户端使用共享密钥 *K* 和序列号 SQN，使用 ISIM 验证 *AUTN*。如果验证成功，则说明网络已通过身份验证。然后，客户端使用共享密钥 *K* 和随机质询 *RAND* 生成身份验证响应 *RES*。

（7）身份验证响应 *RES* 被传递到服务器。

（8）服务器将身份验证响应 *RES* 与预期响应 *XRES* 进行比较。如果两者匹配，则说明用户已成功通过身份验证。会话密钥 *IK* 和 *CK* 可用于保护客户端和服务器之间的进一步通信。当验证 *AUTN* 时，客户端可能检测到客户端和服务器之间的序列号不同步。在这种情况下，客户端使用共享密钥 *K* 和客户端序列号 SQN 生成同步参数 *AUTS*。*AUTS* 参数在身份验证响应中传递到网络，并且可以基于使用同步序列号生成的身份验证向量再次尝试身份验证。

HTTP 摘要 AKA 的验证过程如下。

当客户端收到摘要 AKA 身份验证质询时，它将从 "*nonce*" 参数中提取 *RAND* 和 *AUTN*，并评估服务器提供的 *AUTN* 令牌。如果客户端成功通过 *AUTN* 对服务器进行身份验证，并确定生成质询所使用的 SQN 在预期范围内，则将使用 *RAND* 质询和共享机密 *K* 运行 AKA 算法。所得的 AKA *RES* 参数被视为 "密码" 时响应指令。摘要 AKA 的服务器验证：计算 Authentication-Info 标头的 "response-auth" 值，与 AKA *XRES* 参数比较作为验证对比的判决。

| 3.12　NDS/IP |

5G 网络是基于 IP 的网络，控制面和用户面数据都是基于 IP 承载的。IP 的引入不仅标志着向分组交换的转变，还标志着向完全开放和易于访问的协议的转变，因此，需要对 IP 的安全机制进行加强，即实现网络域安全的 IP(NDS/IP)，支持具有机密性、完整性、身份验证和防重放保护的安全能力。对于基于本地 IP 的协议，应在网络层提供安全性。在网络层使用的安全协议是 IETF 定义的 IPSec 安全协议。

NDS/IP 网络的网络域控制面按照运营商的不同可划分为多个安全域。安全

域之间的边界受安全网关（SEG）保护。SEG 负责对目标安全域中的其他 SEG 实施安全域的安全策略。为了避免单点故障或出于性能原因，网络运营商的网络中可能有多个 SEG。可以将 SEG 定义为与所有可到达的安全域目的地进行交互，也可以仅针对一部分可到达的目的地定义 SEG。每个 SEG 将被定义为处理进入或离开安全域的 NDS/IP 通信，流向定义明确的一组可达 IP 安全域。安全域中 SEG 的数量将取决于区分外部可到达目的地的需求，以及平衡流量负载并避免单点故障的需求。安全网关应负责执行网络之间互通的安全策略，该安全性可能包括过滤策略和防火墙功能。SEG 负责安全敏感的操作，并应进行物理保护。它们应提供安全存储用于 IKE 认证的长期密钥的功能。

NDS/IP 网络的网络域安全性不会扩展到用户面，因此，安全域和指向其他域的关联安全网关不包含指向其他可能的外部 IP 网络的用户面 Gi 接口。通过使用链式隧道/中心辐射型方法，可促进安全域之间基于逐跳的安全保护。在安全域内允许使用传输模式。所有 NDS/IP 流量都应在进入或离开安全域之前通过 SEG。

以上各种安全协议构成了 5G 网络安全的基础，通过将这些安全协议与 5G 网络结构相结合，实现了 5G 网络安全保障的目标。

| 3.13　通用安全协议用例 |

3.13.1　IPSec 的部署与测试

由于 IPSec 在 5G 网络中大量部署应用，因此，有必要对 IPSec 的部署和数据进行详细介绍。现以以建立两台 Linux 主机之间的 IPSec 连接为例进行介绍。

1. 启动系统 IPSec 服务

```
systemctl enable ipsec
systemctl start ipsec
```

2. 分别设置两台服务器的接口地址用于测试

```
ifconfig eth0 192.168.55.69 netmask 255.255.255.255
ifconfig eth0 192.168.55.78 netmask 255.255.255.255
```

3. 创建点到点连接前，提前准备如下数据

（1）两个节点的 IP 地址：

```
Host A: 192.168.55.69
Host B: 192.168.55.78
```

（2）设置 IPSec 连接的名称：

设置为 ipsec0。

（3）IPSec 的加密密钥：

永久的或使用 racoon 程序进行自动创建。

（4）用于身份验证的预共享密钥：

设置为 testkey，用于建立连接，并在连接会话的过程中交换加密密钥。

4．编辑/etc/sysconfig/network-scripts/ifcfg-ipsec0 文件用于描述 ipsec0 的接口

DST=192.168.55.78 #备注：两台主机互相设置对方的 IP 地址。

```
TYPE=IPSEC
ONBOOT=yes
```

IKE_METHOD=PSK

5．编辑/etc/sysconfig/network-scripts/keys-ipsec0 文件，设置共享密钥

设置为：testkey。

6．设置该文件的访问权限

```
chmod 600 /etc/sysconfig/network-scripts/keys-ipsec0
```

7．编辑/etc/racoon/racoon.conf

```
path include "/etc/racoon";
path pre_shared_key "/etc/racoon/psk.txt";
path certificate "/etc/racoon/certs";
path script "/etc/racoon/scripts";
sainfo anonymous
{
        #pfs_group 2;
        lifetime time 1 hour ;
        encryption_algorithm 3des, blowfish 448, rijndael ;
        authentication_algorithm hmac_sha1, hmac_md5 ;
        compression_algorithm deflate ;
}
include "/etc/racoon/192.168.55.78.conf";
```

8．两台主机启用 ipsec0 接口

```
ifup ipsec0
```

9．测试 ipsec0 的接口正常启动，建立 SA 并收发数据

#ping 192.168.55.78

以下是 IPSec 的启动日志。

```
17:53:25 IPC-APP01-VMnet racoon: INFO: IPsec-SA request for 192.168.55.78 queued due to no phase1 found.
17:53:25 IPC-APP01-VMnet racoon: INFO: initiate new phase 1 negotiation: 192.168.55.69[500]<=>
192.168.55.78[500]
17:53:25 IPC-APP01-VMnet racoon: INFO: begin Identity Protection mode.
17:53:25 IPC-APP01-VMnet racoon: INFO: respond new phase 1 negotiation: 192.168.55.69[500]<=>
192.168.55.78[500]
17:53:25 IPC-APP01-VMnet racoon: INFO: begin Identity Protection mode.
17:53:25 IPC-APP01-VMnet racoon: INFO: received Vendor ID: DPD
17:53:25 IPC-APP01-VMnet racoon: INFO: ISAKMP-SA established 192.168.55.69[500]-192.168.55.78[500]
```

```
spi:f333b505d096651f:9b9586641a96a667
17:53:25 IPC-APP01-VMnet racoon: [192.168.55.78] INFO: received INITIAL-CONTACT
17:53:26 IPC-APP01-VMnet racoon: INFO: initiate new phase 2 negotiation: 192.168.55.69[500]<=>
192.168.55.78[500]
17:53:26 IPC-APP01-VMnet racoon: INFO: respond new phase 2 negotiation: 192.168.55.69[500]<=>
192.168.55.78[500]
17:53:26 IPC-APP01-VMnet racoon: INFO: IPsec-SA established: AH/Transport 192.168.55.69[500]->192.
168.55.78[500] spi=225149565(0xd6b827d)
17:53:26 IPC-APP01-VMnet racoon: INFO: IPsec-SA established: ESP/Transport 192.168.55.69[500]->192.
168.55.78[500] spi=149811796(0x8edf254)
17:53:26 IPC-APP01-VMnet racoon: INFO: IPsec-SA established: AH/Transport 192.168.55.69[500]->192.
168.55.78[500] spi=99458638(0x5ed9e4e)
17:53:26 IPC-APP01-VMnet racoon: INFO: IPsec-SA established: ESP/Transport 192.168.55.69[500]->192.
168.55.78[500] spi=107023215(0x6610b6f)
17:53:26 IPC-APP01-VMnet racoon: INFO: IPsec-SA established: AH/Transport 192.168.55.69[500]->192.
168.55.78[500] spi=267144414(0xfec4cde)
17:53:26 IPC-APP01-VMnet racoon: INFO: IPsec-SA established: ESP/Transport 192.168.55.69[500]->192.
168.55.78[500] spi=29889894(0x1c81566)
17:53:26 IPC-APP01-VMnet racoon: INFO: IPsec-SA established: AH/Transport 192.168.55.69[500]->192.
168.55.78[500] spi=79668(0x13734)
17:53:26 IPC-APP01-VMnet racoon: INFO: IPsec-SA established: ESP/Transport 192.168.55.69[500]->192.
168.55.78[500] spi=237136930(0xe226c22)
17:53:35 IPC-APP01-Vmnet  accoon: INFO: received Vendor ID: DPD
17:53:35 IPC-APP01-Vmnet accoon: INFO: ISAKMP-SA established 192.168.55.69[500]-192.168.55.78[500]
spi:cb64e3a7ca89b3f7:ccc66fb4d5ec90d8
```

以下是通过 ipsec0 的 icmp 包测试情况。

```
PING 192.168.55.78 (192.168.55.78) 56(84) bytes of data.
64 bytes from 192.168.55.78: icmp_seq=2 ttl=64 time=3.25 ms
64 bytes from 192.168.55.78: icmp_seq=3 ttl=64 time=2.65 ms
```

以下是原始数据分组的收发情况（包括建立信令及业务数据分组）。

```
Epoch Time: 1594029127.742115000 seconds
Internet Protocol Version 4, Src: 192.168.55.69, Dst: 192.168.55.78
Internet Security Association and Key Management Protocol
    Initiator SPI: cb64e3a7ca89b3f7
    Responder SPI: 0000000000000000
    Next payload: Security Association (1)
    Version: 1.0
    Exchange type: Identity Protection (Main Mode) (2)
    Message ID: 0x00000000
    Payload: Security Association (1)
        Next payload: Vendor ID (13)
        Domain of interpretation: IPSEC (1)
        Situation: 00000001
        Payload: Proposal (2) # 1
            Next payload: NONE / No Next Payload  (0)
            Proposal number: 1
            Protocol ID: ISAKMP (1)
            SPI Size: 0
            Proposal transforms: 1
            Payload: Transform (3) # 1
                Next payload: NONE / No Next Payload  (0)
                Transform number: 1
                Transform ID: KEY_IKE (1)
                IKE Attribute (t=11,l=2): Life-Type: Seconds
                    Type: Life-Type (11)
                    Value: 0001
```

```
                        Life Type: Seconds (1)
                IKE Attribute (t=12,l=2): Life-Duration: 28800
                        Type: Life-Duration (12)
                        Value: 7080
                        Life Duration: 28800
                IKE Attribute (t=1,l=2): Encryption-Algorithm: 3DES-CBC
                        Type: Encryption-Algorithm (1)
                        Value: 0005
                        Encryption Algorithm: 3DES-CBC (5)
                IKE Attribute (t=3,l=2): Authentication-Method: Pre-shared key
                        Type: Authentication-Method (3)
                        Value: 0001
                        Authentication Method: Pre-shared key (1)
                IKE Attribute (t=2,l=2): Hash-Algorithm: SHA
                        Type: Hash-Algorithm (2)
                        Value: 0002
                        HASH Algorithm: SHA (2)
                IKE Attribute (t=4,l=2): Group-Description: Alternate 1024-bit MODP group
                        Type: Group-Description (4)
                        Value: 0002
                        Group Description: Alternate 1024-bit MODP group (2)
        Payload: Vendor ID (13) : RFC 3706 DPD (Dead Peer Detection)
            Next payload: NONE / No Next Payload  (0)
            Vendor ID: afcad71368a1f1c96b8696fc77570100
            Vendor ID: RFC 3706 DPD (Dead Peer Detection)

Epoch Time: 1594029127.742988000 seconds
Internet Protocol Version 4, Src: 192.168.55.78, Dst: 192.168.55.69
Internet Security Association and Key Management Protocol
    Initiator SPI: f333b505d096651f
    Responder SPI: 0000000000000000
    Next payload: Security Association (1)
    Version: 1.0
    Exchange type: Identity Protection (Main Mode) (2)
    Message ID: 0x00000000
    Payload: Security Association (1)
        Next payload: Vendor ID (13)
        Domain of interpretation: IPSEC (1)
        Situation: 00000001
        Payload: Proposal (2) # 1
            Next payload: NONE / No Next Payload  (0)
            Proposal number: 1
            Protocol ID: ISAKMP (1)
            SPI Size: 0
            Proposal transforms: 1
            Payload: Transform (3) # 1
                Next payload: NONE / No Next Payload  (0)
                Transform number: 1
                Transform ID: KEY_IKE (1)
                IKE Attribute (t=11,l=2): Life-Type: Seconds
                        Type: Life-Type (11)
                        Value: 0001
                        Life Type: Seconds (1)
                IKE Attribute (t=12,l=2): Life-Duration: 28800
                        Type: Life-Duration (12)
```

```
                    Value: 7080
                    Life Duration: 28800
            IKE Attribute (t=1,l=2): Encryption-Algorithm: 3DES-CBC
                    Type: Encryption-Algorithm (1)
                    Value: 0005
                    Encryption Algorithm: 3DES-CBC (5)
            IKE Attribute (t=3,l=2): Authentication-Method: Pre-shared key
                    Type: Authentication-Method (3)
                    Value: 0001
                    Authentication Method: Pre-shared key (1)
            IKE Attribute (t=2,l=2): Hash-Algorithm: SHA
                    Type: Hash-Algorithm (2)
                    Value: 0002
                    HASH Algorithm: SHA (2)
            IKE Attribute (t=4,l=2): Group-Description: Alternate 1024-bit MODP group
                    Type: Group-Description (4)
                    Value: 0002
                    Group Description: Alternate 1024-bit MODP group (2)
    Payload: Vendor ID (13) : RFC 3706 DPD (Dead Peer Detection)
        Next payload: NONE / No Next Payload (0)
        Vendor ID: afcad71368a1f1c96b8696fc77570100
        Vendor ID: RFC 3706 DPD (Dead Peer Detection)

Epoch Time: 1594029127.743549000 seconds
Internet Protocol Version 4, Src: 192.168.55.69, Dst: 192.168.55.78
Internet Security Association and Key Management Protocol
    Initiator SPI: f333b505d096651f
    Responder SPI: 9b9586641a96a667
    Next payload: Security Association (1)
    Version: 1.0
    Exchange type: Identity Protection (Main Mode) (2)
    Message ID: 0x00000000
    Payload: Security Association (1)
        Next payload: Vendor ID (13)
        Domain of interpretation: IPSEC (1)
        Situation: 00000001
        Payload: Proposal (2) # 1
            Next payload: NONE / No Next Payload (0)
            Proposal number: 1
            Protocol ID: ISAKMP (1)
            SPI Size: 0
            Proposal transforms: 1
            Payload: Transform (3) # 1
                Next payload: NONE / No Next Payload (0)
                Transform number: 1
                Transform ID: KEY_IKE (1)
                IKE Attribute (t=11,l=2): Life-Type: Seconds
                    Type: Life-Type (11)
                    Value: 0001
                    Life Type: Seconds (1)
                IKE Attribute (t=12,l=2): Life-Duration: 28800
                    Type: Life-Duration (12)
                    Value: 7080
                    Life Duration: 28800
                IKE Attribute (t=1,l=2): Encryption-Algorithm: 3DES-CBC
```

```
                     Type: Encryption-Algorithm (1)
                     Value: 0005
                     Encryption Algorithm: 3DES-CBC (5)
               IKE Attribute (t=3,l=2): Authentication-Method: Pre-shared key
                     Type: Authentication-Method (3)
                     Value: 0001
                     Authentication Method: Pre-shared key (1)
               IKE Attribute (t=2,l=2): Hash-Algorithm: SHA
                     Type: Hash-Algorithm (2)
                     Value: 0002
                     HASH Algorithm: SHA (2)
               IKE Attribute (t=4,l=2): Group-Description: Alternate 1024-bit MODP group
                     Type: Group-Description (4)
                     Value: 0002
                     Group Description: Alternate 1024-bit MODP group (2)
       Payload: Vendor ID (13) : RFC 3706 DPD (Dead Peer Detection)
           Next payload: NONE / No Next Payload (0)
           Vendor ID: afcad71368a1f1c96b8696fc77570100
           Vendor ID: RFC 3706 DPD (Dead Peer Detection)

Epoch Time: 1594029127.744860000 seconds
Internet Protocol Version 4, Src: 192.168.55.78, Dst: 192.168.55.69
Internet Security Association and Key Management Protocol
     Initiator SPI: f333b505d096651f
     Responder SPI: 9b9586641a96a667
     Next payload: Key Exchange (4)
     Version: 1.0
     Exchange type: Identity Protection (Main Mode) (2)
     Message ID: 0x00000000
     Payload: Key Exchange (4)
         Next payload: Nonce (10)
         Key Exchange Data: 3c0c0004dfbfba94057fa24dd649ae46a387f68cae2bfff5…
     Payload: Nonce (10)
         Next payload: NONE / No Next Payload (0)
         Nonce DATA: 9e52041256a9f06d8a32aa68556a8cf8

Epoch Time: 1594029127.749258000 seconds
Internet Protocol Version 4, Src: 192.168.55.69, Dst: 192.168.55.78
Internet Security Association and Key Management Protocol
     Initiator SPI: f333b505d096651f
     Responder SPI: 9b9586641a96a667
     Next payload: Key Exchange (4)
     Version: 1.0
     Exchange type: Identity Protection (Main Mode) (2)
     Message ID: 0x00000000
     Payload: Key Exchange (4)
         Next payload: Nonce (10)
         Key Exchange Data: 6445728ea1d52be7c041bae242046a2173152b349e08c6bf…
     Payload: Nonce (10)
         Next payload: NONE / No Next Payload (0)
         Nonce DATA: df19b1e6a571eabff7c1c70108d6e090

Epoch Time: 1594029127.751047000 seconds
Internet Protocol Version 4, Src: 192.168.55.78, Dst: 192.168.55.69
Internet Security Association and Key Management Protocol
     Initiator SPI: f333b505d096651f
     Responder SPI: 9b9586641a96a667
```

```
        Version: 1.0
        Exchange type: Identity Protection (Main Mode) (2)
        Message ID: 0x00000000
        Encrypted Data (40 bytes)

Epoch Time: 1594029127.751400000 seconds
Internet Protocol Version 4, Src: 192.168.55.69, Dst: 192.168.55.78
Internet Security Association and Key Management Protocol
        Initiator SPI: f333b505d096651f
        Responder SPI: 9b9586641a96a667
        Version: 1.0
        Exchange type: Identity Protection (Main Mode) (2)
        Message ID: 0x00000000
        Encrypted Data (40 bytes)

Epoch Time: 1594029127.751454000 seconds
Internet Protocol Version 4, Src: 192.168.55.69, Dst: 192.168.55.78
Internet Security Association and Key Management Protocol
        Initiator SPI: f333b505d096651f
        Responder SPI: 9b9586641a96a667
        Next payload: Hash (8)
        Version: 1.0
        Exchange type: Informational (5)
        Message ID: 0xe963b532
        Encrypted Data (56 bytes)

Epoch Time: 1594029127.752544000 seconds
Internet Protocol Version 4, Src: 192.168.55.78, Dst: 192.168.55.69
Internet Security Association and Key Management Protocol
        Initiator SPI: f333b505d096651f
        Responder SPI: 9b9586641a96a667
        Next payload: Hash (8)
        Version: 1.0
        Exchange type: Informational (5)
        Message ID: 0xd4567a78
        Encrypted Data (56 bytes)

Epoch Time: 1594029128.743511000 seconds
Internet Protocol Version 4, Src: 192.168.55.78, Dst: 192.168.55.69
Internet Security Association and Key Management Protocol
        Initiator SPI: f333b505d096651f
        Responder SPI: 9b9586641a96a667
        Next payload: Hash (8)
        Version: 1.0
        Exchange type: Quick Mode (32)
        Message ID: 0xbf2ad390
        Encrypted Data (320 bytes)

Epoch Time: 1594029128.745655000 seconds
Internet Protocol Version 4, Src: 192.168.55.69, Dst: 192.168.55.78
Internet Security Association and Key Management Protocol
        Initiator SPI: f333b505d096651f
        Responder SPI: 9b9586641a96a667
        Next payload: Hash (8)
        Version: 1.0
        Exchange type: Quick Mode (32)
        Message ID: 0xdcab32f8
```

```
        Encrypted Data (320 bytes)

Epoch Time: 1594029128.745731000 seconds
Internet Protocol Version 4, Src: 192.168.55.69, Dst: 192.168.55.78
Internet Security Association and Key Management Protocol
     Initiator SPI: f333b505d096651f
     Responder SPI: 9b9586641a96a667
     Next payload: Hash (8)
     Version: 1.0
     Exchange type: Quick Mode (32)
     Message ID: 0xbf2ad390
     Encrypted Data (160 bytes)

Epoch Time: 1594029128.746004000 seconds
Internet Protocol Version 4, Src: 192.168.55.78, Dst: 192.168.55.69
Internet Security Association and Key Management Protocol
     Initiator SPI: f333b505d096651f
     Responder SPI: 9b9586641a96a667
     Next payload: Hash (8)
     Version: 1.0
     Exchange type: Quick Mode (32)
     Message ID: 0xdcab32f8
     Encrypted Data (160 bytes)

Epoch Time: 1594029128.746171000 seconds
Internet Protocol Version 4, Src: 192.168.55.78, Dst: 192.168.55.69
Internet Security Association and Key Management Protocol
     Initiator SPI: f333b505d096651f
     Responder SPI: 9b9586641a96a667
     Next payload: Hash (8)
     Version: 1.0
     Exchange type: Quick Mode (32)
     Message ID: 0xbf2ad390
     Encrypted Data (32 bytes)

Epoch Time: 1594029128.746395000 seconds
Internet Protocol Version 4, Src: 192.168.55.69, Dst: 192.168.55.78
Internet Security Association and Key Management Protocol
     Initiator SPI: f333b505d096651f
     Responder SPI: 9b9586641a96a667
     Next payload: Hash (8)
     Version: 1.0
     Exchange type: Quick Mode (32)
     Message ID: 0xdcab32f8
     Encrypted Data (32 bytes)

Epoch Time: 1594029128.760606000 seconds
Internet Protocol Version 4, Src: 192.168.55.69, Dst: 192.168.55.78
Authentication Header
     Next header: Encap Security Payload (50)
     AH SPI: 0x00013734
     AH Sequence: 1
     AH ICV: 35226ff2d8af03f20ad716bf
Encapsulating Security Payload
     ESP SPI: 0x0e226c22 (237136930)
     ESP Sequence: 1
```

```
Epoch Time: 1594029128.760787000 seconds
Internet Protocol Version 4, Src: 192.168.55.78, Dst: 192.168.55.69
Authentication Header
    Next header: Encap Security Payload (50)
    AH SPI: 0x0fec4cde
    AH Sequence: 1
    AH ICV: c573229d5d2d4e7ab73a02e2
Encapsulating Security Payload
    ESP SPI: 0x01c81566 (29889894)
    ESP Sequence: 1
```

3.13.2　TLS/HTTPs 交互过程

以下是 TLS/HTTPs 交互过程。

```
TLS 的数据分组记录:
Epoch Time: 1590079087.592351000 seconds
Internet Protocol Version 4, Src: 10.0.2.138, Dst: 39.156.69.79
Transmission Control Protocol, Src Port: 33960, Dst Port: 443, Seq: 0, Len: 0

Epoch Time: 1590079087.640027000 seconds
Internet Protocol Version 4, Src: 39.156.69.79, Dst: 10.0.2.138
Transmission Control Protocol, Src Port: 443, Dst Port: 33960, Seq: 0, Ack: 1, Len: 0

Epoch Time: 1590079087.640086000 seconds
Internet Protocol Version 4, Src: 10.0.2.138, Dst: 39.156.69.79
Transmission Control Protocol, Src Port: 33960, Dst Port: 443, Seq: 1, Ack: 1, Len: 0

Epoch Time: 1590079087.640507000 seconds
Internet Protocol Version 4, Src: 10.0.2.138, Dst: 39.156.69.79
Transmission Control Protocol, Src Port: 33960, Dst Port: 443, Seq: 1, Ack: 1, Len: 307
Transport Layer Security
    TLSv1 Record Layer: Handshake Protocol: Client Hello
        Content Type: Handshake (22)
        Version: TLS 1.0 (0x0301)
        Handshake Protocol: Client Hello
            Handshake Type: Client Hello (1)
            Version: TLS 1.2 (0x0303)
            Random: 22834f6efb0f13e201564229e6666d0f07b370459ba56bdf
                GMT Unix Time: May 7, 1988 18:54:54.000000000 a/S
                Random Bytes: fb0f13e201564229e6666d0f07b370459ba56bdf559ac171
            Cipher Suites (86 suites)
                Cipher Suite: TLS_ECDHE_RSA_WITH_AES_256_GCM_SHA384 (0xc030)
                Cipher Suite: TLS_ECDHE_ECDSA_WITH_AES_256_GCM_SHA384 (0xc02c)
                Cipher Suite: TLS_ECDHE_RSA_WITH_AES_256_CBC_SHA384 (0xc028)
                Cipher Suite: TLS_ECDHE_ECDSA_WITH_AES_256_CBC_SHA384 (0xc024)
                Cipher Suite: TLS_ECDHE_RSA_WITH_AES_256_CBC_SHA (0xc014)
                Cipher Suite: TLS_ECDHE_ECDSA_WITH_AES_256_CBC_SHA (0xc00a)
                Cipher Suite: TLS_DH_DSS_WITH_AES_256_GCM_SHA384 (0x00a5)
                Cipher Suite: TLS_DHE_DSS_WITH_AES_256_GCM_SHA384 (0x00a3)
                Cipher Suite: TLS_DH_RSA_WITH_AES_256_GCM_SHA384 (0x00a1)
                Cipher Suite: TLS_DHE_RSA_WITH_AES_256_GCM_SHA384 (0x009f)
                Cipher Suite: TLS_DHE_RSA_WITH_AES_256_CBC_SHA256 (0x006b)
                Cipher Suite: TLS_DHE_DSS_WITH_AES_256_CBC_SHA256 (0x006a)
                Cipher Suite: TLS_DH_RSA_WITH_AES_256_CBC_SHA256 (0x0069)
```

```
        Cipher Suite: TLS_DH_DSS_WITH_AES_256_CBC_SHA256 (0x0068)
        Cipher Suite: TLS_DHE_RSA_WITH_AES_256_CBC_SHA (0x0039)
        Cipher Suite: TLS_DHE_DSS_WITH_AES_256_CBC_SHA (0x0038)
        Cipher Suite: TLS_DH_RSA_WITH_AES_256_CBC_SHA (0x0037)
        Cipher Suite: TLS_DH_DSS_WITH_AES_256_CBC_SHA (0x0036)
        Cipher Suite: TLS_EMPTY_RENEGOTIATION_INFO_SCSV (0x00ff)
    Compression Methods (1 method)
        Compression Method: null (0)
    Extension: server_name (len=14)
        Type: server_name (0)
        Server Name Indication extension
            Server Name Type: host_name (0)
            Server Name: baidu.com
    Extension: ec_point_formats (len=4)
        Type: ec_point_formats (11)
        Elliptic curves point formats (3)
            EC point format: uncompressed (0)
            EC point format: ansiX962_compressed_prime (1)
            EC point format: ansiX962_compressed_char2 (2)
    Extension: supported_groups (len=10)
        Type: supported_groups (10)
        Supported Groups (4 groups)
            Supported Group: secp256r1 (0x0017)
            Supported Group: secp521r1 (0x0019)
            Supported Group: secp384r1 (0x0018)
            Supported Group: secp256k1 (0x0016)
    Extension: session_ticket (len=0)
        Type: session_ticket (35)
        Data (0 bytes)
    Extension: signature_algorithms (len=32)
        Type: signature_algorithms (13)
        Signature Hash Algorithms (15 algorithms)
            Signature Algorithm: rsa_pkcs1_sha512 (0x0601)
                Signature Hash Algorithm Hash: SHA512 (6)
                Signature Hash Algorithm Signature: RSA (1)
            Signature Algorithm: SHA512 DSA (0x0602)
                Signature Hash Algorithm Hash: SHA512 (6)
                Signature Hash Algorithm Signature: DSA (2)
            Signature Algorithm: ecdsa_secp521r1_sha512 (0x0603)
                Signature Hash Algorithm Hash: SHA512 (6)
                Signature Hash Algorithm Signature: ECDSA (3)
            Signature Algorithm: rsa_pkcs1_sha384 (0x0501)
                Signature Hash Algorithm Hash: SHA384 (5)
                Signature Hash Algorithm Signature: RSA (1)
            Signature Algorithm: SHA384 DSA (0x0502)
                Signature Hash Algorithm Hash: SHA384 (5)
                Signature Hash Algorithm Signature: DSA (2)
            Signature Algorithm: ecdsa_secp384r1_sha384 (0x0503)
                Signature Hash Algorithm Hash: SHA384 (5)
                Signature Hash Algorithm Signature: ECDSA (3)
    Extension: heartbeat (len=1)
        Type: heartbeat (15)
        Mode: Peer allowed to send requests (1)


Epoch Time: 1590079087.640804000 seconds
Internet Protocol Version 4, Src: 39.156.69.79, Dst: 10.0.2.138
```

```
Transmission Control Protocol, Src Port: 443, Dst Port: 33960, Seq: 1, Ack: 308, Len: 0

Epoch Time: 1590079087.690950000 seconds
Internet Protocol Version 4, Src: 39.156.69.79, Dst: 10.0.2.138
Transmission Control Protocol, Src Port: 443, Dst Port: 33960, Seq: 1, Ack: 308, Len: 2880
Transport Layer Security
    TLSv1.2 Record Layer: Handshake Protocol: Server Hello
        Content Type: Handshake (22)
        Version: TLS 1.2 (0x0303)
        Handshake Protocol: Server Hello
            Handshake Type: Server Hello (2)
            Version: TLS 1.2 (0x0303)
            Random: b466b197d974e507970d7850c76d317df7d8f5267ba36633
                GMT Unix Time: Nov 28, 2065 10:16:55.000000000 Asi
                Random Bytes: d974e507970d7850c76d317df7d8f5267ba3663303f3b12a
            Cipher Suite: TLS_ECDHE_RSA_WITH_AES_128_GCM_SHA256 (0xc02f)
            Compression Method: null (0)
            Extension: renegotiation_info (len=1)
                Type: renegotiation_info (65281)
                Renegotiation Info extension
            Extension: ec_point_formats (len=4)
                Type: ec_point_formats (11)
                Elliptic curves point formats (3)
                    EC point format: uncompressed (0)
                    EC point format: ansiX962_compressed_prime (1)
                    EC point format: ansiX962_compressed_char2 (2)
            Extension: session_ticket (len=0)
                Type: session_ticket (35)
                Data (0 bytes)
            Extension: heartbeat (len=1)
                Type: heartbeat (15)
                Mode: Peer allowed to send requests (1)


Epoch Time: 1590079087.691081000 seconds
Internet Protocol Version 4, Src: 10.0.2.138, Dst: 39.156.69.79
Transmission Control Protocol, Src Port: 33960, Dst Port: 443, Seq: 308, Ack: 2881, Len: 0

Epoch Time: 1590079087.691383000 seconds
Internet Protocol Version 4, Src: 39.156.69.79, Dst: 10.0.2.138
Transmission Control Protocol, Src Port: 443, Dst Port: 33960, Seq: 2881, Ack: 308, Len: 566
Transport Layer Security
    Ignored Unknown Record


Epoch Time: 1590079087.691446000 seconds
Internet Protocol Version 4, Src: 10.0.2.138, Dst: 39.156.69.79
Transmission Control Protocol, Src Port: 33960, Dst Port: 443, Seq: 308, Ack: 3447, Len: 0

Epoch Time: 1590079087.693020000 seconds
Internet Protocol Version 4, Src: 10.0.2.138, Dst: 39.156.69.79
Transmission Control Protocol, Src Port: 33960, Dst Port: 443, Seq: 308, Ack: 3447, Len: 126
Transport Layer Security
    TLSv1.2 Record Layer: Handshake Protocol: Client Key Exchange
        Content Type: Handshake (22)
        Version: TLS 1.2 (0x0303)
        Handshake Protocol: Client Key Exchange
```

```
                Handshake Type: Client Key Exchange (16)
                EC Diffie-Hellman Client Params
                    Pubkey: 045201b899fdf47ff16d74e60fcf2e9022300a2d7ee81dda
        TLSv1.2 Record Layer: Change Cipher Spec Protocol: Change Cipher Spec
            Content Type: Change Cipher Spec (20)
            Version: TLS 1.2 (0x0303)
            Change Cipher Spec Message
        TLSv1.2 Record Layer: Handshake Protocol: Encrypted Handshake Message
            Content Type: Handshake (22)
            Version: TLS 1.2 (0x0303)
            Handshake Protocol: Encrypted Handshake Message


Epoch Time: 1590079087.693275000 seconds
Internet Protocol Version 4, Src: 39.156.69.79, Dst: 10.0.2.138
Transmission Control Protocol, Src Port: 443, Dst Port: 33960, Seq: 3447, Ack: 434, Len: 0

Epoch Time: 1590079087.739632000 seconds
Internet Protocol Version 4, Src: 39.156.69.79, Dst: 10.0.2.138
Transmission Control Protocol, Src Port: 443, Dst Port: 33960, Seq: 3447, Ack: 434, Len: 242
Transport Layer Security
    TLSv1.2 Record Layer: Handshake Protocol: New Session Ticket
        Content Type: Handshake (22)
        Version: TLS 1.2 (0x0303)
        Handshake Protocol: New Session Ticket
            Handshake Type: New Session Ticket (4)
            TLS Session Ticket
                Session Ticket Lifetime Hint: 72000 seconds (20 hours)
                Session Ticket: 1e9c4e9f18194bf9ddff98d898cbee0dd8375513f6a02391
    TLSv1.2 Record Layer: Change Cipher Spec Protocol: Change Cipher Spec
        Content Type: Change Cipher Spec (20)
        Version: TLS 1.2 (0x0303)
        Change Cipher Spec Message
    TLSv1.2 Record Layer: Handshake Protocol: Encrypted Handshake Message
        Content Type: Handshake (22)
        Version: TLS 1.2 (0x0303)
        Handshake Protocol: Encrypted Handshake Message


Epoch Time: 1590079087.739884000 seconds
Internet Protocol Version 4, Src: 10.0.2.138, Dst: 39.156.69.79
Transmission Control Protocol, Src Port: 33960, Dst Port: 443, Seq: 434, Ack: 3689, Len: 136
Transport Layer Security
    TLSv1.2 Record Layer: Application Data Protocol: http-over-tls
        Content Type: Application Data (23)
        Version: TLS 1.2 (0x0303)
        Encrypted Application Data: 1de2d4382c4ea570257681a1fbda4ce242bff86013f88d94


Epoch Time: 1590079087.740114000 seconds
Internet Protocol Version 4, Src: 39.156.69.79, Dst: 10.0.2.138
Transmission Control Protocol, Src Port: 443, Dst Port: 33960, Seq: 3689, Ack: 570, Len: 0

Epoch Time: 1590079087.787955000 seconds
Internet Protocol Version 4, Src: 39.156.69.79, Dst: 10.0.2.138
Transmission Control Protocol, Src Port: 443, Dst Port: 33960, Seq: 3689, Ack: 570, Len: 386
Transport Layer Security
```

```
    TLSv1.2 Record Layer: Application Data Protocol: http-over-tls
        Content Type: Application Data (23)
        Version: TLS 1.2 (0x0303)
        Encrypted Application Data: d9ac21a6672cbb0cad8a5526780eaff5f895971a4fc6cf6c


Epoch Time: 1590079087.827601000 seconds
Internet Protocol Version 4, Src: 10.0.2.138, Dst: 39.156.69.79
Transmission Control Protocol, Src Port: 33960, Dst Port: 443, Seq: 570, Ack: 4075, Len: 0

Epoch Time: 1590079102.882195000 seconds
Internet Protocol Version 4, Src: 10.0.2.138, Dst: 39.156.69.79
Transmission Control Protocol, Src Port: 33960, Dst Port: 443, Seq: 570, Ack: 4075, Len: 31
Transport Layer Security
    TLSv1.2 Record Layer: Encrypted Alert
        Content Type: Alert (21)
        Version: TLS 1.2 (0x0303)
        Alert Message: Encrypted Alert


Epoch Time: 1590079102.882316000 seconds
Internet Protocol Version 4, Src: 10.0.2.138, Dst: 39.156.69.79
Transmission Control Protocol, Src Port: 33960, Dst Port: 443, Seq: 601, Ack: 4075, Len: 0

Epoch Time: 1590079102.882429000 seconds
Internet Protocol Version 4, Src: 39.156.69.79, Dst: 10.0.2.138
Transmission Control Protocol, Src Port: 443, Dst Port: 33960, Seq: 4075, Ack: 601, Len: 0

Epoch Time: 1590079102.882448000 seconds
Internet Protocol Version 4, Src: 39.156.69.79, Dst: 10.0.2.138
Transmission Control Protocol, Src Port: 443, Dst Port: 33960, Seq: 4075, Ack: 602, Len: 0

Epoch Time: 1590079102.928736000 seconds
Internet Protocol Version 4, Src: 39.156.69.79, Dst: 10.0.2.138
Transmission Control Protocol, Src Port: 443, Dst Port: 33960, Seq: 4075, Ack: 602, Len: 0

Epoch Time: 1590079102.928790000 seconds
Internet Protocol Version 4, Src: 10.0.2.138, Dst: 39.156.69.79
Transmission Control Protocol, Src Port: 33960, Dst Port: 443, Seq: 602, Ack: 4076, Len: 0
```

第 4 章

IT 网络安全防护

5G 网络中的 IT 安全资产以多种形式存在，包括主机、网络设备、网元镜像、敏感数据、安全策略、运行环境等，需要确保安全资产的机密性、完整性和可用性。5G 网络需要对平台安全资产、业务安全资产进行采集和管理，并对安全资产进行全量的安全扫描和检测。5G 网络的 IT 安全防护包括边界防护、云内隔离、端点防护、镜像防护、数据防护等。

|4.1　IT 基础设施安全工作内容|

5G 网络在传统通信网络中引入了大量信息技术（IT），所以 5G 网络安全防护离不开对通用 IT 基础设施的安全防护。

IT 基础设施是具有安全价值的信息或资源，是安全策略保护的对象。安全工作的主要目标是保障安全资产的安全。IT 基础设施安全工作的主要内容为管理安全资产、发现安全风险、定位安全漏洞及采取必要的安全防护措施。以其中的保密性工作为例，其包括防止信息泄露、防止破坏信息的完整性、清除计算机病毒（僵尸网络、木马、蠕虫）、防止拒绝服务攻击、发现并消除业务安全漏洞、防止身份仿冒、防止越权访问、加强密码账号管理等。安全防护的模式可以分为主动防御和被动防御两种。主动防御手段包括防火墙和路由器的安全策略设置；被动防御手段包括安全态势感知、攻击预警、入侵检测、攻击诱导和攻击源定位。

IT 基础设施安全防护工作的实施步骤：预测、防御、检测、响应。

|4.2　5G 网络中的 IT 设施安全防护|

5G 网络的 IT 安全防护包括边界防护、云内隔离、端点防护、镜像防护、数据防护等。边界防护通过防火墙、IDS/IPS 等设备实现；云内隔离通过 VLAN、VRF 技术实现；端点防护主要针对业务端点进行安全访问策略设置；镜像防护需要通过对虚拟机镜像的签名和安全性进行检查；数据防护需要对敏感数据加强管理分析，对敏感数据的流向和应用进行检测。安全事件监测包括对边界的安全监测、云平台内部的安全监测及端点的安全监测等。通过对边界防火墙等设备的日志和事件进行检测和审计，可以有效地识别网络边界的安全事件；对云平台内部重点网元实现流量采集风险，从内部排查安全风险；安全端点的监测要能够对业务流量进行智能管理，监测业务级别的异常流量。

在处理 5G 网络的 IT 安全问题方面，既需要提前准备，又需要及时响应。在虚拟机上线前就需要对齐镜像进行安全检查验证，并在上线时完成必要的安全配置；系统运行过程中的安全风险也需要快速处理，通过自动运行的脚本过程或 SDN 技术，实现对风险点的快速定位与处理。

|4.3　IT 主机安全加固步骤|

IT 主机安全加固是常见的安全工作内容之一。现结合 Centos 操作系统的 IT 主机的安全加固过程来说明 IT 主机安全加固的具体过程，该安全加固过程可以作为其他类型操作系统进行安全加固的参考。

1. 检查 Linux 主机当前的运行进程

加固目标：查看相关进程列表是否正常。

操作指令：

```
#ps -ef
```

2. 检查是否配置 nfs 服务的安全限制

加固目标：nfs 服务状态为关闭，或者在 nfs 服务状态开启时，/etc/hosts.allow 对 nfs 服务进行源地址限制。

操作指令：

```
# service nfs status
Redirecting to /bin/systemctl status nfs.service
Unit nfs.service could not be found.
```

3. 检查主机访问控制（IP 限制）

加固目标：主机应对访问源 IP 地址进行限定。

操作指令：

（1）#cat /etc/hosts.allow

如果允许 10.1.1.0/24 网段访问本机 ssh 服务，可添加以下行：

```
sshd:10.1.1.*:allow
```

（2）#cat /etc/hosts.deny

如果禁止 10.2.2.0/24 网段访问本机所有服务，可添加以下行：

```
all:10.2.2.*:deny
```

4. 检查是否限制 root 远程登录

加固目标：限制 root 用户远程登录主机。

操作指令：

```
#vi /etc/ssh/sshd_config
```

将 PermitRootLogin 设置为 no

```
PermitRootLogin no
```

5. 检查 Linux 主机当前启动服务状态

加固目标：系统中只启动必要的服务。

操作指令：

```
# netstat -lutnp
Active Internet connections (only servers)
Proto Recv-Q Send-Q Local Address   Foreign Address   State      PID/Program name
tcp    0      0 127.0.0.1:25    0.0.0.0:*         LISTEN     2472/master
tcp    0      0 0.0.0.0:22      0.0.0.0:*         LISTEN     2141/sshd
tcp6   0      0 ::1:25          :::*              LISTEN     2472/master
tcp6   0      0 :::22           :::*              LISTEN     2141/sshd
```

可见，系统中启动了 master 和 sshd 两个进程，分别监听 tcp 和 tcp6 协议的 25 端口和 22 端口，可以根据需要决定是否关闭相关进程和端口。

6. 检查是否使用 ssh 替代 telnet 服务

加固目标：对于使用 IP 进行远程维护的设备，设备应配置使用 SSH 等加密协议。

操作指令：

```
#netstat -lutnp
```

应确保 SSH 服务启用、telnet 服务关闭，无进程监听 23 端口。

7. 检查用户缺省 UMASK 设置

加固目标：控制用户缺省访问权限，当在创建新文件或目录时，应屏蔽掉新文件或目录不应有的访问允许权限。防止同属于该组的其他用户及别的组的用户修改该用户的文件或更高限制。

操作指令：

```
#umask
#应确保/etc/profile 文件中 umask 值大于或等于 027
#修改 /etc/bashrc 和 /etc/profile 中对应的 umask 值为 027
```

8．检查 FTP 配置以限制 FTP 用户登录后能访问的目录

加固目标：FTP 用户登录后只能访问指定目录。

操作指令：

```
以 vsftpd 为例，要求/etc/vsftpd.conf 文件中存在 chroot_local_user=YES,表示将所有用户限制在主目录
```

9．检查是否按角色进行账号管理

加固目标：系统中账号分配应合理，不应存在已被猜测的账号。

操作指令：

检查 GID_MIN 和 GID_MAX：

```
# cat /etc/login.defs
```

检查/etc/passwd 文件中，GID 大于系统设定的 GID_MIN 且小于 GID_MAX，并且账号名中不存在常用的账号名，如 oracle 等。

10．检查是否存在不必要的使用属主权限的文件，防止用户滥用及提升权限。

加固目标：清理不合理设置属主权限的文件。

操作指令：

```
#find /usr/bin -ls
```

要求/usr/bin 中不应存在不必要的含有 "s" 属性的文件。

11．检查账户目录是否存在.netrc 文件

加固目标：生产系统中不应通过明文保存账号、密码。

操作指令：

```
find / -name .netrc
```

由于在.netrc 中是 Linux 支持网络操作自动化的配置文件，其中有可能通过明文保存账号和密码，存在较大的安全风险。在生产环境中，要求用户目录下不存在.netrc 文件。

12．检查登录提示

加固目标：应对系统登录用户给出安全提示。

操作指令：确保/etc/motd 和/etc/issue 中存在登录提示信息。

要求对登录用户给出必要的提示告警。

13．检查是否存在空密码的账户

加固目标：系统中所有账号都应设置密码。

操作指令：

```
# cat /etc/shadow
```

检查/etc/shadow 文件中是否存在第二列为空的用户。

14. 检查是否设置登录超时

加固目标：系统应对长期未进行操作的账号进行强制退出登录。

操作指令：

```
#确保/etc/profile 文件中 TMOUT 值小于或等于 600 或者/etc/csh.cshrc 文件中 autologout 小于或等于 600
```

15. 检查是否存在 UID 为 0 的非 root 用户

加固目标：系统中不应有 UID 值为 0 的非 root 账号。

操作指令：

```
# cat /etc/passwd
/etc/passwd 文件中第三列为 0 的用户只能为 root 用户
```

16. 检查是否删除或锁定无关账号

加固目标：系统中应删除或锁定与业务无关的账号。

操作指令：

```
应删除或锁定无关账号,#passwd -l lp
```

17. 检查账号文件权限设置

加固目标：系统应限制对关键文件的访问权限。

操作指令：

```
ls -alt /etc/passwd /etc/shadow /etc/group
/etc/passwd 权限为 644、/etc/shadow 权限为 400、/etc/group 权限为 644
```

18. 检查是否记录安全事件日志

加固目标：系统应合理配置日志管理模式，记录安全相关事件和日志。

操作指令：要求记录安全事件日志

```
/etc/syslog.conf 文件中存在*.info 或 filter f_messages 或*.err;auth.info
/etc/syslog-ng/syslog-ng.conf、/etc/syslog.conf、/etc/rsyslog.conf 中存在 f_messages,auth.或 authpriv,
且对应的记录值应为有效文件或服务器
```

19. 检查 FTP 配置—限制用户 FTP 登录

加固目标：限制 FTP 账号登录，不能有匿名账号。

操作指令：

```
/etc/ftpusers 文件中明确列出不允许 FTP 登录用户账号,例如,root、daemon、bin、sys、adm、lp、uucp、nuucp、listen、
nobody、noaccess、anonymous 等
```

20. 检查是否记录 su 日志

加固目标：系统中应记录所有非 root 账号使用 root 身份的操作日志。

操作指令：要求记录 su 日志

```
/etc/syslog-ng/syslog-ng.conf、/etc/syslog.conf、/etc/rsyslog.conf 中存在 f_messages、auth.或 authpriv,
且对应的记录值应为有效文件或服务器
```

21. 检查是否关闭不必要的网络服务

加固目标：系统应关闭不必要的网络服务进程。

操作指令：#systemctl –l

要求关闭不必要的服务，包括 amanda、chargen、chargen-udp、cups、cups-lpd、daytime、daytime-udp、echo、echo-udp、eklogin、ekrb5-telnet、finger、gssftp、 imap、imaps、ipop2、ipop3、klogin、krb5-telnet、kshell、ktalk、ntalk、rexec、rlogin、rsh、rsync、talk、tcpmux-server、telnet、tftp、time-dgram、time-stream、uucp

22. 检查口令生存周期要求

加固目标：系统应要求用户定期修改密码。

检查方法：要求/etc/login.defs 文件中 PASS_MAX_DAYS 值小于或等于 90。

23. 检查 FTP 配置—设置 FTP 用户登录后对文件、目录的存取权限

加固目标：系统应限定 FTP 账号登录后对文件和目录的访问权限。

操作指令：

```
以 vsftpd 为例：
/etc/vsftpd/vsftpd.conf 文件中 ls_recurse_enable 的值为 YES，并且 local_umask 的值为 022、anon_umask 的值为 022
```

24. 检查是否关闭不必要系统启动项

加固目标：系统中不应启动不必要的服务。

操作指令：查看/etc/rc2.d 和/etc/rc3.d 目录中是否有以下服务，如果有，则关闭。

```
lp|rpc|snmpdx|keyserv|nscd|Volmgt|uucp|dmi|sendmail|autoinstall 不以 "S" 开头
```

25. 检查口令策略设置是否符合复杂度要求

加固目标：要求系统中的用户口令设置符合复杂度要求。

操作指令：

```
/etc/pam.d/system-auth 文件中 minclass 大于或等于 2、minlen 大于或等于 6。
```

26. 检查日志文件权限设置

加固目标：要求合理设置日志文件的访问读写权限。

操作指令：要求以下日志文件的文件权限后两位不等于 5、6、7。

```
/etc/syslog.conf、/etc/syslog-ng/syslog-ng.conf、/etc/syslog.conf、/etc/rsyslog.conf
```

27. 检查口令重复次数限制

加固目标：要求定期修改口令，而且不能重复使用。

操作指令：对于采用静态口令认证技术的设备，应配置设备，使用户不能重复使用最近 5 次（含 5 次）内已使用的口令。

28. 检查重要配置文件权限设置

加固目标：对系统重要的配置文件合理设置文件属性。

操作指令：ls -latR /etc/default/* /etc/init.d/* /etc/rc*.d/* /etc/cron*

要求 /etc/default/* /etc/init.d/* /etc/rc*.d/* /etc/cron*权限值不为 777。

29. 检查 SNMP 配置

加固目标：SNMP 服务只能通过复杂的 Community 值访问。

操作指令：如果开启了 SNMP 服务，则要求 Community 不能为 rocommunity、rwcommunity、public、private 等常用值。

30. 检查是否禁止 IP 路由转发

加固目标：应禁用通过该设备转发 IP 数据分组。

操作指令：要求/etc/sysctl.conf 文件配置的 net.ipv4.conf.all.accept_source_route 值为 0。

31. 检查是否禁止 icmp 重定向

加固目标：应禁止系统重定向 icmp 数据分组。

操作指令：要求/etc/sysctl.conf 文件配置的 net.ipv4.conf.all.accept_redirects 值为 0。

| 4.4 常用 IT 网络安全工具 |

为了做好网络安全保障，除了需要掌握安全技术，还要掌握常用的网络安全工具的使用。在 5G 网络安全实践中，除了部分专用工具外，还可以使用以下开源的网络安全工具。

4.4.1 tcpdump

tcpdump 是大多数主流 Linux 自带的网络数据采集分析工具，在 Windows 环境下也可以下载相关版本、开放源代码。通过 tcpdump 可以实现对各个网卡上网络数据的采集、分析和处理。在进行网络数据采集时，tcpdump 支持通过过滤器的方式对网络流量进行针对性的采集，提高网络数据分析效率；tcpdump 支持对抓取数据分组的全部或指示数据分组头；tcpdum 可以对网络数据进行实时显示，也可以保存成文件进行后期分析。由于 tcpdump 支持命令行接口的使用方式，因此，在实际工作中得到广泛应用。tcpdump 的工作原理如图 4.1 所示。

图 4.1 tcpdump 工作原理

常用的 tcpdump 调用方式如下。

（1）抓取 eth0 接口上指定 IP: 10.0.0.1 的流量

　　　tcpdump -n -i eth0 host 10.0.0.1

（2）抓取 eth0 接口上指定端口 80 的完整数据分组流量并保存成文件 80.cap

　　　tcpdump -n -i eth0 -s 1600 port 80 -w 80.cap

（3）抓取 eth0 接口上源 IP：10.0.0.1 与目标 IP：10.0.0.2 之间的流量

　　　tcpdump -n -i eth0 src 10.0.0.1 和 dst 10.0.0.2

tcpdump 支持多种命令行参数，根据具体的网络问题，充分利用这些规则就可以便捷地获取和分析网络数据。详细用法可以参考 tcpdump 的帮助信息。

下面为 tcpdump 抓包的例子。

```
listening on eth1, link-type EN10MB (Ethernet), capture size 96 bytes
12:24:21.388468 IP 192.168.1.5.42314 > 192.168.1.105.22: S 2246294742:2246294742(0) win 29200 <mss
1460,sackOK,timestamp 704332718 0,nop,wscale 7>
12:24:21.388527 IP 192.168.1.105.22 > 192.168.1.5.42314: S 3744073549:3744073549(0) ack 2246294743
win 5792 <mss 1460,sackOK,timestamp 39733216 704332718,nop,wscale 5>
12:24:21.388746 IP 192.168.1.5.42314 > 192.168.1.105.22: . ack 1 win 229 <nop,nop,timestamp 704332719
39733216>
12:24:21.390778 IP 192.168.1.5.42314 > 192.168.1.105.22: P 1:22(21) ack 1 win 229 <nop,nop,timestamp
704332721 39733216>
12:24:21.390858 IP 192.168.1.105.22 > 192.168.1.5.42314: . ack 22 win 181 <nop,nop,timestamp 39733216
704332721>
12:24:21.393769 IP 192.168.1.105.22 > 192.168.1.5.42314: P 1:39(38) ack 22 win 181 <nop,nop,timestamp
39733217 704332721>
12:24:21.394736 IP 192.168.1.5.42314 > 192.168.1.105.22: . ack 39 win 229 <nop,nop,timestamp 704332724 39733217>
```

4.4.2　wireshark/tshark

wireshark（Ethereal）是一个网络数据分组分析软件，它通过将 libpcap 或 winpcap 库作为接口与网卡进行数据报文交换，支持 Linux 和 Windows 平台，可以通过 wireshark 官方网站获取该软件的编译文件，在 GNUGPL（通用公共许可证）的保障范围内，使用者可以免费获得软件与源代码。与 tcpdump 的不同之处在于，wireshark 不仅可以进行网络数据抓包，还支持对多种应用协议（包括与 3GPP 相关的通信接口信令、HTTP、GTP 等协议）的解析。由于 wireshark 支持图形界面，这给网络协议分析带来了极大的帮助。根据需要，wireshark 还可以提供协议统计和分析报表，以及类似 tcpdump 的命令行工具 tshark，可以通过命令行进行网络流量分析。

4.4.3　nmap

nmap 是一种开源的网络端口扫描实用程序，用于网络发现和安全审核。

通过 nmap 可以发现网络中可用的主机、提供的服务、运行的操作系统及应用程序的类型和版本。nmap 是开源软件，在其网站（nmap.org）上发布的二进制软件包可用于 Linux、Windows 和 Mac OSX。下面列举了使用 nmap 的例子。

1. 对主机 192.168.1.105 进行端口开放扫描

```
Nmap scan report for m (192.168.1.105)
Host is up (0.00035s latency).
Not shown: 977 closed ports
PORT     STATE SERVICE
21/tcp   open  ftp
22/tcp   open  ssh
23/tcp   open  telnet
25/tcp   open  smtp
53/tcp   open  domain
80/tcp   open  http
111/tcp  open  rpcbind
139/tcp  open  netbios-ssn
445/tcp  open  microsoft-ds
512/tcp  open  exec
513/tcp  open  login
514/tcp  open  shell
1099/tcp open  rmiregistry
1524/tcp open  ingreslock
2049/tcp open  nfs
2121/tcp open  ccproxy-ftp
3306/tcp open  mysql
5432/tcp open  postgresql
5900/tcp open  vnc
6000/tcp open  X11
6667/tcp open  irc
8009/tcp open  ajp13
8180/tcp open  unknown
```

2. 对主机 192.168.1.105 进行 tcp 端口业务扫描并发现可能存在的安全风险

```
Host is up (0.00099s latency).
Not shown: 977 closed ports
PORT     STATE SERVICE      VERSION
21/tcp   open  ftp          vsftpd 2.3.4
22/tcp   open  ssh          OpenSSH 4.7p1 Debian 8ubuntu1 (protocol 2.0)
23/tcp   open  telnet       Linux telnetd
25/tcp   open  smtp         Postfix smtpd
53/tcp   open  domain       ISC BIND 9.4.2
80/tcp   open  http         Apache httpd 2.2.8 ((Ubuntu) DAV/2)
111/tcp  open  rpcbind      2 (RPC #100000)
139/tcp  open  netbios-ssn  Samba smbd 3.X (workgroup: WORKGROUP)
445/tcp  open  netbios-ssn  Samba smbd 3.X (workgroup: WORKGROUP)
512/tcp  open  exec?
513/tcp  open  login?
514/tcp  open  tcpwrapped
1099/tcp open  rmiregistry  GNU Classpath grmiregistry
1524/tcp open  shell        Metasploitable root shell
```

```
2049/tcp open  nfs        2-4 (RPC #100003)
2121/tcp open  ftp        ProFTPD 1.3.1
3306/tcp open  mysql      MySQL (Host blocked because of too many connections)
5432/tcp open  postgresql PostgreSQL DB 8.3.0 - 8.3.7
5900/tcp open  vnc        VNC (protocol 3.3)
6000/tcp open  X11        (access denied)
6667/tcp open  irc        Unreal ircd
8009/tcp open  ajp13      Apache Jserv (Protocol v1.3)
8180/tcp open  http       Apache Tomcat/Coyote JSP engine 1.1
```

3. 对主机 10.0.0.1 进行基本漏洞检测并发现可能存在的安全风险

```
PORT    STATE SERVICE
21/tcp   open  ftp
|_ftp-anon: Anonymous FTP login allowed (FTP code 230)
22/tcp   open  ssh
| ssh-hostkey: 1024 60:0f:cf:e1:c0:5f:6a:74:d6:90:24:fa:c4:d5:6c:cd (DSA)
|_2048 56:56:24:0f:21:1d:de:a7:2b:ae:61:b1:24:3d:e8:f3 (RSA)
23/tcp   open  telnet
25/tcp   open  smtp
|_smtp-commands: metasploitable.localdomain, PIPELINING, SIZE 10240000, VRFY, ETRN, STARTTLS,
ENHANCEDSTATUSCODES, 8BITMIME, DSN,
| ssl-cert: Subject: commonName=ubuntu804-base.localdomain/organizationName=OCOSA/stateOrProvince
Name=There is no such thing outside US/countryName=XX
| Not valid before: 2010-03-17T14:07:45+00:00
|_Not valid after:  2010-04-16T14:07:45+00:00
|_ssl-date: 2020-05-20T16:19:57+00:00; -1d0h09m15s from local time.
53/tcp   open  domain
| dns-nsid:
|_ bind.version: 9.4.2
80/tcp   open  http
|_http-methods: No Allow or Public header in OPTIONS response (status code 200)
|_http-title: Metasploitable2 - Linux
111/tcp open  rpcbind
| rpcinfo:
|   program version   port/proto  service
|   100000  2          111/tcp rpcbind
|   100000  2          111/udp rpcbind
|   100003  2,3,4      2049/tcp nfs
|   100003  2,3,4      2049/udp nfs
|   100005  1,2,3      42488/tcp mountd
|   100005  1,2,3      54706/udp mountd
|   100021  1,3,4      39973/udp nlockmgr
|   100021  1,3,4      50368/tcp nlockmgr
|   100024  1          41037/udp status
|_  100024  1          48558/tcp status
139/tcp open  netbios-ssn
445/tcp open  microsoft-ds
512/tcp open  exec
513/tcp open  login
514/tcp open  shell
1099/tcp open  java-rmi
1524/tcp open  ingreslock
2049/tcp open  nfs
2121/tcp open  ccproxy-ftp
```

```
3306/tcp open  mysql
| mysql-info: MySQL Error detected!
| Error Code was: 1129
|_Host 'c' is blocked because of many connection errors; unblock with 'mysqladmin flush-hosts'
5432/tcp open  postgresql
5900/tcp open  vnc
| vnc-info:
|   Protocol version: 3.3
|   Security types:
|_    Unknown security type (33554432)
6000/tcp open  X11
6667/tcp open  irc
| irc-info:
|   server: irc.Metasploitable.LAN
|   version: Unreal3.2.8.1. irc.Metasploitable.LAN
|   servers: 1
|   users: 1
|   lservers: 0
|   lusers: 1
|   uptime: 4 days, 14:22:41
|   source host: 7C418B9C.78DED367.FFFA6D49.IP
|_  source ident: nmap
8009/tcp open  ajp13
|_ajp-methods: Failed to get a valid response for the OPTION request
8180/tcp open  unknown
|_http-favicon: Apache Tomcat
|_http-methods: No Allow or Public header in OPTIONS response (status code 200)
|_http-title: Apache Tomcat/5.5
MAC Address: 08:00:27:8A:2B:29 (Cadmus Computer Systems)

Host script results:
|_nbstat: NetBIOS name: METASPLOITABLE, NetBIOS user: <unknown>, NetBIOS MAC: <unknown>
| smb-os-discovery:
|   OS: Unix (Samba 3.0.20-Debian)
|   NetBIOS computer name:
|   Workgroup: WORKGROUP
|_  System time: 2020-05-20T12:19:57-04:00
```

nmap 提供了更全面的图形化工具 Zenmap、数据发送和重定向工具 Ncat、扫描结果对比工具 Ndiff，以及网络数据分组产生和响应工具 Nping。nmap 支持 nse 网络安全脚本引擎，实现对网络安全漏洞的定制扫描处理。

4.4.4　BurpSuite

BurpSuite 是用于 Web 应用程序安全攻防的集成平台，包含许多工具，并为这些工具设计了许多接口，以实现高效率的网络攻防。这些工具可以共享一个 HTTP 数据请求和响应，并能处理对应的 HTTP 消息、持久性、认证、代理、日志、警报。BurpSuite 代理模式如图 4.2 所示。

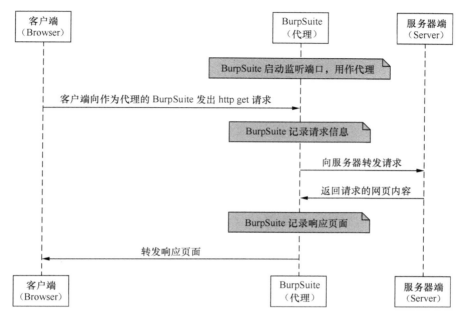

图 4.2　BurpSuite 代理模式

5G SA 模式下接入的安全过程

UE在使用网络服务前需要先接入网络。位于 SA 模式下的 5G UE 在接入网络的过程中需要经历多个网络流程，包括前期准备、建立 RRC 连接、在 AMF 等网元与 UE 之间获取身份信息、认证和密钥协商、安全模式控制、建立网络上下文、建立 PDU 会话等。在这些流程中涉及多种从 UE 到核心网的相关网元的信令交互，其中涉及多种安全防护技术，包括安全机密性算法、完整性算法的应用，以及相应密钥的使用。

5G SA 工作模式下的 UE 开机接入网络流程主要包括以下步骤。

（1）取得系统下行同步后，建立 UE 到 RAN 及核心网的端到端信令连接。

（2）完成 UE 到 NGC 的注册。

（3）完成 PDU 会话建立。

相关信令交互流程如图 5.1 所示。需要注意的是，实际 5G SA 的 UE 开机过程中的信令交互还包括图 5.1 中列出的多个网元（AMF、UDM、AUSF 等）的接口协议，此处主要从安全交互角度介绍与 UE 通信的 gNB 及 AMF 的相关步骤。

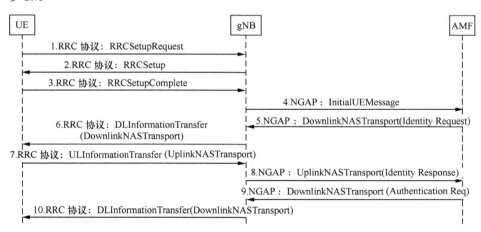

图 5.1 SA 模式下 UE 的接入过程

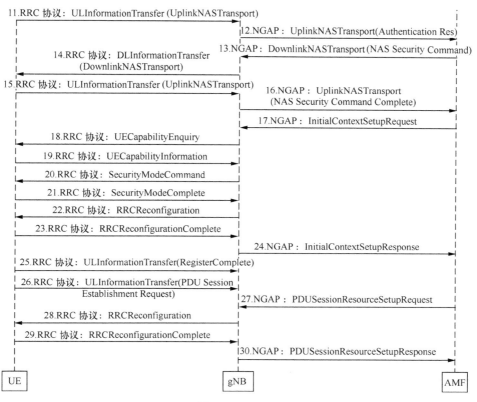

图 5.1　SA 模式下 UE 的接入过程（续）

|5.1　UE 接入 SA 网络前的准备|

UE 开机后，首先取得与所在小区的系统下行同步，然后监听系统广播消息，此时，UE 具有有效且最新的基本系统信息。当 UE 处于 RRC_IDLE 状态，且其上层应用请求建立 RRC 连接时，UE 随机选取所在小区可用的随机接入前导（Random Preamble），通过 PRACH 向 gNB 发起包含 RA-RNTI 的随机接入请求。

RA-RNTI 的计算方式如下。

RA-RNTI= $1 + s\_id + 14 \times t\_id + 14 \times 80 \times f\_id + 14 \times 80 \times 8 \times ul\_carrier\_id$

s_id：指定 PRACH 的第一个 OFDM 符号的索引（$0 \leqslant s\_id < 14$）；

t_id：系统帧中指定 PRACH 的第一个时隙的索引（$0 \leqslant t\_id < 80$）；

f_id：指定 PRACH 在频域中的索引（$0 \leqslant f\_id < 8$）；

ul_carrier_id：用于 Msg1 传输的上行链路载波（NUL 载波为 0，SUL 载波为 1）。

如果 gNB 同意 UE 接入，则向 UE 发送由 RA-RNTI 加扰 CRC 的 PDCCH DCI Format 1_0 消息，该消息封装了随机接入请求响应（RAR，Random Access Response），其中包括临时 C-RNTI 字段，以便向 UE 分配下行资源及 C-RNTI。C-RNTI 是小区无线网络临时标识，是由基站分配给 UE 的动态标识。C-RNTI 唯一标识了一个小区空口下的 UE。只有当 UE 处于连接态时，C-RNTI 才有效。然后，UE 在 RAR 的时间窗内用 gNB 分配的下行链路 RB 资源监听 PDCCH 以接收对应 RA-RNTI 的 RAR。如果在此 RAR 时间窗内没有接收到 gNB 回复的 RAR，则认为此次随机接入过程失败。

| 5.2 建立 SA 模式 RRC 连接 |

步骤 1：UE 向 gNB 发送 RRCSetupRequest 消息。

UE 在成功解码 gNB 所发送的 Random Access Response 信令后，通过 UL-CCCH 发送 RRCSetupRequest 消息。在这个过程中，UE 将继续进行与小区重选有关的测量及小区重选评估。如果满足小区重选的条件，则 UE 执行小区重选。

UE 应设置如下 RRCSetupRequest 消息的 ue-Identity 字段。

如果 UE 中的上层应用提供 5G-S-TMSI（5G-S-TMSI 的长度为 48 bit。如果 UE 已在当前小区的 TA 中注册，则上层应用将提供 5G-S-TMSI），则将 ue-Identity 设置为 ng-5G-S-TMSI-Part1；否则，在 $0 \sim 2^{39}-1$ 内选取一个 39 位随机值，并将 ue-Identity 设置为此值，如果没有 5G-S-TMSI，则该字段填写随机数（Random Value）。

RRCSetupRequest 消息的 ASN.1 定义如下。

```
RRCSetupRequest ::=              SEQUENCE {
    rrcSetupRequest                 RRCSetupRequest-IEs
}


RRCSetupRequest-IEs ::=          SEQUENCE {
    ue-Identity                     InitialUE-Identity,
    establishmentCause              EstablishmentCause,
    spare                           BIT STRING (SIZE (1))
```

```
}

InitialUE-Identity ::=              CHOICE {
    ng-5G-S-TMSI-Part1                  BIT STRING (SIZE (39)),
    randomValue                         BIT STRING (SIZE (39))
}

EstablishmentCause ::=              ENUMERATED {
                                        emergency, highPriorityAccess,
                                        mt-Access, mo-Signalling,
                                        mo-Data, mo-VoiceCall,
                                        mo-VideoCall, mo-SMS, mps-PriorityAccess,
                                        mcs-PriorityAccess,
                                        spare6, spare5, spare4,
                                        spare3, spare2, spare1}
```

步骤 2：gNB 向 UE 发送 RRCSetup 消息。

gNB 通过 PDCCH DCI Format 1_0 向 UE 分配上行资源。gNB 通过 DL-CCCH 向 UE 发送 RRCSetup 消息。

```
RRCSetup ::=                        SEQUENCE {
    rrc-TransactionIdentifier           RRC-TransactionIdentifier,
    criticalExtensions                  CHOICE {
        rrcSetup                            RRCSetup-IEs,
        criticalExtensionsFuture            SEQUENCE {}
    }
}

RRC-TransactionIdentifier ::= INTEGER ( 0 . . 3 )

RRCSetup-IEs ::=                    SEQUENCE {
    radioBearerConfig                   RadioBearerConfig,
    masterCellGroup                     OCTET STRING (CONTAINING CellGroupConfig),
    lateNonCriticalExtension            OCTET STRING    OPTIONAL,
    nonCriticalExtension                SEQUENCE{}      OPTIONAL
}
```

步骤 3：UE 向 gNB 发送 RRCSetupComplete 消息。

收到 RRCSetup 消息后，首先，UE 进入 RRC_CONNECTED 状态，停止小区重选过程，将当前小区设为该小区。接着，UE 通过 UL-DCCH 向 gNB 发送 RRCSetupComplete 消息，表示 RRC 已成功建立连接。后续信令的上下行交互主要通过 UL-DCCH 和 DL-DCCH 进行收发。

在 UE 设置 RRCSetupComplete 消息的内容时，需要按以下规则执行。

（1）如果上层提供 5G-S-TMSI，则将 ng-5G-S-TMSI-Value 设置为 ng-5G-S-TMSI-Part2。

（2）将 selectedPLMN-Identity 设置为由上层通过 SIB1 得到的 plmn-IdentityList 中所包括的 PLMN 中选择的 PLMN。

（3）填写 AMF 和切片信息。

（4）设置专用 NAS（dedicatedNAS-Message）消息字段以包括从上层接收

的 NAS 信息，由于 UE 当前处于注册期间，因此，应填写 NAS Registration Request 消息。

RRCSetupComplete 消息的 ASN.1 定义如下。

```
RRCSetupComplete ::=                    SEQUENCE {
    rrc-TransactionIdentifier           RRC-TransactionIdentifier,
    criticalExtensions                  CHOICE {
        rrcSetupComplete                    RRCSetupComplete-IEs,
        criticalExtensionsFuture            SEQUENCE {}
    }
}

RRCSetupComplete-IEs ::=                SEQUENCE {
    selectedPLMN-Identity               INTEGER (1..maxPLMN),
    registeredAMF                       RegisteredAMF                       OPTIONAL,
    guami-Type                          ENUMERATED {native, mapped}         OPTIONAL,
    s-nssai-List                        SEQUENCE (SIZE (1..maxNrofS-NSSAI)) OF S-NSSAI OPTIONAL,
    dedicatedNAS-Message                DedicatedNAS-Message,
    ng-5G-S-TMSI-Value                  CHOICE {
        ng-5G-S-TMSI                        NG-5G-S-TMSI,
        ng-5G-S-TMSI-Part2                  BIT STRING (SIZE (9))
    }                   OPTIONAL,
    lateNonCriticalExtension            OCTET STRING                        OPTIONAL,
    nonCriticalExtension                SEQUENCE{}                          OPTIONAL
}

RegisteredAMF ::=                       SEQUENCE {
    plmn-Identity                       PLMN-Identity                       OPTIONAL,
    amf-Identifier                      AMF-Identifier
}
```

NAS Registration Request 消息的格式见表 5.1。

表 5.1　NAS Registration Request 消息的格式

信息单元标识	信息单元	信息单元名称解释	类型（参考 3GPP TS 24.501 相关章节）	是否存在	格式	长度
	Extended protocol discriminator	扩展协议鉴别器	Extended Protocol discriminator 9.2	必备	V	1
	Security header type	安全标头类型	Security header type 9.3	必备	V	1/2
	Spare half octet	备用半个八位字节	Spare half octet 9.5	必备	V	1/2
	Registration request message identity	注册请求消息标识	Message type 9.7	必备	V	1
	5GS registration type	5GS 注册类型	5GS registration type 9.11.3.7	必备	LV	2
	ngKSI	ngKSI	NAS key set identifier 9.11.3.32	必备	V	1/2
	Spare half octet	备用半个八位字节	Spare half octet 9.5	必备	V	1/2

续表

信息单元标识	信息单元	信息单元名称解释	类型（参考 3GPP TS 24.501 相关章节）	是否存在	格式	长度
	5GS mobile identity	5GS 移动身份	5GS mobile identity 9.11.3.4	必备		5-TBD
C-	Non-current native NAS key set identifier	非当前本地 NAS 密钥集标识符	NAS key set identifier 9.11.3.32	可选	TV	1
10	5GMM capability	5GMM 功能	5GMM capability 9.11.3.1	可选	TLV	3～15
2E	UE security capability	UE 安全能力	UE security capability 9.11.3.54	可选	TLV	4～10
2F	Requested NSSAI	请求 NSSAI	NSSAI 9.11.3.37	可选	TLV	4～74
52	Last visited registered TAI	上次访问注册的 TAI	5GS tracking area identity 9.11.3.8	可选	TV	7
65	S1 UE network capability	S1 UE 网络能力	S1 UE network capability 9.11.3.48	可选	TLV	4～15
40	Uplink data status	上行数据状态	Uplink data status 9.11.3.57	可选	TLV	4～34
50	PDU session status	PDU 会话状态	PDU session status 9.11.3.44	可选	TLV	4～34
B-	MICO indication	MICO 指示	MICO indication 9.11.3.31	可选	TV	1
2B	UE status	UE 状态	UE status 9.11.3.56	可选	TLV	3
2C	Additional GUTI	额外的 GUTI	5GS mobile identity 9.11.3.4	可选	TLV	TBD
25	Allowed PDU session status	允许的 PDU 会话状态	Allowed PDU session status 9.11.3.13	可选	TLV	4～34
60	UE's usage setting	UE 的使用设置	UE's usage setting 9.11.3.55	可选	TLV	3
TBD	Requested DRX parameters	请求的 DRX 参数	DRX parameters 9.11.3.22	可选	TBD	TBD
7C	EPS NAS message container	EPS NAS 消息容器	EPS NAS message container 9.11.3.24	可选	TLV-E	TBD
7E	LADN indication	LADN 指示	LADN indication 9.11.3.29	可选	TLV-E	3～811
7B	Payload container	有效载荷容器	Payload container 9.11.3.39	可选	TLV-E	4～65538

Security header type 指示本消息中使用的安全保护类型，如图 5.2 所示。
ngKSI（NAS 密钥集标识符）的字段结构如图 5.3 所示。

Security header type (octet 1)				
Bits				
4	**3**	**2**	**1**	
0	0	0	0	Plain 5GS NAS message, not security protected
				Security protected 5GS NAS message:
0	0	0	1	Integrity protected
0	0	1	0	Integrity protected and ciphered
0	0	1	1	Integrity protected with new 5G NAS security context
0	1	0	0	Integrity protected and ciphered with new 5G NAS security context
All other values are reserved.				

图 5.2　安全保护类型

Type of security context flag (TSC) (octet 1)		
Bit		
4		
0	native security context (for KSI_{AMF})	
1	mapped security context (for KSI_{ASME})	
TSC does not apply for NAS key set identifier value "111".		
NAS key set identifier (octet 1)		
Bits		
3	**2**	**1**
0	0	0
through	possible values for the NAS key set identifier	
1	1	0
1	1	1	no key is available (UE to network);
	reserved (network to UE)	

图 5.3　*ngKSI*（NAS 密钥集标识符）的字段结构

|5.3　AMF 向 UE 获取身份信息|

步骤 4：gNB 向 AMF 发送 NGAP 的 InitialUEMessage。

gNB 向 AMF 发送 NGAP 的 InitialUEMessage，其中携带上述 NAS 消息

（Registration Request）。InitialUEMessage 的 ASN.1 定义如下。

```
InitialUEMessage ::= SEQUENCE {
protocolIEs ProtocolIE-Container { { InitialUEMessage-IEs } },
...
}

InitialUEMessage-IEs NGAP-PROTOCOL-IES ::= {
{ ID id-RAN-UE-NGAP-ID  CRITICALITY reject TYPE RAN-UE-NGAP-ID  PRESENCE mandatory } |
{ ID id-NAS-PDU    CRITICALITY reject TYPE NAS-PDU    PRESENCE mandatory } |
{ ID id-UserLocationInformation  CRITICALITY reject TYPE UserLocationInformation PRESENCE mandatory }
|
{ ID id-RRCEstablishmentCause  CRITICALITY ignore TYPE RRCEstablishmentCause  PRESENCE optional }
|
{ ID id-FiveG-S-TMSI   CRITICALITY reject TYPE FiveG-S-TMSI   PRESENCE optional } |
{ ID id-AMFSetID  CRITICALITY ignore TYPE AMFSetID  PRESENCE optional } |
{ ID id-UEContextRequest  CRITICALITY ignore TYPE UEContextRequest  PRESENCE optional } |
{ ID id-AllowedNSSAI  CRITICALITY reject TYPE AllowedNSSAI   PRESENCE optional },
...
}
```

步骤 5～步骤 6：AMF 经 DownlinkNASTransport 向 UE 发送 NAS 的 Identity Request 消息。

AMF 向 gNB 发送 NAS 消息（Identity Request），以获取 UE 身份标识 SUCI。

如果 UE 在前述步骤中没有提供 SUCI 消息，则 AMF 将通过 NAS 消息（Identity Request）向 UE 提出请求。该消息经 NGAP:DownlinkNASTransport 和 RRC:DLInformationTransfer 消息传送到 UE，见表 5.2。

表 5.2　NAS Identity Request 消息字段

信息单元标识	信息单元	信息单元名称解释	类型/参考（3GPP TS 24.501）	是否存在	格式	长度
Extended protocol discriminator	扩展协议鉴别器	Extended protocol discriminator 9.2	必备	V	1
Security header type	安全标头类型	Security header type 9.3	必备	V	1/2
Spare half octet	备用半个八位字节	Spare half octet 9.5	必备	V	1/2
Identity request message identity	身份请求消息标识	Message type 9.7	必备	V	1
Identity type	身份类型	5GS identity type 9.11.3.3	必备	V	1/2
Spare half octet	备用半个八位字节	Spare half octet 9.5	必备	V	1/2

其中，Identity type 字段指出需要验证的类型：SUCI、5G-GUTI、IMEI、5G-S-TMSI、IMEISV。

NGAP 的 DownlinkNASTransport 的 ASN.1 定义如下。

```
DownlinkNASTransport ::= SEQUENCE {
    protocolIEs ProtocolIE-Container { { DownlinkNASTransport-IEs } } ,
    ...
}

DownlinkNASTransport-IEs NGAP-PROTOCOL-IES ::= {
    { ID id-AMF-UE-NGAP-ID CRITICALITY reject TYPE AMF-UE-NGAP-ID PRESENCE mandatory } |
    { ID id-RAN-UE-NGAP-ID CRITICALITY reject TYPE RAN-UE-NGAP-ID PRESENCE mandatory } |
    { ID id-OldAMF CRITICALITY reject TYPE AMFName PRESENCE optional } |
    { ID id-RANPagingPriority CRITICALITY ignore TYPE RANPagingPriority PRESENCE optional } |
    { ID id-NAS-PDU CRITICALITY reject TYPE NAS-PDU PRESENCE mandatory } |
    { ID id-MobilityRestrictionList CRITICALITY ignore TYPE MobilityRestrictionList PRESENCE optional }
|
    { ID id-IndexToRFSP CRITICALITY ignore TYPE IndexToRFSP PRESENCE optional } |
    { ID id-UEAggregateMaximumBitRate CRITICALITY ignore TYPE UEAggregateMaximumBitRate PRESENCE
optional } |
    { ID id-AllowedNSSAI CRITICALITY ignore TYPE AllowedNSSAI PRESENCE optional } ,
    ...
}
```

NGAP DLNAS Transport 消息见表 5.3。

表 5.3　NGAP DL NAS Transport 消息

序号	字段名称	字段名称解释	层次	类型	选项	长度
	Downlink NASTransport	下行链路 NAS 传输	0	SEQUENCE	需要	
(1)	> protocolIEs	协议信息元素	1	SEQUENCE OF	需要	(0, max ProtocolIEs)
(2)	>> AMF-UE-NGAP-ID	NGAP 在 AMF 侧的 ID	2	INTEGER [(0, 4294967295L)]	需要	
(3)	>> RAN-UE-NGAP-ID	NGAP 在 RAN-UE 侧的 ID	2	INTEGER [(0, 4294967295L)]	需要	
(4)	>> AMFName	AMF 名称	2	PrintableString	需要	(1, 150), None)
(5)	>> RANPagingPriority	RAN 寻呼优先级	2	INTEGER [(1, 256)]	需要	
(6)	>> NAS-PDU	NAS 协议数据单元	2	OCTET STRING	需要	
(7)	>> Mobility-RestrictionList	移动性约束列表	2	SEQUENCE	需要	
(8)	>>> servingPLMN	PLMN 服务	3	PLMNIdentity	需要	
(9)	>>>> PLMNIdentity	移动网络运营商标识码	4	OCTET STRING	需要	3
(10)	>>> equivalentPLMNs	同等的 PLMN	3	EquivalentPLMNs	可选	
(11)	>>>> EquivalentPLMNs	同等的 PLMN	4	SEQUENCE OF	需要	(1, maxnoof EPLMNs)
(12)	>>>>> PLMNIdentity	运营商标识码	5	OCTET STRING	需要	3

序号	字段名称	字段名称解释	层次	类型	选项	长度
(13)	>>> rATRestrictions	RAT 限制	3	RATRestrictions	可选	
(14)	>>>> RATRestrictions	RAT 限制	4	SEQUENCE OF	需要	(0, maxnoof-EPLMNsPlusOne)
(15)	>>> forbiddenArea-Information	禁止区域消息	3	ForbiddenArea Information	可选	
(16)	>>>> ForbiddenArea-Information	禁止区域消息	4	SEQUENCE OF	需要	(1, maxnoof-EPLMNsPlusOne)
(17)	>>>>> ForbiddenArea-Information-Item	禁止区域信息项	5	SEQUENCE	需要	
(18)	>>>>>> pLMNIdentity	运营商标识码	6	PLMNIdentity	需要	
(19)	>>>>>>> PLMNIdentity	运营商标识码	7	OCTET STRING	需要	3
(20)	>>>>>> forbiddenTACs	禁止 TAC	6	ForbiddenTACs	需要	
(21)	>>>>>>> ForbiddenTACs	禁止 TAC	7	SEQUENCE OF	需要	(1, maxnoof-ForbTACs)
(22)	>>>>>>>> TAC	跟踪区	8	OCTET STRING	需要	3
(23)	>>>>>> iE-Extensions	扩展 IE	6	SEQUENCE OF	需要	(1, maxProtocol-Extensions)
(24)	>>> serviceArea Information	服务区域信息	3	ServiceArea Information	可选	
(25)	>>>> ServiceArea-Information	服务区域信息	4	SEQUENCE OF	需要	(1, maxnoof-EPLMNsPlusOne)
(26)	>>>>> ServiceArea-Information-Item	服务区信息项	5	SEQUENCE	需要	
(27)	>>>>>> pLMNIdentity	运营商标识码	6	PLMNIdentity	需要	
(28)	>>>>>>> pLMNIdentity	运营商标识码	7	OCTET STRING	需要	3
(29)	>>>>>> allowedTACs	允许 TAC	6	AllowedTACs	可选	
(30)	>>>>>>> AllowedTACs	允许 TAC	7	SEQUENCE OF	需要	(1, maxnoof-AllowedAreas)
(31)	>>>>>>>> TAC	跟踪区	8	OCTET STRING	需要	3
(32)	>>>>>> notAllowedTACs	不允许的 TAC	6	NotAllowedTACs	可选	
(33)	>>>>>>> NotAllowedTACs	不允许的 TAC	7	SEQUENCE OF	需要	(1, maxnoof-AllowedAreas)

序号	字段名称	字段名称解释	层次	类型	选项	长度
(34)	>>>>>>>> TAC	跟踪区	8	OCTET STRING	需要	3
(35)	>>>>>> iE-Extensions	扩展 IE	6	SEQUENCE OF	需要	(1, maxProtocol-Extensions)
(36)	>>> iE-Extensions	扩展 IE	3	SEQUENCE OF	需要	(1, maxProtocol-Extensions)
(37)	>> IndexToRFSP	RFSP 索引	2	INTEGER [(1, 256), None]	需要	
(38)	>> UEAggregate-MaximumBitRate	UE 聚合最大比特率	2	SEQUENCE	需要	
(39)	>>> uEAggregate-MaximumBitRateDL	uE 聚合最大比特率 DL	3	BitRate	需要	
(40)	>>>> BitRate	比特率	4	INTEGER [(0, 4000000000000L), None]	需要	
(41)	>>> uEAggregate-MaximumBitRateUL	uE 聚合最大比特率 UL	3	BitRate	需要	
(42)	>>>> BitRate	比特率	4	INTEGER [(0, 4000000000000L), None]	需要	
(43)	>>> iE-Extensions	扩展 IE	3	SEQUENCE OF	需要	(1, maxProtocol-Extensions)
(44)	>> AllowedNSSAI	允许的 NSSAI	2	SEQUENCE OF	需要	(1, maxnoof-AllowedS-NSSAIs)
(45)	>>> AllowedNSSAI-Item	允许 NSSAI-Item	3	SEQUENCE	需要	
(46)	>>>> s-NSSAI	单一网络切片选择辅助信息	4	S-NSSAI	需要	
(47)	>>>>> S-NSSAI	单一网络切片选择辅助信息	5	SEQUENCE	需要	
(48)	>>>>>> sST	切片服务类型	6	SST	需要	
(49)	>>>>>>> SST	切片服务类型	7	OCTET STRING	需要	1
(50)	>>>>>> sD	切片区分符	6	SD	可选	
(51)	>>>>>>> SD	切片区分符	7	OCTET STRING	需要	3
(52)	>>>>>> iE-Extensions	扩展 IE	6	SEQUENCE OF	需要	(1, maxProtocol-Extensions)
(53)	>>>> iE-Extensions	扩展 IE	4	SEQUENCE OF	需要	(1, maxProtocol-Extensions)

RRC DLInformationTransfer 消息见表 5.4。

表 5.4　RRC DLInformationTransfer 消息

序号	字段名称	字段名称解释	层次	类型	选项
	DLInformationTransfer	下行链路信息传送	0	SEQUENCE	需要
(1)	> rrc-TransactionIdentifier	无线资源控制—传送标识符	1	RRC-Transaction-Identifier	需要
(2)	>> RRC-Transaction-Identifier	无线资源控制—传送标识符	2	INTEGER [(0, 3)]	需要
(3)	> criticalExtensions	关键扩展	1	CHOICE: dlInformationTransfer criticalExtensionsFuture	需要
(4)	>> dlInformationTransfer	下行链路信息传送	2	DLInformation-Transfer-IEs	需要
(5)	>>> DLInformation-Transfer-IEs	下行链路信息传送信息元素	3	SEQUENCE	需要
(6)	>>>> dedicatedNAS-Message	专用的非接入层消息	4	DedicatedNAS-Message	可选
(7)	>>>>> DedicatedNAS-Message	专用的非接入层消息	5	OCTET STRING	需要
(8)	>>>> lateNonCriticalExtension	后期非关键扩展	4	OCTET STRING	可选
(9)	>>>> nonCriticalExtension	非关键扩展	4	SEQUENCE	可选
(10)	>> criticalExtensionsFuture	未来的关键扩展	2	SEQUENCE	需要

RRC 的 DLInformationTransfer 的 ASN.1 定义如下。

```
DLInformationTransfer ::= SEQUENCE {
rrc-TransactionIdentifier RRC-TransactionIdentifier ,
criticalExtensions CHOICE {
dlInformationTransfer DLInformationTransfer-IEs ,
criticalExtensionsFuture SEQUENCE { }
}
}

DLInformationTransfer-IEs ::= SEQUENCE {
dedicatedNAS-Message DedicatedNAS-Message OPTIONAL , -- Need N
lateNonCriticalExtension OCTET STRING OPTIONAL ,
nonCriticalExtension SEQUENCE { } OPTIONAL
}
```

步骤 7～步骤 8：UE 经 ULInformationTransfer 向 AMF 发送 Identity Response 消息。

UE 通过 RRC:ULInformationTransfer 和 NGAP:UplinkNASTransport 反馈（Identity Response，以反馈 UE 身份标识）。UE 应通过 Identity Response 消息提供所需的值，见表 5.5。

表 5.5　NAS Identity Response 的字段

信息单元标识	信息单元	信息单元名称解释	类型/参考（3GPP TS 24.501）	是否存在	格式	长度
	Extended protocol discriminator	扩展协议鉴别器	Extended protocol discriminator 9.2	必备	V	1
	Security header type	安全标头类型	Security header type 9.3	必备	V	1/2
	Spare half octet	备用半个八位字节	Spare half octet 9.5	必备	V	1/2
	Identity response message identity	身份响应消息标识	Message type 9.7	必备	V	1
	Mobile identity	移动身份	5GS mobile identity 9.11.3.4	必备	LV-E	3～n

5.4　SA 模式认证和密钥协商过程

UE 和 AMF 之间应通过主认证和密钥协商过程进行认证和协商。

主认证和密钥协商过程的目的是使 UE 与网络之间能够相互进行身份验证，并提供可以在后续安全性过程中在 UE 与网络之间使用的密钥材料。在规范中，定义了两种方法：基于 EAP 的主认证和密钥协商过程及基于 5G AKA 的主认证和密钥协商过程。UE 和 AMF 必须支持基于 EAP 的主认证和密钥协商过程及基于 5G AKA 的主认证和密钥协商过程。

AUSF 会根据 UE 所提供的信息从 UDM 中检索 UE 签约数据中的身份验证方法，即 EAP-AKA'或 5G-AKA。

基于 EAP 的主认证和密钥协商过程的目的是在 UE 与网络之间提供相互认证，并就密钥 K_{AUSF}、K_{SEAF} 和 K_{AMF} 达成共识。在 EAP 中定义了 4 种类型的 EAP 消息。

（1）EAP 请求消息。

（2）EAP 响应消息。

（3）EAP 成功消息。

（4）EAP 失败消息。

在基于 EAP 的主认证和密钥协商过程中，可能需要进行几轮 EAP-Request 消息和相关 EAP-response 消息的交换才能实现身份验证，该过程始终由核心网络启动和控制。

核心网络使用 EAP 消息可靠传输过程的 NAS AUTHENTICATION REQUEST 消息将 EAP-Request 消息、*ngKSI* 和 *ABBA* 传输到 UE；UE 则使用 EAP 消息可靠传输过程的 AUTHENTICATION RESPONSE 消息响应"EAP 响应"消息对网络的请求。

　　如果 UE 的身份验证成功完成，服务 AMF 打算启动安全模式控制过程，并且使用由前期所建立的部分本地 5G NAS 安全上下文完成基于 EAP 的主认证和密钥协商过程，则 AMF 可以使用安全模式控制过程的 SECURITY MODE COMMAND 消息将 EAP 成功消息和 *ngKSI* 从网络传输到 UE。

　　如果服务 AMF 不打算启动安全模式控制过程，则 AUTHENTICATION RESULT 消息将"EAP 结果"消息和 *ngKSI* 传输到 UE。

　　如果 UE 的认证未成功完成，则 AMF 使用 AUTHENTICATION RESULT 消息或 AUTHENTICATION REJECT 消息将"EAP 失败"消息传输到 UE。

　　UE 验证网络的方法如下。

　　如果 UE 中存在 USIM，并且服务网络名称（SNN，Serving Network Name）检查成功，则 UE 将按照 IETF RFC 5448 的规定处理 EAP 请求/AKA′质询消息。USIM 将得出 *CK* 和 *IK*，并使用从 ME 接收到的 5G 认证质询数据计算认证响应（*RES*），并将 *RES* 传递给 ME。根据 EAP 请求/AKA′质询消息，ME 应通过 *CK* 和 *IK* 导出 *CK′* 和 *IK′*，通过 *CK′* 和 *IK′* 导出 *EMSK*。此外，ME 通过 *EMSK* 推衍 K_{AUSF}，通过 K_{AUSF} 推衍 K_{SEAF}，通过 *ABBA* 推衍 K_{AMF}。ME 还将依据其所接收的 *ngKSI* 值创建 K_{AMF} 和部分本地 5G NAS 安全上下文。然后，ME 应按照 IETF RFC 5448 的规定向 AMF 发送 EAP-Response/AKA′-Challenge 消息。如果 EAP-Request/AKA′-Challenge 消息包含 AT_RESULT_IND 属性，则 UE 可以在 IETF RFC 5448 中指定的 EAP-Response/AKA′-Challenge 消息中包含 AT_RESULT_IND 属性。

　　网络验证 UE 的方法如下。

　　收到 EAP-response/AKA′-challenge 消息并成功地按 IETF RFC 5448 处理该消息后，AUSF 应生成 *EMSK*，通过 *EMSK* 推衍 K_{AUSF}，通过 K_{AUSF} 推衍 K_{SEAF}，并且 AUSF 必须检查 AT_RESULT_IND 属性是否包含在 EAP-Response/AKA′-Challenge 消息中，并且：

　　（1）如果在 EAP-Response/AKA′-Challenge 消息中包含 AT_RESULT_IND 属性，则 AUSF 应按照 IETF RFC 5448 中的规定发送 EAP-Request/AKA′-Notification 消息。UE 收到 EAP-Request/AKA′-Notification 消息后，应发送 EAP-Response/AKA′-Notification 消息。在收到 EAP-Response/AKA′-Notification 消息后，如果成功完成，则 AUSF 应发送 EAP 成功消息。

（2）如果 AT_RESULT_IND 属性未包含在 EAP-Response/AKA′-Challenge 消息中，则 AUSF 将按照 IETF RFC 5448 中的规定发送 EAP 成功消息，并认为该过程已完成。

| 5.5 AMF 和 UE 之间鉴权消息交互 |

AMF 为了与 UE 发起身份验证过程，通过 NAS Authentication Request 消息将密钥选择器 *RAND* 和 *AUTN* 发送给 UE，其中包括 EAP 协议消息。AMF 此时应启动计时器 T3560。UE 需要通过 Authentication Response 消息将鉴权结果返回给 AMF。

步骤 9～步骤 10：AMF 向 UE 发送 NAS 消息（AUTHENTICATION REQUEST）。NAS 鉴权请求消息见表 5.6。

表 5.6 NAS 鉴权请求消息

信息单元标识	信息单元	信息单元名称解释	类型/参考（3GPP TS 24.501）	是否存在	格式	长度
	Extended protocol discriminator	扩展协议鉴别器	Extended protocol discriminator 9.2	必备	V	1
	Security header type	安全标头类型	Security header type 9.3	必备	V	1/2
	Spare half octet	备用半个八位字节	Spare half octet 9.5	必备	V	1/2
	Authentication request message identity	认证请求消息标识	Message type 9.7	必备	V	1
	ngKSI	ngKSI	NAS key set identifier 9.11.3.32	必备	V	1/2
	Spare half octet	备用半个八位字节	Spare half octet 9.5	必备	V	1/2
	ABBA	ABBA	ABBA 9.11.3.10	必备	LV	3～n
21	Authentication parameter RAND (5G authentication challenge)	验证参数 *RAND* （5G 验证挑战）	Authentication parameter RAND 9.11.3.16	可选	TV	17

续表

信息单元标识	信息单元	信息单元名称解释	类型/参考（3GPP TS 24.501）	是否存在	格式	长度
20	Authentication parameter AUTN (5G authentication challenge)	认证参数 *AUTN*（5G 认证挑战）	Authentication parameter AUTN 9.11.3.15	可选	TLV	18
78	EAP message	EAP 消息	EAP message 9.11.2.2	可选	TLV-E	7～1503

该消息经 NGAP:DownlinkNASTransport 和 RRC:DLInformationTransfer 消息传送到 UE。

步骤 11～步骤 12：UE 向 AMF 发送 AUTHENTICATION RESPONSE 消息。

当接收到带有 EAP 消息 IE 的 AUTHENTICATION REQUEST 消息时，UE 处理在 EAP 消息 IE 中接收到的 EAP 消息和 AUTHENTICATION REQUEST 消息的 *ABBA*。UE 将创建一个 AUTHENTICATION RESPONSE 消息。如果接收到的 EAP 消息是 EAP-Request 消息，UE 应在 AUTHENTICATION RESPONSE 消息的 EAP 消息 IE 中设置 EAP-RESPONSE 消息，以便对接收到的 EAP-Request 消息进行响应。UE 通过 RRC:ULInformationTransfer 和 NGAP:UplinkNASTransport 反馈 NAS AUTHENTICATION RESPONSE。

NAS 鉴权响应消息见表 5.7。

表 5.7　NAS 鉴权响应消息

信息单元标识	信息单元	信息单元名称解释	类型/参考（3GPP TS 24.501）	是否存在	格式	长度
	Extended protocol discriminator	扩展协议鉴别器	Extended protocol discriminator 9.2	必备	V	1
	Security header type	安全标头类型	Security header type 9.3	必备	V	1/2
	Spare half octet	备用半个八位字节	Spare half octet 9.5	必备	V	1/2
	Authentication response message identity	验证响应消息标识	Message type 9.7	必备	V	1
2D	Authentication response parameter	验证响应参数	Authentication response parameter 9.11.3.17	可选	TLV	18
78	EAP message	EAP 消息	EAP message 9.11.2.2	可选	TLV-E	7-1503

收到认证响应消息后，AMF 将停止计时器 T3560。如果 EAP 消息 IE 被包括在鉴权响应消息中，则 AMF 处理在 EAP 消息中的 IE 所接收到的 EAP

AUTHENTICATION RESPONSE 消息。

| 5.6　SA 模式下 NAS 安全模式控制机制 |

为了使用 5G NAS 安全上下文的信息，以及相应的 5G NAS 密钥和 5G NAS 安全算法初始化，并启动 UE 和 AMF 之间的 NAS 信令安全，AMF 将启动 NAS 安全模式（NAS Security Mode）控制过程。此外，在以下几种情况下，网络也可以启动安全模式控制过程。

（1）为了针对已经使用的当前 5G NAS 安全上下文更改 5G NAS 安全算法。

（2）为了改变在最新的"安全模式完成"消息中使用的上行链路 NAS COUNT 的值。

（3）为了向 UE 提供选择的 EPS NAS 安全算法。

AMF 通过向 UE 发送 NAS SECURITY MODE COMMAND 消息并启动计时器 T3560，以此来启动 NAS 安全模式控制过程。

如果启动了 NAS 安全模式控制过程，则 AMF 必须重置下行链路 NAS COUNT 计数器，并使用它来完整性保护初始的 SECURITY MODE COMMAND 消息。

以下是启动安全模式控制过程的两个场景。

场景 1：在成功执行基于 5G AKA 的主认证和密钥协商过程或基于 EAP 的主认证和密钥协商过程后，创建安全上下文。

场景 2：在收到注册请求消息后，如果 AMF 需要在 SECURITY MODE COMMAND 中包含的 NAS 密钥集标识符 IE 中创建映射的 5G NAS 安全上下文。

AMF 不应对所发送的 SECURITY MODE COMMAND 消息加密，但应该用消息中 $ngKSI$ 所指示的 5G 的 NAS K_{AMF} 或映射的 K'_{AMF} 进行完整性保护，并且将消息的安全头类型字段设置为"使用新的 5G NAS 安全上下文保护的完整性"。

在以下几种场景中，AMF 必须创建本地生成的 K_{AMF} 密钥，并发送 SECURITY MODE COMMAND 消息，且将该消息中的 NAS 密钥集标识符的 IE 中的 $ngKSI$ 值设置为"000"，并将 5G-IA0 和 5G-EA0 作为选定的 NAS 安全算法。

场景 1：在紧急服务的初始注册过程中，如果没有共享的 5G NAS 安全上下文可用。

场景 2：如果没有共享的 5G NAS 安全上下文可用，则在具有紧急 PDU 会话的 UE 的移动性注册过程和定期注册更新过程中。

场景 3：如果没有共享 5G NAS 安全上下文可用，则在具有紧急 PDU 会话的 UE 的服务请求过程中。

场景 4：在具有紧急 PDU 会话或正在建立紧急 PDU 会话的 UE 失败的主认证和密钥协商过程之后，如果不可能继续使用共享的 5G NAS 安全上下文。

在以下几种场景中，UE 将处理 SECURITY MODE COMMAND 消息，该消息包含 NAS 密钥集标识符 IE 中设置为 000 的 $ngKSI$ 值，并将 5G-IA0 和 5G-EA0 作为选定的 NAS 安全算法，并在接收时创建本地生成的 K_{AMF}。

场景 1：在紧急服务的初始注册过程中。

场景 2：在针对具有紧急 PDU 会话的 UE 的移动性和周期性注册更新的注册过程中。

场景 3：在具有紧急 PDU 会话的 UE 的服务请求过程中。

场景 4：在针对具有紧急 PDU 会话或正在建立紧急 PDU 会话的 UE 的主认证和密钥协商过程之后。

在收到"注册请求"消息后，如果 AMF 没有 UE 所指示的有效的当前 5G NAS 安全上下文，则 AMF 可以按以下方式进行处理。

（1）通过将 NAS 密钥集标识符 IE 中的安全上下文标识的类型设置为"映射的安全上下文"，并把 KSI 值设为相关的源系统的值，以指示使用新的映射 5G NAS 安全上下文。

（2）如果是在为具有紧急 PDU 会话的 UE 选定 NAS 安全算法，则 AMF 将使用 5G-IA0 和 5G-EA0 算法，并将 NAS 密钥集标识符 IE 中的 $ngKSI$ 值设置为"000"。

当与 UE 同时具有当前映射的 5G NAS 安全上下文时，如果 AMF 需要使用本地 5G NAS 安全上下文，则 AMF 必须在 SECURITY MODE COMMAND 消息中包含表示本地 5G NAS 安全上下文的 $ngKSI$。

AMF 必须包括 UE 的重放安全功能（包括有关 NAS、RRC 和 UP（用户面）加密的安全功能及 NAS 和 RRC 完整性）、其他可能的目标网络安全功能，以及所选的 5GS 加密和完整性算法及 $ngKSI$。

如果某个 UE 已通过对 PLMN 的一次访问进行了注册，并且当 UE 尝试通过对同一个 PLMN 的另一次访问进行注册时，且 AMF 此时决定跳过主认证和密钥协商过程，则 AMF 必须使用该 UE 当前的安全上下文。在这种情况下，AMF 不发送 SECURITY MODE COMMAND 消息给 UE。

如果 UE 在 3GPP 接入和非 3GPP 接入上都注册相同的 AMF 和相同的 PLMN，并且 UE 在 3GPP 和非 3GPP 接入上都处于 5GMM-CONNECTED 模式，则在任何时候，当主认证和密钥协商成功完成后，根据不同的接入方式分别进行处理。

（1）3GPP 接入，AMF 在 3GPP 接入上的 SECURITY MODE COMMAND

消息中包含 *ngKSI*。当 AMF 通过非 3GPP 接入向 UE 发送 SECURITY MODE COMMAND 消息以使用新的 5G NAS 安全上下文时，AMF 在 SECURITY MODE COMMAND 消息中应包含相同的 *ngKSI* 来标识新的 5G NAS 安全上下文。

（2）非 3GPP 接入，AMF 在非 3GPP 接入的 SECURITY MODE COMMAND 消息中包含 *ngKSI*。当 AMF 通过 3GPP 接入向 UE 发送 SECURITY MODE COMMAND 消息以使用新的 5G NAS 安全上下文时，AMF 在 SECURITY MODE COMMAND 消息中应包含相同的 *ngKSI* 来标识新的 5G NAS 安全上下文。

针对已在使用的当前 5G NAS 安全上下文，AMF 可以启动 SECURITY MODE COMMAND 以更改 5G 安全算法。AMF 可以基于新的 5G 算法，通过 K_{AMF} 重新推导 5G NAS 密钥，并在 SECURITY MODE COMMAND 消息中提供新的 5GS 算法标识。AMF 将消息的安全头类型设置为"使用新的 5G NAS 安全上下文保护的完整性"。

在注册过程中 AMF 可以在以下两种情况下启动 SECURITY MODE COMMAND（在收到 REGISTRATION REQUEST 消息之后，但在发送对该消息的响应之前）。

（1）REGISTRATION REQUEST 消息未成功通过 AMF 的完整性检查。

（2）AMF 无法在 REGISTRATION REQUEST 消息中解密 NAS 消息容器 IE 的值部分。

AMF 将在 SECURITY MODE COMMAND 消息中包括附加的 5G 安全信息 IE，并将 RINMR 位设置为"重发所请求的初始 NAS 消息"，请求 UE 在 SECURITY MODE COMPLETE 消息中发送整个注册请求消息。

在具有紧急 PDU 会话的 UE 的服务请求（SERVICE REQUEST）过程中，如果 SERVICE REQUEST 消息没有成功启动通过 AMF 的完整性检查，则 AMF 可以发起 SECURITY MODE COMMAND（在接收到 SERVICE REQUEST 消息之后，但是在发送对该消息的响应之前），SECURITY MODE COMMAND 消息中将包括附加的 5G 安全信息 IE，并将 RINMR 位设置为"重传请求的初始 NAS 消息"，以请求 UE 发送整个 SERVICE REQUEST 消息 。

另外，AMF 可以请求 UE 在"安全模式完成"消息中包含其 IMEISV。

如果 AMF 支持 N26 接口，并且 UE 在 REGISTRATION REQUEST 消息的 5GMM 能力 IE 中将 S1 模式位设置为"支持 S1 模式"，则 AMF 必须选择要在 EPS 中使用的加密算法和完整性算法，并将其指示给 UE，通过 SECURITY MODE COMMAND 消息选定 EPS NAS 安全算法 IE。

如果 AMF 执行水平密钥推导，例如，在移动性和定期注册更新过程中，或者当 UE 已通过另一种接入类型在 PLMN 中注册时，AMF 将在 SECURITY

MODE COMMAND 消息中包含水平推导参数。

如果安全模式控制过程是在基于 EAP 的主认证和密钥协商过程后发起的，而且在安全模式控制过程后准备使用部分本地 5G NAS 安全上下文，则 AMF 必须将 SECURITY MODE COMMAND 消息的 EAP 消息 IE 设置为要发送给 UE 的 EAP 成功消息。

UE 接受 NAS SECURITY MODE COMMAND 的处理。

当 UE 收到 SECURITY MODE COMMAND 消息后，UE 应检查 SECURITY MODE COMMAND 是否是可以接受的。因此，UE 将执行消息的完整性检查，并检查接收到的重放 UE 安全功能 IE 与 UE 发送到网络的最新值相比是否已更改。当 SECURITY MODE COMMAND 消息包含"EAP 成功"消息时，UE 将处理"EAP 成功"消息和 *ABBA*。

在以下情况的基础上，如果 UE 还收到 *ngKSI* 值为"000"并以 5G-IA0 和 5G-EA0 作为选定的 5G NAS 安全算法的 SECURITY MODE COMMAND 消息，UE 将本地导出并使用 5G NAS 安全上下文。然后，将删除现有的当前 5G NAS 安全上下文。

（1）UE 已经注册了紧急服务，进行了紧急服务的初始注册或建立了紧急 PDU 会话。

（2）有线接入网关功能（W-AGF，Wireline Access Gateway Function）作为固网住宅网关（FN-RG，Fixed Network Residential Gateway）；

仅当在 UE 注册紧急服务，为紧急服务执行初始注册，建立紧急 PDU 会话或者 W-AGF 用作 FN-RG 时，UE 才会接受指示"空完整性保护算法"5G-IA0 的 SECURITY MODE COMMAND 消息作为选定的 5G NAS 完整性算法。

如果包含在 SECURITY MODE COMMAND 消息中的安全上下文标记的类型设置为"本地安全上下文"，*ngKSI* 所匹配的在 UE 中保存且有效的安全上下文不是当前本地 5G NAS 安全上下文，而 UE 此时正在使用映射的 5G NAS 安全上下文，则 UE 应将 *ngKSI* 所匹配的上下文作为当前 5G NAS 安全上下文，并删除映射的 5G NAS 安全上下文。

一般情况下，如果 UE 可以接受 SECURITY MODE COMMAND 消息，则 UE 应使用消息中指示的 5G NAS 安全上下文。

在以下两种情况下，UE 还应重置上行链路 NAS COUNT 计数器。

（1）在成功执行基于 5G AKA 的主认证和密钥协商过程或基于 EAP 的主认证和密钥协商过程后，创建 5G NAS 安全上下文。

（2）消息中的 NAS 密钥集标识符 IE 中安全上下文标记的类型设置为"映射的安全上下文"，*ngKSI* 与当前 5G NAS 安全上下文不匹配。

如果可以接受 SECURITY MODE COMMAND 消息，并且使用了新的 5G NAS 安全上下文，且 SECURITY MODE COMMAND 消息未将"空完整性保护算法"5G-IA0 指示为所选的 NAS 完整性算法，此时，如果 UE 已经使用估值为 0 的下行链路 NAS COUNT 成功地对 SECURITY MODE COMMAND 消息进行了完整性检查，则 UE 应将该新 5G NAS 安全上下文的下行链路 NAS COUNT 设置为 0；否则，UE 应将该新 5G NAS 安全上下文的下行链路 NAS COUNT 设置为已用于成功对 SECURITY MODE COMMAND 消息进行完整性检查的下行链路 NAS COUNT。

如果 SECURITY MODE COMMAND 消息可以被接受，则 UE 应发送基于 5GS 完整性算法和由 K_{AMF} 推衍的完整性密钥所保护的 SECURITY MODE COMPLETE 消息。此外，UE 应基于 5GS 加密算法和由 K_{AMF} 推衍的加密密钥进行消息加密（如果是映射的 5G 安全上下文，则使用映射的 K'_{AMF} 进行推导）。UE 应将消息的安全头类型设置为"使用新的 5G NAS 安全上下文进行完整性保护和加密"。

从此时开始，UE 将使用选定的 5GS 完整性和加密算法对所有 NAS 信令消息进行加密和完整性保护。如果 AMF 在 SECURITY MODE COMMAND 消息中指示请求 IMEISV，UE 支持至少一种 3GPP 接入技术，则应将其 IMEISV 包含在 SECURITY MODE COMPLETE 消息的 IMEISV IE 中；如果 UE 不支持任何 3GPP 接入技术（NG-RAN、E-UTRAN、UTRAN 或 GERAN），应将其 EUI-64 包括在 SECURITY MODE COMPLETE 消息的非 IMEISV PEI IE 中。如果 5G 家庭网关没有 IMEISV，则应将其 MAC 地址设置在 SECURITY MODE COMPLETE 消息中的非 IMEISV PEI IE 中。

在进行中的注册过程或服务请求过程中，如果 SECURITY MODE COMMAND 消息包括附加 5G 安全信息 IE，且其 RINMR 位设置为"重传请求的初始 NAS"消息，则 UE 应在 SECURITY MODE COMPLETE 消息的 NAS 消息容器 IE 中包含整个未加密的 REGISTRATION REQUEST 消息或 SERVICE REQUEST 消息。

如果没有有效 5G NAS 安全上下文的 UE 在接收到 SECURITY MODE COMMAND 消息之前已经发送了 REGISTRATION REQUEST 消息，则 UE 应将整个 REGISTRATION REQUEST 消息包括在 SECURITY MODE COMPLETE 消息的 NAS 消息容器 IE。

如果在单注册模式下运行的 UE 接收到所选的 EPS NAS 安全算法 IE，则 UE 将使用该 IE。对于在网络中支持 N26 接口的单注册模式下运行的 UE，在 5GMM-CONNECTED 模式下将系统间从 S1 模式更改为 N1 模式后，UE 应当在其中设置 Selected EPS NAS 安全算法 IE 的值，令其等于该 UE 在 S1 模式时从源 MME 接收到的 NAS 安全算法的 5G NAS 安全上下文。

AMF 应在收到 SECURITY MODE COMPLETE 消息后停止计时器 T3560。从那时起，AMF 将使用所选的 5GS 完整性和加密算法对所有信令消息进行完整性保护和加密。

如果 SECURITY MODE COMPLETE 消息包含带有"注册请求"消息的 NAS 消息容器 IE，则 AMF 应通过将包含在 NAS 消息容器 IE 中的"注册请求"消息视为触发该过程的消息来完成正在进行的注册过程。

如果 SECURITY MODE COMPLETE 消息包含带有"注册请求"消息的 NAS 消息容器 IE，而"注册请求"消息中包含的 5GMM 功能 IE 指示"支持 S1 模式"，并且 AMF 支持 N26 接口，则 AMF 应发起另一次 NAS 安全模式控制过程，以提供 EPS NAS 安全算法给 UE。

如果 SECURITY MODE COMPLETE 消息包含带有"服务请求"消息的 NAS 消息容器 IE，则 AMF 应通过将包含在 NAS 消息容器 IE 中的"服务请求"消息视为触发该过程的消息来完成正在进行的服务请求过程。

5.7　AMF 与 UE 之间的安全模式控制消息交互

步骤 13～步骤 14：AMF 向 UE 发送 NAS SECURITY MODE COMMAND 消息。

AMF 经 gNB 向 UE 发送 NAS SECURITY MODE COMMAND 消息，NAS SECURITY MODE COMMAND 消息字段见表 5.8。

表 5.8　NAS SECURITY MODE COMMAND 消息字段

信息单元标识	信息单元	信息单元名称解释	类型/参考（3GPP TS 24.501）	是否存在	格式	长度
	Extended protocol discriminator	扩展协议鉴别器	Extended protocol discriminator 9.2	必备	V	1
	Security header type	安全标头类型	Security header type 9.3	必备	V	1/2
	Spare half octet	备用半个八位字节	Spare half octet 9.5	必备	V	1/2
	Security mode command message identity	安全模式命令消息标识	Message type 9.7	必备	V	1
	Selected NAS security algorithms	选定的 NAS 安全算法	NAS security algorithms 9.11.3.34	必备	V	1
	ngKSI	ngKSI	NAS key set identifier 9.11.3.32	必备	V	1/2

续表

信息单元标识	信息单元	信息单元名称解释	类型/参考（3GPP TS 24.501）	是否存在	格式	长度
	Spare half octet	备用半个八位字节	Spare half octet 9.5	必备	V	1/2
	Replayed UE security capabilities	Replayed UE security capabilities	UE security capability 9.11.3.54	必备	LV	3～9
E-	IMEISV request	IMEISV 请求	IMEISV request 9.11.3.28	可选	TV	1
4F	HashAMF	HashAMF	HashAMF 9.11.3.27	可选	TV	9
57	Selected EPS NAS security algorithms	选择的 EPS NAS 安全算法	EPS NAS security algorithms 9.11.3.25	可选	TV	2
36	Additional 5G security information	额外的 5G 安全信息	Additional 5G security information 9.11.3.12	可选	TLV	3
78	EAP message	EAP 消息	EAP message 9.11.2.2	可选	TLV-E	7

其中，Selected NAS security algorithms 字段指出选定的 NAS 安全算法，该字段的结构如图 5.4 和图 5.5 所示。

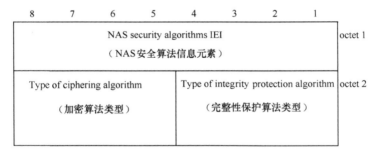

8	7	6	5	4	3	2	1	
NAS security algorithms IEI（NAS安全算法信息元素）								octet 1
Type of ciphering algorithm（加密算法类型）				Type of integrity protection algorithm（完整性保护算法类型）				octet 2

图 5.4　NAS 安全算法信息元素

Type of integrity protection algorithm (octet 2, bit 1 to 3)			
Bits			
4	**3**	**2**	**1**
0	0	0	0	5G integrity algorithm 5G-IA0 (null integrity protection algorithm)
0	0	0	1	5G integrity algorithm 128-5G-IA1
0	0	1	0	5G integrity algorithm 128-5G-IA2
0	0	1	1	5G integrity algorithm 128-5G-IA3
0	1	0	0	5G integrity algorithm 5G-IA4
0	1	0	1	5G integrity algorithm 5G-IA5
0	1	1	0	5G integrity algorithm 5G-IA6

图 5.5　加密算法和完整性保护算法编码

0	1	1	1	5G integrity algorithm 5G-IA7
All other values are reserved.				
Type of ciphering algorithm (octet 2, bit 5 to 7)				
Bits				
8	7	6	5	
0	0	0	0	5G encryption algorithm 5G-EA0 (null ciphering algorithm)
0	0	0	1	5G encryption algorithm 128-5G-EA1
0	0	1	0	5G encryption algorithm 128-5G-EA2
0	0	1	1	5G encryption algorithm 128-5G-EA3
0	1	0	0	5G encryption algorithm 5G-EA4
0	1	0	1	5G encryption algorithm 5G-EA5
0	1	1	0	5G encryption algorithm 5G-EA6
0	1	1	1	5G encryption algorithm 5G-EA7
All other values are reserved.				

图 5.5　加密算法和完整性保护算法编码（续）

该消息经 NGAP：DownlinkNASTransport 和 RRC：DLInformationTransfer 消息传送到 UE。UE 反馈 NAS Security Mode Complete 消息。

步骤 15～步骤 16：UE 向 AMF 发送 NAS SECURITY MODE COMPLETE 消息

UE 通过 RRC：ULInformationTransfer 和 NGAP：UplinkNASTransport 反馈 NAS Security Mode Complete 消息，见表 5.9。

表 5.9　**NAS Security Mode Complete 消息字段**

信息单元标识	信息单元	信息单元名称解释	类型/参考	是否存在	格式	长度
	Extended protocol discriminator	扩展协议鉴别器	Extended protocol discriminator 9.2	必备	V	1
	Security header type	安全标头类型	Security header type 9.3	必备	V	1/2
	Spare half octet	备用半个八位字节	Spare half octet 9.5	必备	V	1/2
	Security mode complete message identity	安全模式完成消息标识	Message type 9.6	必备	V	1
77	IMEISV	国际移动设备身份码	5G mobile identity 9.11.3.4	可选	TLV-E	12
71	NAS message container	NAS 消息容器	NAS message container 9.11.3.33	可选	TLV-E	4～n

5.8 建立 UE 的网络上下文

步骤 17：AMF 向 gNB 发送 NGAP InitialContextSetupRequest 消息。

初始上下文设置过程的目的是在 NG-RAN 节点上建立必要的初始 UE 上下文，包括 PDU 会话上下文、安全密钥、移动性限制列表、UE 无线能力和 UE 安全能力等。在建立 PDU 会话的情况下，在 AMF 收到 INITIAL CONTEXT SETUP RESPONSE 消息之前，5GC 必须准备好接收用户数据。如果不存在与 UE 相关的逻辑 NG 连接，则应在收到 INITIAL CONTEXT SETUP REQUEST 消息时建立与 UE 相关的逻辑 NG 连接。同时，该消息还携带 NAS Registration Accept 信令。

NAS Registration Accept 消息的格式见表 5.10。

表 5.10　NAS Registration Accept 消息

信息单元标识	信息单元	类型/参考	是否存在	格式	长度
	Extended protocol discriminator	Extended protocol discriminator 9.2	M	V	1
	Security header type	Security header type 9.3	M	V	1/2
	Spare half octet	Spare half octet 9.5	M	V	1/2
	Registration accept message identity	Message type 9.7	M	V	1
	5GS registration result	5GS registration result 9.11.3.6	M	LV	2
77	5G-GUTI	5GS mobile identity 9.11.3.4	O	TLV-E	14
4A	Equivalent PLMNs	PLMN list 9.11.3.45	O	TLV	5～47
54	TAI list	5GS tracking area identity list 9.11.3.9	O	TLV	9～114
15	Allowed NSSAI	NSSAI 9.11.3.37	O	TLV	4～74
11	Rejected NSSAI	Rejected NSSAI 9.11.3.46	O	TLV	4～42
31	Configured NSSAI	NSSAI 9.11.3.37	O	TLV	4～146
21	5GS network feature support	5GS network feature support 9.11.3.5	O	TLV	3～5
50	PDU session status	PDU session status 9.11.3.44	O	TLV	4～34
26	PDU session reactivation result	PDU session reactivation result 9.11.3.42	O	TLV	4～34

续表

信息单元标识	信息单元	类型/参考	是否存在	格式	长度
72	PDU session reactivation result error cause	PDU session reactivation result error cause 9.11.3.43	O	TLV-E	5～515
79	LADN information	LADN information 9.11.3.30	O	TLV-E	12～1715
B-	MICO indication	MICO indication 9.11.3.31	O	TV	1
9-	Network slicing indication	Network slicing indication 9.11.3.36	O	TV	1
27	Service area list	Service area list 9.11.3.49	O	TLV	6～114
5E	T3512 value	GPRS timer 3 9.11.2.5	O	TLV	3
5D	Non-3GPP de-registration timer value	GPRS timer 2 9.11.2.4	O	TLV	3
16	T3502 value	GPRS timer 2 9.11.2.4	O	TLV	3
34	Emergency number list	Emergency number list 9.11.3.23	O	TLV	5～50
7A	Extended emergency number list	Extended emergency number list 9.11.3.26	O	TLV-E	7～65538
73	SOR transparent container	SOR transparent container 9.11.3.51	O	TLV-E	20～2048
78	EAP message	EAP message 9.11.2.2	O	TLV-E	7～1503
A-	NSSAI inclusion mode	NSSAI inclusion mode 9.11.3.37A	O	TV	1
76	Operator-defined access category definitions	Operator-defined access category definitions 9.11.3.38	O	TLV-E	3～n
51	Negotiated DRX parameters	5GS DRX parameters 9.11.3.2A	O	TLV	3
TBD	Non-3GPP NW policies	Non-3GPP NW provided policies 9.11.3.58	O	TV	1

其中，5G-GUTI 字段是网络分配给 UE 的临时身份标识，后续网络通过 5G-GUTI 来标识该 UE。

步骤 18：gNB 向 UE 发送 RRC 协议 UECapabilityEnquiry。

当网络需要获取 UE 无线接入能力信息时，网络会对处于 RRC_CONNECTED 状态的 UE 发起该 UE 能力查询过程，见表 5.11。

表 5.11　RRC 用户设备能力查询 UECapabilityEnquiry 消息

序号	字段名称	字段名称解释	层次	类型	选项	长度
	UECapability Enquiry	用户设备能力查询	0	SEQUENCE	需要	
(1)	> rrc-Transaction Identifier	无线资源控制—传送标识符	1	RRC-Transaction Identifier	需要	

续表

序号	字段名称	字段名称解释	层次	类型	选项	长度
(2)	>> RRC-Transaction Identifier	无线资源控制—传送标识符	2	INTEGER [(0, 3)]	需要	
(3)	> critical Extensions	关键扩展	1	CHOICE: ue CapabilityEnquiry criticalExtensionsFuture	需要	
(4)	>> ueCapability Enquiry	用户设备能力查询	2	UECapabilityEnquiry-IEs	需要	
(5)	>>> UECapability Enquiry-IEs	用户设备能力查询—信息元素	3	SEQUENCE	需要	
(6)	>>>> ue-CapabilityRAT-RequestList	用户设备—无线接入网能力—请求列表	4	UE-CapabilityRAT-RequestList	需要	
(7)	>>>>> UE-CapabilityRAT-RequestList	用户设备—无线接入网能力—请求列表	5	SEQUENCE OF	需要	(1, maxRAT-Capability Containers)
(8)	>>>>>> UE-CapabilityRAT-Request	用户设备—无线接入技术能力—需求	6	SEQUENCE	需要	
(9)	>>>>>>> rat-Type	请求 UE 能力的 RAT 类型	7	RAT-Type	需要	
(10)	>>>>>>>> RAT-Type	请求 UE 能力的 RAT 类型	8	ENUMERATED nr eutra-nr eutra spare1	需要	
(11)	>>>>>>> capability RequestFilter	网络请求 UE 过滤 UE 能力的信息。对于设置为 nr 的 ratType: capability RequestFilter 的编码在 UE-CapabilityRequest FilterNR 中定义	7	OCTET STRING	可选	
(12)	>>>> lateNonCritical Extension	后期非关键扩展	4	OCTET STRING	可选	
(13)	>>>> nonCritical Extension	非关键扩展	4	SEQUENCE	可选	
(14)	>> criticalExtensions Future	未来的关键扩展	2	SEQUENCE	需要	

步骤 19:UE 向 gNB 发送 RRC 协议:UECapabilityInformation。

UE 应设置 UECapabilityInformation 消息相关信息,见表 5.12。

表 5.12　RRC UECapabilityInformation 消息

序号	字段名称	字段名称解释	层次	类型	选项	长度
	UECapability Information	用户设备能力信息	0	SEQUENCE	需要	
(1)	> rrc-Transaction Identifier	无线资源控制—传送标识符	1	RRC-Transaction Identifier	需要	
(2)	>> RRC-Transaction Identifier	无线资源控制—传送标识符	2	INTEGER [(0, 3)]	需要	
(3)	> criticalExtensions	关键扩展	1	CHOICE: ueCapabilityInformation criticalExtensionsFuture	需要	
(4)	>> ueCapability Information	用户设备能力信息	2	UECapability Information-IEs	需要	
(5)	>>> UECapability Information-IEs	用户设备能力信息—信息元素	3	SEQUENCE	需要	
(6)	>>>> ue-Capability RAT-ContainerList	用户设备—无线接入技术容量—容器列表	4	UE-CapabilityRAT-ContainerList	可选	
(7)	>>>>> UE-Capability RAT-ContainerList	用户设备—无线接入技术容量—容器列表	5	SEQUENCE OF	需要	(0, maxRAT-Capability Containers)
(8)	>>>> lateNonCritical Extension	后期非关键扩展	4	OCTET STRING	可选	
(9)	>>>> nonCritical Extension	非关键扩展	4	SEQUENCE	可选	
(10)	>> criticalExtensions Future	未来的关键扩展	2	SEQUENCE	需要	

步骤 20：gNB 向 UE 发送 RRC 协议：SECURITY MODE COMMAND。

RRC 激活安全过程的目的是在建立 RRC 连接时激活 AS 安全保护特性。因此，网络向处于 RRC_CONNECTED 状态的 UE 发起 SECURITY MODE COMMAND。接入网络应在建立 SRB2 和/或 DRB 之前，在建立 SRB1 后启用该过程。

UE 接收 SECURITY MODE COMMAND 后，应：

（1）导出 K_{gNB} 密钥。

（2）导出与 SECURITY MODE COMMAND 消息中指示的完整性保护相关联的 K_{RRCint} 密钥。

（3）使用 K_{RRCint} 密钥，请求较低的层来验证 SECURITY MODE COMMAND 消息的完整性。

（4）如果 SECURITY MODE COMMAND 消息通过完整性保护检查：

导出与 SECURITY MODE COMMAND 消息中指示的机密性保护相关联的

K_{RRCenc} 密钥和 K_{UPenc} 密钥。

导出与 SECURITY MODE COMMAND 消息中指示的完整性保护相关联的 K_{UPint} 密钥；

配置较低的层以立即使用所指示的算法和 KRRCint 密钥来应用 SRB 完整性保护，即完整性保护将应用于 UE 接收和发送的所有后续消息，包括 SECURITY MODE COMPLETE 消息。

配置较低的层以使用所指示的算法来应用 SRB 加密，在完成该过程之后，K_{RRCenc} 密钥将被应用于 UE 接收和发送的所有后续消息，除了 SECURITY MODE COMPLETE 消息被未加密地发送之外。

此时，RRC 层已激活 AS 安全性。

将 SECURITY MODE COMPLETE 消息提交到下层进行传输，过程结束。

继续使用在接收 SECURITY MODE COMMAND 消息之前使用的配置，即既不应用完整性保护，又不加密。将 SECURITY MODE FAILURE 消息提交到下层进行传输，过程结束。

AS SECURITY MODE COMMAND 消息见表 5.13。

表 5.13　AS SECURITY MODE COMMAND 消息

序号	字段名称	字段名称解释	层次	类型	选项
	SecurityMode Command	安全模式命令	0	SEQUENCE	需要
(1)	> rrc-Transaction Identifier	无线资源控制—传送标识符	1	RRC-Transaction Identifier	需要
(2)	>> RRC-Transaction Identifier	无线资源控制—传送标识符	2	INTEGER [(0, 3)]	需要
(3)	> critical Extensions	关键扩展	1	CHOICE:security ModeCommand criticalExtensionsFuture	需要
(4)	>> securityMode Command	安全模式命令	2	SecurityMode Command-IEs	需要
(5)	>>> SecurityMode Command-IEs	SecurityModeCommand-IEs	3	SEQUENCE	需要
(6)	>>>> security ConfigSMC	安全配置安全模式命令	4	SecurityConfig SMC	需要
(7)	>>>>> Security ConfigSMC	安全配置安全模式命令	5	SEQUENCE	需要
(8)	>>>>>> security Algorithm Config	表示使用此 radioBearerConfig 中的列表配置的信令和数据无线承载的安全算法。当不包括该字段时，除了从 NR 到 E-UTRA/5GC 的移动性之外，UE 将继续使用当前配置的安全算法用于与该 radioBearerConfig 中的列表重新配置的无线承载	6	SecurityAlgorithm Config	需要

续表

序号	字段名称	字段名称解释	层次	类型	选项
(9)	>>>>>>> Security AlgorithmConfig	表示使用此 radioBearerConfig 中的列表配置的信令和数据无线承载的安全算法。当不包括该字段时，除了从 NR 到 E-UTRA/5GC 的移动性之外，UE 将继续使用当前配置的安全算法用于与该 radioBearerConfig 中的列表重新配置的无线承载	7	SEQUENCE	需要
(10)	>>>>>>>> ciphering Algorithm	表示用于 SRB 和 DRB 的加密算法，如 3GPP TS 33.501 中所规定的。算法 nea0～nea3 与 LTE 算法 eea0-3 相同。对于 EN-DC，使用 KeNB 为承载配置的算法应与使用 KeNB 的所有承载相同，并且为使用 S-KgNB 的承载配置的算法应与使用 S-KgNB 的所有承载相同。如果未配置 EN-DC，则所有承载的算法应相同	8	Ciphering Algorithm	需要
(11)	>>>>>>>>> Ciphering Algorithm	表示用于 SRB 和 DRB 的加密算法，如 3GPP TS 33.501 中所规定的。算法 nea0～nea3 与 LTE 算法 eea0～3 相同。对于 EN-DC，使用 KeNB 为承载配置的算法应与使用 KeNB 的所有承载相同，并且为使用 S-KgNB 的承载配置的算法应与使用 S-KgNB 的所有承载相同。如果未配置 EN-DC，则所有承载的算法应相同	9	ENUMERATED nea0 nea1 nea2 nea3 spare4 spare3 spare2 spare1	需要
(12)	>>>>>>>> integrity ProtAlgorithm	对于 EN-DC，该 IE 表示用于 SRB 的完整性保护算法，如 3GPP TS 33.501 中所规定的。算法 nia0～nia3 与 LTE 的算法 eia0～3 相同。对于 EN-DC，使用 KeNB 为 SRB 配置的算法应与使用 KeNB 的所有 SRB 相同，并且为使用 S-KgNB 的承载配置的算法应与使用 S-KgNB 的所有承载相同。网络不配置 nia0 代表 SRB3。如果未配置 EN-DC，则此字段必须存在，并且所有承载的算法应相同	8	IntegrityProt Algorithm	可选
(13)	>>>>>>>>> Integrity ProtAlgorithm	对于 EN-DC，该 IE 表示用于 SRB 的完整性保护算法，如 3GPP TS 33.501 中所规定的。算法 nia0～nia3 与 LTE 算法 eia0～3 相同。对于 EN-DC，使用 KeNB 为 SRB 配置的算法应与使用 KeNB 的所有 SRB 相同，并且为使用 S-KgNB 的承载配置的算法应与使用 S-KgNB 的所有承载相同。网络不配置 nia0 代表 SRB3。如果未配置 EN-DC，则此字段必须存在，并且所有承载的算法应相同	9	ENUMERATED nia0 nia1 nia2 nia3 spare4 spare3 spare2 spare1	需要

续表

序号	字段名称	字段名称解释	层次	类型	选项
(14)	>>>> lateNon CriticalExtension	后期非关键扩展	4	OCTET STRING	可选
(15)	>>>> non CriticalExtension	非关键扩展	4	SEQUENCE	可选
(16)	>> critical ExtensionsFuture	未来的关键扩展	2	SEQUENCE	需要

步骤 21：UE 向 gNB 发送 RRC 协议：SecurityModeComplete。

```
SecurityModeComplete ::= SEQUENCE {
    rrc-TransactionIdentifier RRC-TransactionIdentifier ,
    criticalExtensions CHOICE {
        securityModeComplete SecurityModeComplete-IEs ,
        criticalExtensionsFuture SEQUENCE { }
    }
}

SecurityModeComplete-IEs ::= SEQUENCE {
    lateNonCriticalExtension OCTET STRING OPTIONAL ,
    nonCriticalExtension SEQUENCE { } OPTIONAL
}
```

步骤 22：gNB 向 UE 发送 RRC 协议：RRCReconfiguration。

通过安全模式命令后，网络发起 RRC 重配置过程。通过此过程修改 RRC 连接，包括建立/修改/释放 RB、设置机密性和完整性安全算法、执行带有同步的重新配置、设置/修改/释放测量报告、添加/修改/释放 SCell 和小区组。作为该过程的一部分，可以将 NAS 专用信息从网络传输到 UE。该消息包括了关于安全设置"SecurityConfig"的字段信息。SecurityConfig 信息结构见表 5.14。

表 5.14　SecurityConfig 信息结构

序号	字段名称	字段名称解释	层次	类型	选项
	SecurityConfig	表示使用此 radioBearerConfig 中的列表配置的信令和数据无线承载的安全算法和密钥。当不包括该字段时，UE 应继续使用当前配置的 keyToUse 和安全算法，用于使用列表重新配置的无线承载除了具有从 NR 到 E-UTRA/5GC 的移动性之外，也在此 radioBearerConfig 中	0	SEQUENCE	需要
（1）	> security Algorithm Config	表示使用此 radioBearerConfig 中的列表配置的信令和数据无线承载的安全算法。当不包括该字段时，除了从 NR 到 E-UTRA/5GC 的移动性之外，UE 将继续使用当前配置的安全算法用于与该 radioBearerConfig 中的列表重新配置的无线承载	1	Security Algorithm Config	可选

续表

序号	字段名称	字段名称解释	层次	类型	选项
(2)	>> Security Algorithm Config	表示使用此 radioBearerConfig 中的列表配置的信令和数据无线承载的安全算法。当不包括该字段时，除了从 NR 到 E-UTRA/5GC 的移动性之外，UE 将继续使用当前配置的安全算法用于与该 radioBearerConfig 中的列表重新配置的无线承载	2	SEQUENCE	需要
(3)	>>> ciphering Algorithm	表示用于 SRB 和 DRB 的加密算法，如 3GPP TS 33.501 中所规定的。算法 nea0～nea3 与 LTE 的算法 eea0～3 相同。对于 EN-DC，使用 KeNB 为承载配置的算法应与使用 KeNB 的所有承载相同，并且为使用 S-KgNB 的承载配置的算法应与使用 S-KgNB 的所有承载相同。如果未配置 EN-DC，则所有承载的算法应相同	3	Ciphering Algorithm	需要
(4)	>>>> Ciphering Algorithm	表示用于 SRB 和 DRB 的加密算法，如 3GPP TS 33.501 中所规定的。算法 nea0～nea3 与 LTE 的算法 eea0～3 相同。对于 EN-DC，使用 KeNB 为承载配置的算法应与使用 KeNB 的所有承载相同，并且为使用 S-KgNB 的承载配置的算法应与使用 S-KgNB 的所有承载相同。如果未配置 EN-DC，则所有承载的算法应相同	4	ENUMERATED nea0 nea1 nea2 nea3 spare4 spare3 spare2 spare1	需要
(5)	>>> integrityProt Algorithm	对于 EN-DC，该 IE 表示用于 SRB 的完整性保护算法，如 3GPP TS 33.501 中所规定的。算法 nia0～nia3 与 LTE 的算法 eia0～3 相同。对于 EN-DC，使用 KeNB 为 SRB 配置的算法应与使用 KeNB 的所有 SRB 相同，并且为使用 S-KgNB 的承载配置的算法应与使用 S-KgNB 的所有承载相同。网络不配置 nia0 代表 SRB3。如果未配置 EN-DC，则此字段必须存在，并且所有承载的算法应相同	3	IntegrityProt Algorithm	可选
(6)	>>>> IntegrityProt Algorithm	对于 EN-DC，该 IE 表示用于 SRB 的完整性保护算法，如 3GPP TS 33.501 中所规定的。算法 nia0～nia3 与 LTE 的算法 eia0～3 相同。对于 EN-DC，使用 KeNB 为 SRB 配置的算法应与使用 KeNB 的所有 SRB 相同，并且为使用 S-KgNB 的承载配置的算法应与使用 S-KgNB 的所有承载相同。网络不配置 nia0 代表 SRB3。如果未配置 EN-DC，则此字段必须存在，并且所有承载的算法应相同	4	ENUMERATED nia0 nia1 nia2 nia3 spare4 spare3 spare2 spare1	需要

续表

序号	字段名称	字段名称解释	层次	类型	选项
(7)	> keyToUse	指示配置有此 radioBearerConfig 中的列表的承载是使用主密钥还是使用辅助密钥来导出加密和/或完整性保护密钥。对于 EN-DC，网络不应使用辅助密钥配置 SRB1 和 SRB2，而使用主密钥配置 SRB3。当不包括该字段时，UE 将继续使用当前配置的 keyToUse 用于与该 radioBearer Config 中的列表重新配置的无线承载，除了从 NR 到 E-UTRA/5GC 的移动性之外。如果未配置 EN-DC，则此字段设置为 master	1	ENUMERATED master secondary	可选

步骤 23：UE 向 gNB 发送 RRC 协议：RRCReconfigurationComplete。

UE 执行完 RRC 配置后，向网络发送 RRCReconfigurationComplete 告知操作完成。

步骤 24：gNB 向 AMF 发送 NGAP：InitialContextSetupResponse。

gNB 向 AMF 告知已经完成上下文建立操作。

步骤 25：UE 向 gNB 发送 RRC 协议：ULInformationTransfer(Register Complete)。

UE 向 gNB 发送 RRC 信令 ULInformationTransfer，其中携带 NAS 消息 RegisterComplete，通知已完成注册过程。

| 5.9 建立 PDU 会话 |

步骤 26：UE 向 gNB 发送 RRC 协议：ULInformationTransfer(PDU Session Establishment Request)。

UE 向网络发送 NAS PDU Session Establishment Request 消息，见表 5.15。

表 5.15 NAS PDU Session Establishment Request 消息

信息单元标识	信息单元	信息单元名称解释	类型/参考	是否存在	格式	长度
Extended protocol discriminator	扩展协议鉴别器	Extended protocol discriminator 9.2	必备	V	1
PDU session ID	PDU 会话 ID	PDU session identity 9.4	必备	V	1

信息单元标识	信息单元	信息单元名称解释	类型/参考	是否存在	格式	长度
	PTI	PTI	Procedure transaction identity 9.6	必备	V	1
	PDU SESSION ESTABLISHMENT REQUEST message identity	PDU 会话建立消息标识	Message type 9.7	必备	V	1
	Integrity protection maximum data rate	完整性保护最大数据速率	Integrity protection maximum data rate 9.11.4.7	必备	V	2
9-	PDU session type	PDU 会话类型	PDU session type 9.11.4.11	可选	TV	1
A-	SSC mode	SSC 模型	SSC mode 9.11.4.16	可选	TV	1
28	5GSM capability	5GSM 能力	5GSM capability 9.11.4.1	可选	TLV	3～15
55	Maximum number of supported packet filters	最多支持的分组滤波器的场景	Maximum number of supported packet filters 9.11.4.9	可选	TV	3
B-	Always-on PDU session requested	Always-on PDU 会话请求	Always-on PDU session requested 9.11.4.4	可选	TV	1
39	SM PDU DN request container	SM PDU DN 请求容器	SM PDU DN request container 9.11.4.15	可选	TLV	3～255
7B	Extended protocol configuration options	扩展协议配置选项	Extended protocol configuration options 9.11.4.6	可选	TLV-E	4～65538

步骤 27：AMF 向 gNB 发送 NGAP：PDUSessionResourceSetup Request。PDUSessionResourceSetupRequest 消息见表 5.16。

表 5.16　**PDUSessionResourceSetupRequest 消息**

序号	字段名称	字段名称解释	层次	类型	选项	长度
	PDUSessionResource SetupRequest	PDU 会话资源建立请求	0	SEQUENCE	需要	
(1)	> protocolIEs	协议信息元素	1	SEQUENCE OF	需要	(0, max ProtocolIEs)
(2)	>> AMF-UE-NGAP-ID	NGAP 在 AMF 侧的 ID	2	INTEGER [(0, 4294967295L)]	需要	
(3)	>> RAN-UE-NGAP-ID	NGAP 在 RAN-UE 侧的 ID	2	INTEGER [(0, 4294967295L)]	需要	

续表

序号	字段名称	字段名称解释	层次	类型	选项	长度
(4)	>> RANPaging Priority	RAN 寻呼优先级	2	INTEGER [(1, 256)]	需要	
(5)	>> NAS-PDU	NAS 协议数据单元	2	OCTET STRING	需要	
(6)	>> PDUSession ResourceSetup ListSUReq	PDU 会话资源建立请求列表	2	SEQUENCE OF	需要	(1, maxnoof PDUSessions)
(7)	>>> PDUSession ResourceSetup ItemSUReq	PDU 会话资源建立请求项目	3	SEQUENCE	需要	
(8)	>>>> pDUSessionID	PDU 会话 ID	4	PDUSessionID	需要	
(9)	>>>>> PDUSessionID	PDU 会话 ID	5	INTEGER [(0, 255)]	需要	
(10)	>>>> pDUSession NAS-PDU	pDUSessionNAS-PDU	4	NAS-PDU	可选	
(11)	>>>>> NAS-PDU	NAS 协议数据单元	5	OCTET STRING	需要	
(12)	>>>> s-NSSAI	单一网络切片选择辅助信息	4	S-NSSAI	需要	
(13)	>>>>> S-NSSAI	单一网络切片选择辅助信息	5	SEQUENCE	需要	
(14)	>>>>>> sST	切片服务类型	6	SST	需要	
(15)	>>>>>>> SST	切片服务类型	7	OCTET STRING	需要	1
(16)	>>>>>> sD	切片区分符	6	SD	可选	
(17)	>>>>>>> SD	切片区分符	7	OCTET STRING	需要	3
(18)	>>>>>> iE-Extensions	扩展 IE	6	SEQUENCE OF	需要	(1, maxProtocol Extensions)
(19)	>>>> pDUSession ResourceSetup RequestTransfer	PDU 会话资源设置传输请求	4	OCTET STRING	需要	
(20)	>>>> iE-Extensions	扩展 IE	4	SEQUENCE OF	需要	(1, maxProtocol Extensions)

其中，pDUSessionResourceSetupRequestTransfer 字段指出是否需要对 PDU 进行完整性和加密性保护。

步骤 28：gNB 向 UE 发送 RRC 协议：RRCReconfiguration。

gNG 向 UE 发送 RRCReconfiguration 信令，通知 RRC 层进行包括安全保护相应的参数设置和更新。

步骤 29：UE 向 gNB 发送 RRC 协议：RRCReconfigurationComplete。

UE 向 gNB 发送 RRCReconfigurationComplete，告知 RRC 已完成配置更新操作。

步骤 30：gNB 向 AMF 发送 NGAP：PDUSessionResourceSetup Response。

gNB 向 AMF 发送 PDUSessionResourceSetupResponse，告知 PDU 会话已完成资源设置操作。

NGAP PDUSessionResourceSetupResponse 消息见表 5.17。

表 5.17　NGAP PDUSessionResourceSetupResponse 消息

序号	字段名称	字段名称解释	层次	类型	选项	长度
	PDUSessionResource SetupResponse	PDU 会话资源建立响应	0	SEQUENCE	需要	
(1)	> protocolIEs	协议信息元素	1	SEQUENCE OF	需要	(0, max ProtocolIEs)
(2)	>> AMF-UE-NGAP-ID	NGAP 在 AMF 侧的 ID	2	INTEGER [(0, 4294967295L)]	需要	
(3)	>> RAN-UE-NGAP-ID	NGAP 在 RAN-UE 侧的 ID	2	INTEGER [(0, 4294967295L)]	需要	
(4)	>> PDUSession ResourceSetup ListSURes	PDU 会话资源建立响应列表	2	SEQUENCE OF	需要	(1, maxnoof PDUSessions)
(5)	>>> PDUSession ResourceSetup ItemSURes	PDU 会话资源建立响应列表	3	SEQUENCE	需要	
(6)	>>>> pDUSessionID	PDU 会话 ID	4	PDUSessionID	需要	
(7)	>>>>> PDUSessionID	PDU 会话 ID	5	INTEGER [(0, 255)]	需要	
(8)	>>>> pDUSession ResourceSetup ResponseTransfer	pDU 会话资源设置传输响应	4	OCTET STRING	需要	
(9)	>>>> iE-Extensions	扩展 IE	4	SEQUENCE OF	需要	(1, maxProtocol Extensions)
(10)	>> PDUSession ResourceFailedTo SetupListSURes	PDU 会话资源建立失败响应列表	2	SEQUENCE OF	需要	(1, maxnoof PDUSessions)
(11)	>>> PDUSession ResourceFailedTo SetupItemSURes	PDU 会话资源建立失败响应项目	3	SEQUENCE	需要	
(12)	>>>> pDUSessionID	PDU 会话 ID	4	PDUSessionID	需要	
(13)	>>>>> PDUSessionID	PDU 会话 ID	5	INTEGER [(0, 255)]	需要	

续表

序号	字段名称	字段名称解释	层次	类型	选项	长度
(14)	>>>> pDUSession ResourceSetup UnsuccessfulTransfer	PDU 会话资源设置失败	4	OCTET STRING	需要	
(15)	>>>> iE-Extensions	扩展 IE	4	SEQUENCE OF	需要	(1, maxProtocol Extensions)
(16)	>> Criticality Diagnostics	关键诊断	2	SEQUENCE	需要	
(17)	>>> procedureCode	过程代码	3	ProcedureCode	可选	
(18)	>>>> ProcedureCode	过程代码	4	INTEGER [(0, 255)]	需要	
(19)	>>> triggeringMessage	触发消息	3	TriggeringMessage	可选	
(20)	>>>> TriggeringMessage	触发消息	4	ENUMERATED initiating-message successful-outcome unsuccessfull-outcome	需要	
(21)	>>> procedureCriticality	过程关键	3	Criticality	可选	
(22)	>>>> Criticality	关键	4	ENUMERATED reject ignore notify	需要	
(23)	>>> iEsCriticality Diagnostics	iEs 关键诊断	3	Criticality Diagnostics-IE-List	可选	
(24)	>>>> Criticality Diagnostics-IE-List	IE-List 关键诊断	4	SEQUENCE OF	需要	(1, maxnoof Errors)
(25)	>>>>> Criticality Diagnostics-IE-Item	IE 项关键诊断	5	SEQUENCE	需要	
(26)	>>>>>> iECriticality	IE 关键	6	Criticality	需要	
(27)	>>>>>>> Criticality	关键	7	ENUMERATED reject ignore notify	需要	
(28)	>>>>>> iE-ID	信息元素 ID	6	ProtocolIE-ID	需要	
(29)	>>>>>>> ProtocolIE-ID	协议 IE 标识符	7	INTEGER [(0, 65535)]	需要	
(30)	>>>>>> typeOfError	错误类型	6	TypeOfError	需要	
(31)	>>>>>>> TypeOfError	错误类型	7	ENUMERATED not-understood missing	需要	
(32)	>>>>>> iE-Extensions	扩展 IE	6	SEQUENCE OF	需要	(1, maxProtocol Extensions)
(33)	>>> iE-Extensions	扩展 IE	3	SEQUENCE OF	需要	(1, maxProtocol Extensions)

其中，pDUSessionResourceSetupResponseTransfer 字段指出是否执行完整性和加密性保护。

UE 在建立 PDU 连接后，将通过 UE 的 PDCP 层进行数据收发。

| 5.10　SA 模式下的安全增强 |

通过这些信令流程的分析可知，5G 网络的认证过程与以往相比有所增强，包括增强了对用户唯一标识符的隐私保护。在 5G 中，手机用户唯一标识符 SUPI 不再用明文传送，网络中传送的是通过加密的 SUCI，只有网络运营商才可以解密相应的身份信息，因此，增强了用户隐私的保护能力，增强了归属地网络控制力，降低了漫游区欺骗风险，避免了漫游区可能欺骗归属的一些风险。按需提供数据加密增加了用户面数据完整性保护：在过去的系统中，由于完整性保护算法会增加数据处理压力和增大时延，因此，一直没有使用，仅对控制面数据做完整性保护，而 5G 可按需提供端到端的用户面数据加密和完整性保护。

## 第 6 章

5G NSA 模式下接入的安全过程

UE 在使用网络服务前需要先接入网络。位于 NSA 模式下的 5G UE 在接入网络的过程中需要经历多个网络流程,包括前期准备、建立 RRC 连接、在 MME 等网元与 UE 之间获取身份信息、认证和密钥协商、安全模式控制、建立网络上下文、建立 PDU 会话等。在这些流程中涉及多种从 UE 到核心网的相关网元的信令交互,其中涉及多种安全防护技术,包括安全机密性算法、完整性算法的应用,以及相应密钥的使用。

在 5G NSA 工作模式下，UE 接入的信令面会接入到 MN-eNB。图 6.1 是 5G NSA 工作模式下 UE 开机接入网络流程的主要步骤。

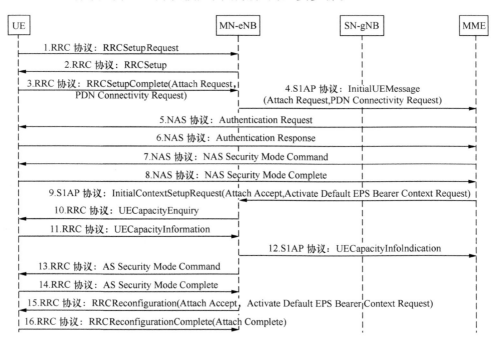

图 6.1　5G NSA 工作模式下 UE 开机接入网络流程的主要步骤

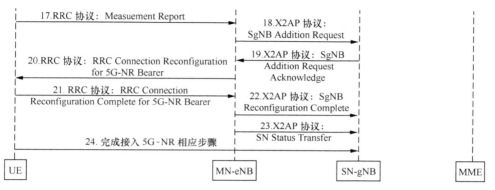

图 6.1　5G NSA 工作模式下 UE 开机接入网络流程的主要步骤（续）

6.1　UE 接入 NSA 网络前的准备

UE 开机后，首先取得与所在小区的系统下行同步，然后开始监听系统广播消息。当 UE 处于 RRC_IDLE 状态且其上层应用请求建立 RRC 连接时，UE 应已具有有效且最新的基本系统消息。UE 通过系统广播的 SIB2 消息，得知具有 PLMN-InfoList-r15 元素，即提示可以接入 5G-NR。该元素的结构如下。

```
<PLMN-InfoList-r15:byname>
<!-- <SEQUENCE OF> -->
<!-- <size:[(1, 'maxPLMN-r11')]> -->
<!-- <sample> -->
<PLMN-Info-r15:byelement>
<!-- <SEQUENCE> -->
<!-- <sample> -->
<upperLayerIndication-r15>
<!-- <ENUMERATED> -->
<!-- <optional> -->
<ENUMERATED:bytype>
<!-- <ENUMERATED> -->
<!-- <optional> -->
<!-- <true,> -->
<!-- <sample> -->
<true/>
</ENUMERATED:bytype>
</upperLayerIndication-r15>
</PLMN-Info-r15:byelement>
</PLMN-InfoList-r15:byname>
```

UE 随机选取所在小区可用的随机接入前导（Random Preamble），通过 PRACH 向 gNB 发起包含 RA-RNTI 的随机接入请求。

$$RA\text{-}RNTI = 1 + t\_id + 10 \times f\_id$$

其中，t_id：指定的 PRACH 的第一个子帧的索引（$0 \leqslant t\_id < 10$）；

f_id：该子帧中指定 PRACH 的索引，按频域的升序排列（$0 \leqslant f\_id < 6$）。

如果 MN-eNB 同意 UE 接入，则向 UE 发送由 RA-RNTI 加扰 CRC 的 PDCCH DCI Format 1_0 消息，该消息封装了随机接入请求响应（RAR，Random Access Response），其中包括临时 C-RNTI 字段，以便向 UE 分配下行资源及 C-RNTI。C-RNTI 是小区无线网络临时标识，是由基站分配给 UE 的动态标识。C-RNTI 唯一标识了一个小区空口下的 UE。只有当 UE 处于连接状态时，C-RNTI 才有效。

然后，UE 将在 RAR 的时间窗内用 MN-eNB 分配的下行链路 RB 资源监听 PDCCH，以接收对应 RA-RNTI 的 RAR。如果在此 RAR 时间窗内没有接收到 MN-eNB 回复的 RAR，则认为此次随机接入过程失败。

| 6.2 建立 NSA 模式 RRC 连接 |

步骤 1：UE 向 MN-eNB 发送 RRCSetupRequest 消息。

在成功解码 MN-eNB 发送的 Random Access Response 后，通过 UL-CCCH 发送 RRCSetupRequest 消息。该消息的 ASN.1 定义如下，其中，RRCConnection Request-5GC-r15-IEs 表示需要连接到 5GC。

```
RRCConnectionRequest ::= SEQUENCE {
  criticalExtensions CHOICE {
  rrcConnectionRequest-r8 RRCConnectionRequest-r8-IEs,
  rrcConnectionRequest-r15 RRCConnectionRequest-5GC-r15-IEs
  }
}

RRCConnectionRequest-r8-IEs ::= SEQUENCE {
  ue-Identity InitialUE-Identity,
  establishmentCause EstablishmentCause,
  spare BIT STRING (SIZE (1))
}

RRCConnectionRequest-5GC-r15-IEs ::= SEQUENCE {
  ue-Identity InitialUE-Identity-5GC,
  establishmentCause  EstablishmentCause-5GC,
  spare BIT STRING (SIZE (1))
}
```

步骤 2：MN-eNB 通过 DL-CCCH 向 UE 发送 NSA 模式 RRCSetup 消息。

```
RRCConnectionSetup ::=SEQUENCE {
  rrc-TransactionIdentifier RRC-TransactionIdentifier,
  criticalExtensions CHOICE {
  c1 CHOICE {
  rrcConnectionSetup-r8RRCConnectionSetup-r8-IEs,
```

```
spare7 NULL,
spare6 NULL, spare5 NULL, spare4 NULL,
spare3 NULL, spare2 NULL, spare1 NULL
},
criticalExtensionsFuture SEQUENCE {}
}
}
```

步骤 3：UE 向 MN-eNB 发送 NSA 模式 RRCSetupComplete 消息。

收到 RRCSetup 消息后，UE 通过 UL-DCCH 向 MN-eNB 发送 RRCSetup Complete 消息，表示 RRC 已成功建立连接。该消息还携带附着请求（Attach Request）及 PDN 连接请求（PDN Connectivity Request）消息。UE 通过附着（Attach）过程附加到 5GC，以使用 5GS 中的网络服务。通过成功的 Attach 过程，在 MME 中为 UE 建立了上下文。如果 UE 请求 PDN 连接，则在 UE 和 PDN 网关之间建立默认承载，从而实现到 UE 的永远在线 IP 连接。如果 UE 和 MME 支持没有 PDN 连接的 EMM-registered，则在 Attach 过程中 UE 不需要请求默认承载。如果 UE 或 MME 不支持无 PDN 连接的 EMM 注册，则 UE 应请求建立默认承载。在具有默认承载建立的 Attach 过程中，UE 还可以获得归属代理 IPv4 或 IPv6 地址。

```
RRCConnectionSetupComplete ::= SEQUENCE {
 rrc-TransactionIdentifier RRC-TransactionIdentifier,
 criticalExtensions CHOICE {
 c1 CHOICE{
  rrcConnectionSetupComplete-r8 RRCConnectionSetupComplete-r8-IEs,
spare3 NULL, spare2 NULL, spare1 NULL
 },
 criticalExtensionsFuture SEQUENCE {}
 }
}
RRCConnectionSetupComplete-r8-IEs ::= SEQUENCE {
 selectedPLMN-Identity INTEGER (1..maxPLMN-r11),
 registeredMME RegisteredMME OPTIONAL,
 dedicatedInfoNAS DedicatedInfoNAS,
 nonCriticalExtension RRCConnectionSetupComplete-v8a0-IEs OPTIONAL
}
```

其中，Attach Request 消息的定义见表 6.1。

表 6.1　Attach Request 消息

信息单元标识	信息单元	信息单元名称解释	类型/参考	是否存在	格式	长度
	Protocol discriminator	协议鉴别器	Protocol discriminator 9.2	必备	V	1/2
	Security header type	安全标头类型	Security header type 9.3.1	必备	V	1/2
	Attach request message identity	附着请求消息标识	Message type 9.8	必备	V	1

续表

信息单元标识	信息单元	信息单元名称解释	类型/参考	是否存在	格式	长度
	EPS attach type	EPS 附着类型	EPS attach type 9.9.3.11	必备	V	1/2
	NAS key set identifier	NAS 密钥建立标识符	NAS key set identifier 9.9.3.21	必备	V	1/2
	EPS mobile identity	EPS 移动标识	EPS mobile identity 9.9.3.12	必备		5～12
	UE network capability	UE 网络能力	UE network capability 9.9.3.34	必备		3～14
	ESM message container	ESM 消息容器	ESM message container 9.9.3.15	必备	LV-E	5～n
19	Old P-TMSI signature	旧 P-TMSI 签名	P-TMSI signature .26	可选	TV	4
50	Additional GUTI	额外的 GUTI	EPS mobile identity 9.9.3.12	可选	TLV	13
52	Last visited registered TAI	上次访问注册的 TAI	Tracking area identity 9.9.3.32	可选	TV	6
5C	DRX parameter	DRX 参数	DRX parameter 9.9.3.8	可选	TV	3
31	MS network capability	MS 网络能力	MS network capability 9.9.3.20	可选	TLV	4-10
13	Old location area identification	旧位置区域标识	Location area identification 9.9.2.2	可选	TV	6
9-	TMSI status	TMSI 状态	TMSI status 9.9.3.31	可选	TV	1
11	Mobile station classmark 2	移动台分类标识 2	Mobile station classmark 2 9.9.2.4	可选	TLV	5
20	Mobile station classmark 3	移动台分类标识 3	Mobile station classmark 3 9.9.2.5	可选	TLV	2～34
40	Supported Codecs	支持的代码	Supported Codec List 9.9.2.10	可选	TLV	5～n
F-	Additional update type	其他更新的类型	Additional update type 9.9.3.0B	可选	TV	1
5D	Voice domain preference and UE's usage setting	语音域首选项和 UE 的使用设置	Voice domain preference and UE's usage setting 9.9.3.44	可选	TLV	3
D-	Device properties	设备属性	Device properties 9.9.2.0A	可选	TV	1
E-	Old GUTI type	旧 GUTI 类型	GUTI type 9.9.3.45	可选	TV	1
C-	MS network feature support	MS 网络功能支持	MS network feature support 9.9.3.20A	可选	TV	1
10	TMSI based NRI container	TMSI 基于 NRI 容器	Network resource identifier container 9.9.3.24A	可选	TLV	4

信息单元标识	信息单元	信息单元名称解释	类型/参考	是否存在	格式	长度
6A	T3324 value	T3324 值	GPRS timer 2 9.9.3.16A	可选	TLV	3
5E	T3412 extended value	T3412 扩展值	GPRS timer 3 9.9.3.16B	可选	TLV	3
6E	Extended DRX parameters	扩展 DRX 参数	Extended DRX parameters 9.9.3.46	可选	TLV	3
6F	UE additional security capability	UE 附加安全功能	UE additional security capability 9.9.3.53	可选	TLV	6
6D	UE status	UE 状态	UE status 9.9.3.54	可选	TLV	3
17	Additional information requested	额外的信息请求	Additional information requested 9.9.3.55	可选	TV	2

步骤 4：MN-eNB 向 MME 发送 S1AP InitialUEMessage 消息。

MN-eNB 向 MME 发送 S1AP：InitialUEMessage（Attach Request、PDN Connectivity Request），向 MME 转发 Attach Request 和 PDN Connectivity Request。

以下为该消息的编码例子。

```
Internet Protocol Version 4, Src: 192.168.1.1, Dst: 192.168.2.1
S1 Application Protocol
    S1AP-PDU: initiatingMessage (0)
        initiatingMessage
            procedureCode: id-initialUEMessage (12)
            criticality: ignore (1)
            value
                InitialUEMessage
                    protocolIEs: 5 items
                        Item 0: id-eNB-UE-S1AP-ID
                            ProtocolIE-Field
                                id: id-eNB-UE-S1AP-ID (8)
                                criticality: reject (0)
                                value
                                    ENB-UE-S1AP-ID:
                        Item 1: id-NAS-PDU
                            ProtocolIE-Field
                                id: id-NAS-PDU (26)
                                criticality: reject (0)
                                value
                                    NAS-PDU:
                                    Non-Access-Stratum (NAS) PDU
                                        NAS EPS Mobility Management Message Type: Attach request (0x41)
                                        EPS mobile identity
                                            IMSI:
                                        UE network capability
                                        ESM message container
                                            ESM message container contents:
                                                Procedure transaction identity: 145
                                                NAS EPS session management messages: PDN connectivity request
```

```
(0xd0)
                                    Access Point Name
                                        Element ID: 0x28
                                        APN: ABCTEST
                                    Protocol Configuration Options
                                        Element ID: 0x27
                                        Protocol or Container ID: Internet Protocol Control
Protocol (0x8021)
                                            PPP IP Control Protocol
                                                Code: Configuration Request (1)
                                                Identifier: 1 (0x01)
                                                Options: (12 bytes), Primary DNS Server IP Address,
Secondary DNS Server IP Address
                                                    Primary DNS Server IP Address
                                                        Type: Primary DNS Server IP Address (129)
                                                        Primary DNS Address: 0.0.0.0
                                                    Secondary DNS Server IP Address
                                                        Type: Secondary DNS Server IP Address (131)
                                                        Secondary DNS Address: 0.0.0.0
                                        Protocol or Container ID: DNS Server IPv4 Address Request
(0x000d)
                                        Protocol or Container ID: DNS Server IPv6 Address Request
(0x0003)
                                        Protocol or Container ID: IP address allocation via NAS
signalling (0x000a)
                                    DRX Parameter
                                        Element ID: 0x5c
                                        SPLIT PG CYCLE CODE: 32 (32)
                                    MS Network Capability
                                        Element ID: 0x31
                                        Element ID: 0x13
                                            Mobile Country Code (MCC): China (460)
                                            Mobile Network Code (MNC): China Mobile (00)
                                            Location Area Code (LAC): 0x00cc (204)
                                    TMSI Status
                                    Mobile station classmark 2
                                        Element ID: 0x11
                                    Mobile station classmark 3
                                        Element ID: 0x20
                                    Voice Domain Preference and UE's Usage Setting
                                        Element ID: 0x5d
                    Item 2: id-TAI
                        ProtocolIE-Field
                            id: id-TAI (67)
                            criticality: reject (0)
                            value
                                TAI
                                    pLMNidentity:
                                    tAC: 1801
                    Item 3: id-EUTRAN-CGI
                        ProtocolIE-Field
                            id: id-EUTRAN-CGI (900)
                            criticality: ignore (1)
                            value
                                EUTRAN-CGI
                                    cell-ID: 0x0036890
                    Item 4: id-RRC-Establishment-Cause
```

```
ProtocolIE-Field
    id: id-RRC-Establishment-Cause (134)
    criticality: ignore (1)
    value
        RRC-Establishment-Cause: mo-Signalling (3)
```

| 6.3　NSA 模式的认证和密钥协商过程 |

在 NSA 模式下，5G 核心网基于 EPC 实现，因此，UE 与 MME 之间采用 EPS AKA 身份验证和密钥协商过程。EPS AKA 应生成密钥材料，这些密钥材料构成用户面（UP）、RRC 和 NAS 加密密钥及 RRC 和 NAS 完整性保护密钥的基础。MME 通过 ME 将随机质询 $RAND$ 和用于从所选身份验证向量进行网络身份验证的身份验证令牌 $AUTN$ 发送到 USIM。它还包括用于 ME 的 KSI_{ASME}、用于识别 EPS AKA 过程产生的 K_{ASME}，以及从 K_{ASME} 派生的其他密钥。收到该消息后，USIM 将通过检查是否可以接受 $AUTN$ 来验证认证向量的新鲜度。如果可以接受 $AUTN$，USIM 将计算响应 RES 和发送给 ME 的 CK、IK。如果 USIM 通过 CK 和 IK 计算出一个 K_c（GPRS K_c），并将其发送给 ME，则 ME 将忽略 GPRS K_c，并且不将 GPRS K_c 存储在 USIM 或 ME。如果验证失败，则 USIM 会向 ME 指示失败原因，并且在同步失败的情况下通过 $AUTS$ 参数进行鉴权同步。

如上所述，在 $AUTN$ 验证和 AMF 验证成功的情况下，UE 将以包括 RES 的用户认证响应消息进行响应。在这种情况下，ME 使用 KDF 根据 CK、IK 和服务网络的身份（SN ID）计算 K_{ASME}。当成功使用 K_{ASME} 派生的密钥时，SN ID 绑定将隐式认证服务网络的身份。

MME 检查 RES 是否等于 $XRES$。如果相等，则验证成功；否则，取决于 UE 在初始 NAS 消息中使用的身份类型，MME 可以发起其他身份请求或向 UE 发送"身份验证拒绝"消息。

UE 和 HSS 之间共享以下密钥。

（1）K 是存储在 UICC 上的 USIM 和身份验证中心 AuC 中的永久密钥。

（2）CK、IK 是 AKA 运行过程中在 AuC 和 USIM 上派生的一对密钥。CK、IK 应根据其在 EPS 安全上下文还是在传统安全上下文中使用这两种情况进行不同的处理。

作为认证和密钥协议的结果，中间密钥 K_{ASME} 必须在 UE 和 MME 之间共享，即 EPS 的 ASME。

|6.4 MME 与 UE 之间的鉴权信息交互 |

步骤 5：MME 向 UE 发送 NAS 协议：鉴权请求（Authentication Request）消息。

MME 经过 MN-eNB 向 UE 发送 NAS Authentication Request 消息，见表 6.2。发送该消息时，需要使用 NAS 传输（NAS Transport）过程，NAS Transport 的目的是通过 S1 接口承载 UE‐MME 信令，但 MN-eNB 不会解释 NAS 消息。该过程可以使用已有的 UE 关联的逻辑 S1 连接，但如果不存在与 UE 相关的逻辑 S1 连接，则发起并建立与 UE 相关的逻辑 S1 连接。相关的 S1AP 消息包括 INITIAL、UE MESSAGE、DOWNLINK NAS TRANSPORT、UPLINK NAS TRANSPORT 或 REROUTE NAS REQUEST 。

表 6.2　NSA 模式下 Authentication Request 消息

信息单元标识	信息单元	信息单元名称解释	类型/参考	是否存在	格式	长度
	Protocol discriminator	协议鉴别器	Protocol discriminator 9.2	必备	V	1/2
	Security header type	安全标头类型	Security header type 9.3.1	必备	V	1/2
	Authentication request message type	鉴权请求消息类型	Message type 9.8	必备	V	1
	NAS key set identifierASME	NAS 密钥集标识符 ASME	NAS key set identifier 9.9.3.21	必备	V	1/2
	Spare half octet	备用半个八位字节	Spare half octet 9.9.2.9	必备	V	1/2
	Authentication parameter (EPS challenge)	鉴权参数（EPS challenge）	Authentication parameter 9.9.3.3	必备	V	16
	Authentication parameter AUTN (EPS challenge)	鉴权参数 AUTN（EPS challenge）	Authentication parameter AUTN 9.9.3.2	必备		17

以下为 Authentication Request 消息的编码例子。

```
Internet Protocol Version 4, Src: 192.168.2.1, Dst: 192.168.1.1
S1 Application Protocol
    S1AP-PDU: initiatingMessage (0)
        initiatingMessage
            procedureCode: id-downlinkNASTransport (11)
            criticality: ignore (1)
            value
```

```
                    DownlinkNASTransport
                        protocolIEs: 3 items
                            Item 0: id-MME-UE-S1AP-ID
                                ProtocolIE-Field
                                    id: id-MME-UE-S1AP-ID (0)
                                    criticality: reject (0)
                                    value
                                        MME-UE-S1AP-ID:
                            Item 1: id-eNB-UE-S1AP-ID
                                ProtocolIE-Field
                                    id: id-eNB-UE-S1AP-ID (8)
                                    criticality: reject (0)
                                    value
                                        ENB-UE-S1AP-ID:
                            Item 2: id-NAS-PDU
                                ProtocolIE-Field
                                    id: id-NAS-PDU (26)
                                    criticality: reject (0)
                                    value
                                        NAS-PDU:
                                        Non-Access-Stratum (NAS)PDU
                                            NAS EPS Mobility Management Message Type: Authentication request
(0x52)
                                            Authentication Parameter RAND - EPS challenge
                                                RAND value:
                                            Authentication Parameter AUTN (UMTS and EPS authentication challenge)
- EPS challenge
                                                AUTN value:
                                                    SQN xor AK:
                                                    AMF:
                                                    MAC:
```

步骤 6：UE 向 MME 发送 NAS Authentication Response 消息。

UE 经 MN-eNB 向 MME 发送鉴权响应（Authentication Response）消息（见表 6.3）。

表 6.3　NSA 模式下 Authentication Response 消息

信息单元标识	信息单元	信息单元名称解释	类型/参考	是否存在	格式	长度
	Protocol discriminator	协议鉴别器	Protocol discriminator 9.2	Mandatory 必备	V	1/2
	Security header type	安全标头类型	Security header type 9.3.1	Mandatory 必备	V	1/2
	Authentication response message type	鉴权响应消息类型	Message type 9.8	Mandatory 必备	V	1
	Authentication response parameter	验证响应参数	Authentication response parameter 9.9.3.4	Mandatory 必备		5～17

以下为 Authentication Response 消息的编码例子。

```
Internet Protocol Version 4, Src: 192.168.1.1, Dst: 192.168.2.1
S1 Application Protocol
```

```
S1AP-PDU: initiatingMessage (0)
    initiatingMessage
        procedureCode: id-uplinkNASTransport (13)
        criticality: ignore (1)
        value
            UplinkNASTransport
                protocolIEs: 5 items
                    Item 0: id-MME-UE-S1AP-ID
                        ProtocolIE-Field
                            id: id-MME-UE-S1AP-ID (0)
                            criticality: reject (0)
                            value
                                MME-UE-S1AP-ID:
                    Item 1: id-eNB-UE-S1AP-ID
                        ProtocolIE-Field
                            id: id-eNB-UE-S1AP-ID (8)
                            criticality: reject (0)
                            value
                                ENB-UE-S1AP-ID:
                    Item 2: id-NAS-PDU
                        ProtocolIE-Field
                            id: id-NAS-PDU (26)
                            criticality: reject (0)
                            value
                                NAS-PDU:
                                Non-Access-Stratum (NAS)PDU
                                    NAS EPS Mobility Management Message Type: Authentication response
(0x53)
                                        Authentication response parameter
                                            RES:
                    Item 3: id-EUTRAN-CGI
                        ProtocolIE-Field
                            id: id-EUTRAN-CGI (100)
                            criticality: ignore (1)
                            value
                                EUTRAN-CGI
                    Item 4: id-TAI
                        ProtocolIE-Field
                            id: id-TAI (67)
                            criticality: ignore (1)
                            value
                                TAI
```

| 6.5　NSA 模式下 NAS 安全模式控制机制 |

　　NAS 安全模式控制过程的目的是使用 EPS/5GS 安全上下文、相应的 EPS NAS 密钥和 EPS 安全算法初始化，并启动 UE 和 MME 之间的 NAS 信令安全。MME 通过向 UE 发送 SECURITY MODE COMMAND 消息并启动计时器 T3460 来启动 NAS 安全模式控制过程。如果启动了安全模式控制过程，则 MME 必须重置下行链路 NAS COUNT，并使用它来完整性保护初始的 SECURITY MODE COMMAND 消息。MME 应发送未加密的 SECURITY MODE COMMAND 消息，但应使用基于消息中包含的 eKSI 指示的 K_{ASME} 或映射的 K'_{ASME} 的 NAS 完整性密钥对消息进行完整性保护。MME 必须将消息的安全头类型设置为"使用新的 EPS 安全上下文保护的完整性"。UE 将处理 SECURITY MODE COMMAND 消息，该消息包括 NAS 密钥集标识符 IE 中的 KSI 值，设置为"000"，并将 EIA0 和 EEA0 作为选定的 NAS 安全算法，如果接受，则在安全模式控制下创建本地生成的 K_{ASME} 过程。

收到 SECURITY MODE COMMAND 消息后，UE 应检查 SECURITY MODE COMMAND 是否可以接受。这是通过执行消息的完整性检查并通过检查接收到的重放 UE 安全功能、接收到的重放 UE 附加安全功能（如果包含在 SECURITY MODE COMMAND 消息中）及接收到的 nonceUE（未更改）来完成的。仅当接收到具有针对紧急承载服务建立了 PDN 连接的 UE 或正在建立安全承载的 UE 的消息时，UE 才将接受指示"无效完整性保护算法"EIA0 的 SECURITY MODE COMMAND 消息作为选定的 NAS 完整性算法。MME 应在收到 SECURITY MODE COMPLETE 消息后停止计时器 T3460。从那时起，MME 将使用所选的 NAS 完整性和加密算法对所有信令消息进行完整性保护和加密。如果 SECURITY MODE COMPLETE 消息包含带有"连接请求"或"跟踪区域更新请求"消息的"重放 NAS 容器"消息 IE，则 MME 应通过考虑包含在"连接模式"中的"连接请求"或"跟踪区域更新请求"消息来完成正在进行的连接或跟踪区域更新过程。

| 6.6 MME 与 UE 之间的安全模式控制信息交互 |

步骤 7：MME 向 UE 发送 NAS 协议：NAS Security Mode Command 消息。

以下为 NAS Security Mode Command 消息的编码例子。

```
Internet Protocol Version 4, Src: 192.168.2.1, Dst: 192.168.1.1
S1 Application Protocol
   S1AP-PDU: initiatingMessage (0)
      initiatingMessage
         procedureCode: id-downlinkNASTransport (11)
         criticality: ignore (1)
         value
            DownlinkNASTransport
               protocolIEs: 3 items
                  Item 0: id-MME-UE-S1AP-ID
```

```
            ProtocolIE-Field
                id: id-MME-UE-S1AP-ID (0)
                criticality: reject (0)
                value
                    MME-UE-S1AP-ID:
        Item 1: id-eNB-UE-S1AP-ID
            ProtocolIE-Field
                id: id-eNB-UE-S1AP-ID (8)
                criticality: reject (0)
                value
                    ENB-UE-S1AP-ID:
        Item 2: id-NAS-PDU
            ProtocolIE-Field
                id: id-NAS-PDU (26)
                criticality: reject (0)
                value
                    NAS-PDU:
                    Non-Access-Stratum (NAS)PDU
                        Message authentication code:
                        Sequence number: 0
                        NAS EPS Mobility Management Message Type: Security mode command
(0x5d)

                        NAS security algorithms - Selected NAS security algorithms
                        UE security capability - Replayed UE security capabilities
                        IMEISV request
```

步骤 8：UE 向 MME 发送 NAS 协议：NAS Security Mode Complete。

| 6.7　建立 UE 的网络上下文 |

步骤 9：MME 向 MN-eNB 发送 S1AP 协议：InitialContextSetupRequest (Attach Accept、Activate Default EPS Bearer Context Request)。

NSA 模式下 Attach Accept 消息的定义见表 6.4。

表 6.4　NSA 模式下 Attach Accept 消息

信息单元标识	信息单元	信息单元名称解释	类型/参考	是否存在	格式	长度
	Protocol discriminator	协议鉴别器	Protocol discriminator 9.2	必备	V	1/2
	Security header type	安全标头类型	Security header type 9.3.1	必备	V	1/2
	Attach accept message identity	附着接受消息标识	Message type 9.8	必备	V	1
	EPS attach result	EPS 附着结果	EPS attach result 9.9.3.10	必备	V	1/2
	Spare half octet	备用半个八位字节	Spare half octet 9.9.2.9	必备	V	1/2
	T3412 value	T3412 值	GPRS timer 9.9.3.16	必备	V	1

续表

信息单元标识	信息单元	信息单元名称解释	类型/参考	是否存在	格式	长度
	TAI list	TAI 清单	Tracking area identity list 9.9.3.33	必备		7～97
	ESM message container	ESM 消息容器	ESM message container 9.9.3.15	必备	LV-E	5～n
50	GUTI	GUTI	EPS mobile identity 9.9.3.12	可选	TLV	13
13	Location area identification	位置区识别码	Location area identification 9.9.2.2	可选	TV	6
23	MS identity	MS 标识	Mobile identity 9.9.2.3	可选	TLV	7～10
53	EMM cause	EMM 原因	EMM cause 9.9.3.9	可选	TV	2
17	T3402 value	T3402 值	GPRS timer 9.9.3.16	可选	TV	2
59	T3423 value	T3423 值	GPRS timer 9.9.3.16	可选	TV	2
4A	Equivalent PLMNs	等效 PLMN	PLMN list 9.9.2.8	可选	TLV	5～47
34	Emergency number list	紧急号码列表	Emergency number list 9.9.3.37	可选	TLV	5～50
64	EPS network feature support	EPS 网络特征支持	EPS network feature support 9.9.3.12A	可选	TLV	3～4
F-	Additional update result	其他更新结果	Additional update result 9.9.3.0A	可选	TV	1
5E	T3412 extended value	T3412 扩展值	GPRS timer 3 9.9.3.16B	可选	TLV	3
6A	T3324 value	T3324 值	GPRS timer 2 9.9.3.16A	可选	TLV	3
6E	Extended DRX parameters	扩展 DRX 参数	Extended DRX parameters 9.9.3.46	可选	TLV	3
65	DCN-ID	DCN-ID	DCN-ID 9.9.3.48	可选	TLV	4
E-	SMS services status	SMS 服务状态	SMS services status 9.9.3.4B	可选	TV	1
D-	Non-3GPP NW provided policies	非 3GPP NW 提供策略	Non-3GPP NW provided policies 9.9.3.49	可选	TV	1
6B	T3448 value	T3448 值	GPRS timer 2 9.9.3.16A	可选	TLV	3
C-	Network policy	网络策略	Network policy 9.9.3.52	可选	TV	1
6C	T3447 value	T3447 值	GPRS timer 3 9.9.3.16B	可选	TLV	3
7A	Extended emergency number list	扩展紧急号码列表	Extended emergency number list 9.9.3.37A	可选	TLV-E	7～65538
7C	Ciphering key data	加密密钥数据	Ciphering key data 9.9.3.56	可选	TLV-E	35～2291

步骤 10：MN-eNB 向 UE 发送 RRC 协议：UECapacityEnquiry。
查询 UE 的无线能力。

步骤 11：UE 向 MN-eNB 发送 RRC 协议：UECapacityInformation。
反馈 UE 的无线能力。

步骤 12：MN-eNB 向 MME 发送 S1AP：UECapacityInfoIndication。
MN-eNB 向 MME 指示 UE 的能力信息。

步骤 13：MN-eNB 向 UE 发送 RRC 协议：AS Security Mode Command。
MN-eNB 通过 RRC 层通知 UE 启动接入层的安全模式。

步骤 14：UE 向 MN-eNB 发送 RRC 协议：AS Security Mode Complete。
UE 启动 AS 层安全模式，并回复 RRC 的 AS Security Mode Complete 信令。

步骤 15：MN-eNB 向 UE 发送 RRC 协议：RRCReconfiguration(Attach Accept,
Activate Default EPS Bearer Context Request)。
MN-eNB 通知 UE 进行 RRC 连接重新配置。

步骤 16：UE 向 MN-eNB 发送 RRC 协议：RRCReconfigurationComplete
(Attach Complete)。
UE 回复 MN-eNB RRC 重新配置已完成，并捎带 Attach Complete 消息。
Attach Complete 消息的定义见表 6.5。

表 6.5　Attach Complete 消息

信息单元标识	信息单元	信息单元名称解释	类型/参考	是否存在	格式	长度
	Protocol discriminator	协议鉴别器	Protocol discriminator 9.2	必备	V	1/2
	Security header type	安全标头类型	Security header type 9.3.1	必备	V	1/2
	Attach complete message identity	附着完成消息标识符	Message type 9.8	必备	V	1
	ESM message container	ESM 消息容器	ESM message container 9.9.3.15	必备	LV-E	5~n

步骤 17：UE 向 MN-eNB 发送 RRC 协议：Measurement Report。
UE 向 MN-eNB 发送 RRC 测量报告，反馈无线环境信息。

|6.8　UE 加入 5G NR 节点|

步骤 18：MN-eNB 向-> SN-gNB 发送　X2AP：SgNB Addition Request。
SgNB 添加准备过程的目的是请求 SN-gNB 为特定 UE 分配用于 EN-DC 连接操作的资源，该过程使用与 UE 相关的信令。
MeNB 通过将 SGNB ADDITION REQUEST 消息发送到 SN-gNB 来启动该

过程。当 MeNB 发送 SGNB ADDITION REQUEST 消息时，它将启动定时器 TDCprep。

需要进行连接的 SN-gNB 根据完全 E-RAB 级 QoS 参数 IE、请求的 MCG E-RAB 级 QoS 参数 IE 或请求的 SCG E-RAB 级 QoS 参数 IE 中包含的分配和保留优先级 IE 的值进行资源分配。

（1）如果 SGNB ADDITION REQUEST 消息包含服务 PLMN IE，则 en-gNB 可以将其用于 RRM。

（2）如果 SGNB ADDITION REQUEST 消息包含预期的 UE 行为 IE，则 en-gNB（如果支持）应存储此信息，并可以使用它来优化资源分配。

（3）如果 SGNB ADDITION REQUEST 消息包含切换限制列表 IE，则 en-gNB 节点（如果支持）将存储此信息，并使用它来选择适当的 NR 小区。

（4）如果 SGNB ADDITION REQUEST 消息包含 MeNB 资源协调信息 IE，则 en-gNB 应该将其转发到较低层，并且可以将其与 MeNB 进行资源协调。en-gNB 将认为接收到的 UL 协调信息 IE 值有效，直到接收到针对同一 UE 的新更新的 IE 为止。如果 MeNB 资源协调信息 IE 中包含 MeNB 协调辅助信息 IE，则 en-gNB（如果支持）将使用该信息来确定 en-gNB 与 MeNB 之间资源利用的进一步协调。

SN-gNB 将根据 NR UE 安全能力 IE 中的信息和本地配置的 AS 加密算法的优先级列表来选择加密算法，并应用 SgNB 安全密钥 IE 中指示的密钥。

如果 SGNB ADDITION REQUEST 消息包含 RAT/Frequency Priority IE 的用户配置文件 ID，则 en-gNB 可以将其用于 RRM。

如果 SGNB ADDITION REQUEST 消息包含附加 RRM 策略索引 IE，则 en-gNB 可以将其用于 RRM。en-gNB 将在 MeNB 小区 IDIE 中指示的 E-UTRAN 小区的 NR 个邻居小区中搜索目标 NR 小区。

如果 SGNB ADDITION REQUEST 消息中包含 Masked IMEISV IE，则 en-gNB（如果支持）应使用它来确定 UE 的特性以进行后续处理。

SN-gNB 必须在 SGNB ADDITION REQUEST ACKNOWLEDGE 消息中通过以下方式向 MN-eNB 报告所有请求的 E-RAB 的结果。

（1）成功建立的 E-RAB 列表应包含在允许添加列表 IE 的 E-RAB 中。

（2）未能建立的 E-RAB 列表应包含在 E-RAB 不允许列表 IE 中。

对于在 SN-gNB 中成功建立的每个 E-RAB，en-gNB 将在 SGNB ADDITION REQUEST ACKNOWLEDGE 消息中向 MeNB 报告与 SGNB ADDITION REQUEST 消息中接收到的相同的 EN-DC 资源配置 IE 中的值。

对于在 SN-gNB 上请求分配 PDCP 实体的每个 E-RAB，MeNB 可以建议通

过将 DL 转发 IE 包含在 E-RAB 中来应用下行链路数据的转发，E-RAB 是 SGNB ADDITION REQUEST 消息要添加的 IE。对于已决定接受的每个 E-RAB，en-gNB 可以将 DL 转发 GTP 隧道端点 IE 包含在 SGNB ADDITION REQUEST ACKNOWLEDGE 消息允许添加的 E-RAB 中，以表明它接受了提议的 E-RAB，转发该承载的下行数据。

收到 SGNB ADDITION REQUEST ACKNOWLEDGE 消息后，MN-eNB 将停止定时器 TDCprep。如果 SGNB ADDITION ACKNOWLEDGE 消息包含 SgNB 资源协调信息 IE，则 MN-eNB 可以将其用于与 SN-gNB 进行资源协调。MN-eNB 将认为接收到的 UL 协调信息 IE 值是有效的，直到接收到针对同一 UE 的新更新的 IE 为止。如果 SgNB 资源协调信息 IE 中包含 SgNB 协调辅助信息 IE，则 MN-eNB 将使用该信息来进一步协调 SN-gNB 与 MN-eNB 之间的资源利用。

MN-eNB 向 NR 的 SN-gNB 发送 X2AP 的 SgNB Addition Request 消息，申请接入 NR。

步骤 19：SN-gNB 向 MN-eNB 发送 X2AP：SgNB Addition Request Acknowledge。

SN-gNB 向 MN-eNB 发送 X2AP：SgNB Addition Request Acknowledge 消息，确认可以接入 NR。

步骤 20：MN-eNB 向 UE 发送 RRC 协议：RRC Connection Reconfiguration for 5G-NR Bearer。

MN-eNB 通知 UE 进行 RRC 连接针对 5G-NR 的重配置。

步骤 21：UE 向 MN-eNB 发送 RRC 协议：RRC Connection Reconfiguration Complete for 5G-NR Bearer。

UE 向 MN-eNB 反馈 RRC 连接针对 5G-NR 的重配置的结果。

步骤 22：MN-eNB 向 SN-gNB 发送 X2AP：SgNB Reconfiguration Complete。

MN-eNB 告知 SN-gNB UE 已完成 RRC 连接的重配置。

步骤 23：MN-eNB 向 SN-gNB 发送 X2AP：SN Status Transfer。

SN 状态传输（SN Status Transfer）过程的目的是在 X2 切换过程中在涉及双重连接的 eNB 之间传送接入层的上下文信息（包含数据和状态）。MN-eNB 将服务网络信息转发给 SN-gNB。

步骤 24：UE 与 SN-gNB 通信：完成接入 5G NR 的相应步骤。

UE 与 SN-gNB 协同完成 5G NR 接入的相应步骤。

## 第 7 章

5G 接入网的网络安全

虽然 5G 网络协议在安全防护方面有了加强，但是还存在未加密和完整性保护的消息，而这些消息将成为网络攻击的目标，攻击方法包括用户终端身份标识伪造、系统信息的伪造或重放、数据通信中的劫持等。由于接入网是直接与外部网络连接的，最容易受到安全攻击。由于多网共存，既要考虑 5G 接入网自身的安全，又要兼顾对 3G/4G 可能存在的攻击进行防御，包括风险分析、建立和完善面向接入网的防护机制。

|7.1 5G 接入网的网络安全风险|

5G 网络在用户身份保护方面有了很多改进,包括在信令中不再传输用户真实身份信息、更强的加密算法、支持空口的加密和完整保护等,这给网络用户提供了更高强度的安全保障能力。但是,由于空口的开放性,依然存在多种攻击的可能性,包括无线窃听、信令数据篡改、身份假冒、伪装服务、重放攻击、信号干扰、伪基站、侧信道攻击、信令风暴、DDoS 攻击、切换攻击、降级攻击等各种威胁。

研究指出,对 5G 网络中开放设备的 TMSI 和寻呼事件的攻击可能使攻击者跟踪受害设备的位置,劫持寻呼信道;零机密和零完整性攻击可能导致 UE 在受限服务模式下暴露 SUPI。

此外,在各种网络制式下都可能存在多种特有的攻击方式并造成相互影响。因此,既要考虑 5G 接入网自身的安全,又要兼顾对其他网络可能存在的攻击进行防御。

|7.2　5G 接入网的网络安全防护|

为了加强对空口的安全保护，除了进一步推动 RRC 相关协议的安全机制外，还可以采取对空口信令进行主动监听和分析来发现攻击行为。通过分析空口信令的过程，可以找出未受网络安全算法保护的信令。通过对网络中信令交互情况进行统计分析，可以建立 RRC 各种信令的收发模型，包括信令的次数、时延、成功率等指标。RAN 的网元应能对这些指标进行统计和监控，建立信令安全基线，及时发现网络中的异常情况并采取防护措施，可以通过网络设备的性能管理功能来进行信令统计，实现对各种交互流程和信令数量的统计进行更加深入和灵活的网络安全监控。

通过空口发起攻击的主要步骤是监听和猜测。其中，监听是无法限制的，毕竟所有手机终端都需要通过监听获取通信系统的信息；对于猜测行为，往往需要进行多次尝试或者穷举各种可能，这就会造成 RRC 层信令的增加，尤其会使 RRC 主要过程成功率的信令条数增加。通过定义 RRC 层安全关键指标的统计方法，结合这些指标的小区、时间、业务、终端类型、AMF、SMF 等维度分析，可以及时发现网络异常行为。以下是一些可用于发现 RRC 层安全异常情况的指标，以及对应消息的格式定义。

1. RRC 恢复次数和成功率

RRC 恢复次数 = RRCResumeRequest 次数；

RRC 恢复成功率 = RRCResumeComplete 次数/RRCResumeRequest 次数。

RRCResumeRequest 消息见表 7.1。

表 7.1　RRCResumeRequest 消息

序号	一级名称	一级名称解释	层次	类型	选项	长度
	RRCResume Request	无线资源控制 RRC 恢复请求	0	序列	需要	
(1)	> rrcResume Request	无线资源控制 RRC 恢复请求	1（个）	RRCResume Request-IE	需要	
(2)	>> RRCResume Request-IE	RRCResumeRequest-IE	2	序列	需要	
(3)	>>>恢复身份	UE 标识促进 gNB 处的 UE 上下文检索	3	Short-RNTI 值	需要	

续表

序号	一级名称	一级名称解释	层次	类型	选项	长度
(4)	>>>> ShortI-RNTI 值	短的 I-无线网络临时身份—值	4	位串	需要	24
(5)	>>>恢复 MAC-I	使用 3GPP TS 38 331 的 5.3.13.3 节规定的安全配置计算 MAC-I 的 16 个最低有效位	3	位串	需要	16
(6)	>>>恢复原因	提供由上层或 RRC 提供的 RRC 连接恢复请求的恢复原因。由于 UE 使用未知原因值,因此,不期望网络拒绝 RRCResumeRequest	3	恢复原因	需要	
(7)	>>>>恢复原因	提供由上层或 RRC 提供的 RRC 连接恢复请求的恢复原因。由于 UE 使用未知原因值,因此,不期望网络拒绝 RRCResumeRequest	4	枚举的 紧急 highPriorityAccess MT-访问 MO-信号 MO-数据 MO-VoiceCall MO-视频呼叫 MO-SMS RNA 的更新 MPS-PriorityAccess MCS-PriorityAccess spare1 中 域 spare2 spare3 spare4 spare5	需要	
(8)	>>>备用	备用	3	位串	需要	1

RRCResumeComplete 消息见表 7.2。

表 7.2　RRCResumeComplete 消息

序号	字段名称	字段名称解释	层次	类型	选项	长度
	RRCResumeComplete	无线资源控制 RRC 恢复完成	0	SEQUENCE	需要	
(1)	> rrc-TransactionIdentifier	无线资源控制—传送标识符	1	RRC-Transaction Identifier	需要	
(2)	>> RRC-Transaction Identifier	无线资源控制—传送标识符	2	INTEGER [(0, 3)]	需要	
(3)	> criticalExtensions	关键扩展	1	CHOICE: rrcResume Complete criticalExtensions Future	需要	

续表

序号	字段名称	字段名称解释	层次	类型	选项	长度
(4)	>> rrcResume Complete	无线资源控制 RRC 恢复完成	2	RRCResume Complete-IEs	需要	
(5)	>>> RRCResume Complete-IEs	RRC 恢复完成 IEs	3	SEQUENCE	需要	
(6)	>>>> dedicated NAS-Message	专用的非接入层消息	4	DedicatedNAS-Message	可选	
(7)	>>>>> Dedicated NAS-Message	专用的非接入层消息	5	OCTET STRING	需要	
(8)	>>>> selected PLMN-Identity	选择的公共陆地移动网络—标识	4	INTEGER [(1, maxPLMN)]	可选	
(9)	>>>> uplinkTx DirectCurrentList	如果 NW 请求，则配置服务小区和 BWP 的 Tx 直流当前位置（请参阅 reportUplink TxDirectCurrent）	4	UplinkTxDirect CurrentList	可选	
(10)	>>>>> UplinkTx DirectCurrentList	如果 NW 请求，则配置服务小区和 BWP 的 Tx 直流当前位置（请参阅 reportUplink TxDirectCurrent）	5	SEQUENCE OF	需要	(1, max NrofServing Cells)
(11)	>>>>>> UplinkTx DirectCurrentCell	当前小区上行链路传输	6	SEQUENCE	需要	
(12)	>>>>>>> serv CellIndex	提供 PSCell 的小区 ID。主小区组的 PCell 使用 ID = 0；服务小区的服务小区 ID 对应于 uplinkDCLocationsPerBWP	7	ServCellIndex	需要	
(13)	>>>>>>>> Serv CellIndex	提供 PSCell 的小区 ID。主小区组的 PCell 使用 ID = 0；服务小区的服务小区 ID 对应于 uplinkDCLocationsPerBWP	8	INTEGER [(0, maxNrofServing Cells-1)]	需要	
(14)	>>>>>>> uplink DirectCurrentBWP	在相应服务小区配置的所有上行链路 BWP 的 Tx 直流位置	7	SEQUENCE OF	需要	(1, max NrofBWPs)
(21)	>>>> lateNon CriticalExtension	后期非关键扩展	4	OCTET STRING	可选	
(22)	>>>> nonCritical Extension	非关键扩展	4	SEQUENCE	可选	
(23)	>> critical ExtensionsFuture	未来的关键扩展	2	SEQUENCE	需要	

2. RRC 连接重建立次数和成功率

RRC 连接重建立次数 = RRCReestablishment 次数；

RRC 连接重建立成功率 = RRCReestablishmentComplete 次数/RRCReestablishment 次数。

RRCReestablishment 消息见表 7.3。

表 7.3　RRCReestablishment 消息

序号	字段名称	字段名称解释	层次	类型	选项	长度
	RRCReestablishment Request	无线资源控制 RRC 重建立请求	0	SEQUENCE	需要	
(1)	> rrcReestablishment Request	无线资源控制 RRC 重建立请求	1	RRCReestablishment Request-IEs	需要	
(2)	>> RRCReestablishment Request-IEs	RRC 重建立请求 IEs	2	SEQUENCE	需要	
(3)	>>> ue-Identity	用户设备—标识符	3	ReestabUE-Identity	需要	
(4)	>>>> ReestabUE-Identity	重建立用户设备—标识符	4	SEQUENCE	需要	
(5)	>>>>> c-RNTI	小区-无线网络临时身份	5	RNTI-Value	需要	
(6)	>>>>>> RNTI-Value	无线网络临时标识-值	6	INTEGER [(0, 65535)]	需要	
(7)	>>>>> physCellId	UE 在故障之前连接到的 Pcell 的物理小区标识；小区列表中小区的物理小区标识	5	PhysCellId	需要	
(8)	>>>>>> PhysCellId	UE 在故障之前连接到的 Pcell 的物理小区标识；小区列表中小区的物理小区标识	6	INTEGER [(0, 1007)]	需要	
(9)	>>>>> shortMAC-I	短的媒体访问控制-完整性	5	ShortMAC-I	需要	
(10)	>>>>>> ShortMAC-I	短的媒体访问控制-完整性	6	BIT STRING	需要	16
(11)	>>> reestablishment Cause	重建立原因	3	Reestablishment Cause	需要	
(12)	>>>> Reestablishment Cause	重建立原因	4	ENUMERATED reconfigurationFailure handoverFailure otherFailure spare1	需要	
(13)	>>> spare	备用	3	BIT STRING	需要	1

RRCReestablishmentComplete 消息见表 7.4。

表 7.4　RRCReestablishmentComplete 消息

序号	字段名称	字段名称解释	层次	类型	选项	长度
	RRCReestablishment Complete	无线资源控制 RRC 重建立完成	0	SEQUENCE	需要	

序号	字段名称	字段名称解释	层次	类型	选项	长度
(1)	> rrc-Transaction Identifier	无线资源控制—传送标识符	1	RRC-Transaction Identifier	需要	
(2)	>> RRC-Transaction Identifier	无线资源控制—传送标识符	2	INTEGER [(0, 3)]	需要	
(3)	> criticalExtensions	关键扩展	1	CHOICE: rrcReestablishment Completecritical ExtensionsFuture	需要	
(4)	>> rrcReestablishment Complete	无线资源控制 RRC 重建立完成	2	RRCReestablishment Complete-IEs	需要	
(5)	>>> RRCReestablishment Complete-IEs	RRC 重建立完成 IEs	3	SEQUENCE	需要	
(6)	>>>> lateNonCritical Extension	后期非关键扩展	4	OCTET STRING	可选	
(7)	>>>> nonCritical Extension	非关键扩展	4	SEQUENCE	可选	
(8)	>> criticalExtensions Future	未来的关键扩展	2	SEQUENCE	需要	

3．AS 安全命令次数和成功率

AS 安全命令次数 = SecurityModeCommand 次数；

AS 安全命令成功率 = SecurityModeComplete 次数/SecurityModeCommand 次数。

AS SecurityModeCommand 消息见表 7.5。

表 7.5　AS SecurityModeCommand 消息

序号	字段名称	字段名称解释	层次	类型	选项	长度
	SecurityMode Command	安全模式命令	0	SEQUENCE	需要	
(1)	> rrc-Transaction Identifier	无线资源控制—传送标识符	1	RRC-Transaction Identifier	需要	
(2)	>> RRC-Transaction Identifier	无线资源控制—传送标识符	2	INTEGER [(0, 3)]	需要	
(3)	> criticalExtensions	关键扩展	1	CHOICE:security Mode Command critical ExtensionsFuture	需要	
(4)	>> securityMode Command	安全模式命令	2	SecurityMode Command-IEs	需要	

续表

序号	字段名称	字段名称解释	层次	类型	选项	长度
(5)	>>> SecurityMode Command-IEs	SecurityModeCommand-IEs	3	SEQUENCE	需要	
(6)	>>>> security ConfigSMC	安全配置安全模式命令	4	SecurityConfig SMC	需要	
(7)	>>>>> Security ConfigSMC	安全配置安全模式命令	5	SEQUENCE	需要	
(8)	>>>>>> security Algorithm Config	表示使用此 radioBearerConfig 中的列表配置的信令和数据无线承载的安全算法。当不包括该字段时，除了从 NR 到 E-UTRA/5GC 的移动性之外，UE 将继续使用当前配置的安全算法用于与该 radioBearerConfig 中的列表重新配置的无线承载	6	Security Algorithm Config	需要	
(9)	>>>>>>> Security AlgorithmConfig	表示使用此 radioBearerConfig 中的列表配置的信令和数据无线承载的安全算法。当不包括该字段时，除了从 NR 到 E-UTRA / 5GC 的移动性之外，UE 将继续使用当前配置的安全算法用于与该 radioBearerConfig 中的列表重新配置的无线承载	7	SEQUENCE	需要	
(10)	>>>>>>>> cipheringAlgorithm	表示用于 SRB 和 DRB 的加密算法，如 3GPP TS 33.501 中所规定的。算法 nea0～nea3 与 LTE 的算法 eea0～3 相同。对于 EN-DC，使用 KeNB 为承载配置的算法应与使用 KeNB 的所有承载相同，并且为使用 S-KgNB 的承载配置的算法应与使用 S-KgNB 的所有承载相同。如果未配置 EN-DC，则所有承载的算法应相同	8	Ciphering Algorithm	需要	
(12)	>>>>>>>> integrity ProtAlgorithm	对于 EN-DC，该 IE 表示用于 SRB 的完整性保护算法，如 3GPP TS 33.501 中所规定的。算法 nia0～nia3 与 LTE 的算法 eia0～3 相同。对于 EN-DC，使用 KeNB 为 SRB 配置的算法应与使用 KeNB 的所有 SRB 相同，并且为使用 S-KgNB 的承载配置的算法应与使用 S-KgNB 的所有承载相同。网络不配置 nia0 代表 SRB3。如果未配置 EN-DC，则此字段必须存在，并且所有承载的算法应相同	8	IntegrityProt Algorithm	可选	

续表

序号	字段名称	字段名称解释	层次	类型	选项	长度
(14)	>>>> lateNon CriticalExtension	后期非关键扩展	4	OCTET STRING	可选	
(15)	>>>> nonCritical Extension	非关键扩展	4	SEQUENCE	可选	
(16)	>> critical ExtensionsFuture	未来的关键扩展	2	SEQUENCE	需要	

AS SecurityModeComplete 消息见表 7.6。

表 7.6 AS SecurityModeComplete 消息

序号	字段名称	字段名称解释	层次	类型	选项	长度
	SecurityModeComplete	安全模式完成	0	SEQUENCE	需要	
(1)	> rrc-Transaction Identifier	无线资源控制—传送标识符	1	RRC-Transaction Identifier	需要	
(2)	>> RRC-Transaction Identifier	无线资源控制—传送标识符	2	INTEGER [(0, 3)]	需要	
(3)	> criticalExtensions	关键扩展	1	CHOICE: securityModeComplete criticalExtensionsFuture	需要	
(4)	>> securityMode Complete	安全模式完成	2	SecurityMode Complete-IEs	需要	
(5)	>>> SecurityMode Complete-IEs	安全模式完成 IEs	3	SEQUENCE	需要	
(6)	>>>> lateNonCritical Extension	后期非关键扩展	4	OCTET STRING	可选	
(7)	>>>> nonCritical Extension	非关键扩展	4	SEQUENCE	可选	
(8)	>> criticalExtensions Future	未来的关键扩展	2	SEQUENCE	需要	

4. RRC 连接次数和成功率

RRC 连接次数 = RRCSetupRequest 次数；

RRC 连接成功率 = RRCSetupComplete 次数/RRCSetupRequest 次数。

RRCSetupRequest 消息见表 7.7。

表 7.7 RRCSetupRequest 消息

序号	字段名称	字段名称解释	层次	类型	选项	长度
	RRCSetupRequest	无线资源控制 RRC 建立请求	0	SEQUENCE	需要	
(1)	> rrcSetupRequest	无线资源控制 RRC 建立请求	1	RRCSetupRequest-IEs	需要	

续表

序号	字段名称	字段名称解释	层次	类型	选项	长度
(2)	>> RRCSetup Request-IEs	RRC 建立请求信息元素	2	SEQUENCE	需要	
(3)	>>> ue-Identity	用户设备—标识	3	InitialUE-Identity	需要	
(4)	>>>> InitialUE-Identity	初始 UE 身份	4	CHOICE: ng-5G-S-TMSI-Part1 randomValue	需要	
(5)	>>>>> ng-5G-S-TMSI-Part1	5G 特定临时移动用户身份—第一部分	5	BIT STRING	需要	39
(6)	>>>>> random Value	随机值	5	BIT STRING	需要	39
(7)	>>> establishment Cause	根据从上层接收的信息提供 RRC 请求的建立原因。由于 UE 使用未知原因值，因此，不期望 gNB 拒绝 RRCSetup Request	3	EstablishmentCause	需要	
(8)	>>>> Establishment Cause	根据从上层接收的信息提供 RRC 请求的建立原因。由于 UE 使用未知原因值，因此，不期望 gNB 拒绝 RRCSetup Request	4	ENUMERATED emergency highPriorityAccess mt-Access mo-Signalling mo-Data mo-VoiceCall mo-VideoCall mo-SMS mps-PriorityAccess mcs-PriorityAccess spare6 spare5 spare4 spare3 spare2 spare1	需要	
(9)	>>> spare	备用	3	BIT STRING	需要	1

RRCSetupComplete 消息见表 7.8。

表 7.8　RRCSetupComplete 消息

序号	字段名称	字段名称解释	层次	类型	选项	长度
	RRCSetupComplete	无线资源控制 RRC 建立完成	0	SEQUENCE	需要	
(1)	> rrc-Transaction Identifier	无线资源控制—传送标识符	1	RRC-Transaction Identifier	需要	

续表

序号	字段名称	字段名称解释	层次	类型	选项	长度
(2)	>> RRC-Transaction Identifier	无线资源控制—传送标识符	2	INTEGER [(0, 3)]	需要	
(3)	> criticalExtensions	关键扩展	1	CHOICE: rrcSetupComplete criticalExtensions Future	需要	
(4)	>> rrcSetupComplete	无线资源控制 RRC 建立完成	2	RRCSetup Complete-IEs	需要	
(5)	>>> RRCSetup Complete-IEs	RRC 建立完成信息元素	3	SEQUENCE	需要	
(6)	>>>> selected PLMN-Identity	选择的公共陆地移动网络—标识	4	INTEGER [(1, maxPLMN)]	需要	
(7)	>>>> registeredAMF	该字段用于传输 UE 注册的 AMF，如上层所提供的	4	RegisteredAMF	可选	
(8)	>>>>> RegisteredAMF	该字段用于传输 UE 注册的 AMF，如上层所提供的	5	SEQUENCE	需要	
(9)	>>>>>> plmn-Identity	公共陆地移动网络—标识	6	PLMN-Identity	可选	
(10)	>>>>>>> PLMN-Identity	公共陆地移动网络—标识	7	SEQUENCE	需要	
(11)	>>>>>>>> mcc	移动国家代码	8	MCC	可选	
(16)	>>>>>>>> mnc	第一个元素包含第一个 MNC 数字，第二个元素包含第二个 MNC 数字，依此类推。见 3GPP TS 23.003	8	MNC	需要	
(20)	>>>>>> amf-Identifier	访问和移动管理功能—标识	6	AMF-Identifier	需要	
(21)	>>>>>>> AMF-Identifier	访问和移动管理功能—标识	7	BIT STRING	需要	24
(22)	>>>> guami-Type	GUAMI 类型	4	ENUMERATED native mapped	可选	
(23)	>>>> s-nssai-List	S-NSSAI 列表	4	SEQUENCE OF	可选	(1, max NrofS-NSSAI) S-NSSAI S-NSSAI
(24)	>>>>>>> S-NSSAI	单一网络切片选择辅助信息	7	CHOICE: sst sst-SD	需要	
(25)	>>>>>>>> sst	切片服务类型	8	BIT STRING	需要	8

续表

序号	字段名称	字段名称解释	层次	类型	选项	长度
(26)	>>>>>>>>> sst-SD	表示 S-NSSAI 由 Slice/Service Type 和 Slice Differentiator 组成，参见 3GPP TS 23.003	8	BIT STRING	需要	32
(27)	>>>> dedicated NAS-Message	专用的非接入层消息	4	DedicatedNAS-Message	需要	
(28)	>>>>> Dedicated NAS-Message	专用的非接入层消息	5	OCTET STRING	需要	
(29)	>>>> ng-5G-S-TMSI-Value	5G 特定临时移动用户身份值	4	CHOICE: ng-5G-S-TMSI ng-5G-S-TMSI-Part2	可选	
(30)	>>>>> ng-5G-S-TMSI	5G 特定临时移动用户身份	5	NG-5G-S-TMSI	需要	
(31)	>>>>>> NG-5G-S-TMSI	5G 特定临时移动用户身份	6	BIT STRING	需要	48
(32)	>>>>> ng-5G-S-TMSI-Part2	5G 特定临时移动用户身份—第二部分	5	BIT STRING	需要	9
(33)	>>>> lateNonCritical Extension	后期非关键扩展	4	OCTET STRING	可选	
(34)	>>>> nonCritical Extension	非关键扩展	4	SEQUENCE	可选	
(35)	>> critical ExtensionsFuture	未来的关键扩展	2	SEQUENCE	需要	

5. 寻呼次数

寻呼次数 = Paging 次数。

Paging 消息见表 7.9。

表 7.9　Paging 消息

序号	字段名称	字段名称解释	层次	类型	选项	长度
	Paging	寻呼	0	SEQUENCE	需要	
(1)	> paging RecordList	寻呼记录列表	1	PagingRecordList	可选	
(2)	>> Paging RecordList	寻呼记录列表	2	SEQUENCE OF	需要	(1, max NrofPage Rec)
(3)	>>> PagingRecord	寻呼记录	3	SEQUENCE	需要	

续表

序号	字段名称	字段名称解释	层次	类型	选项	长度
(4)	>>>> ue-Identity	用户设备—标识	4	PagingUE-Identity	需要	
(5)	>>>>> PagingUE-Identity	寻呼用户设备—标识	5	CHOICE: ng-5G-S-TMSI i-RNTI	需要	
(6)	>>>>>> ng-5G-S-TMSI	5G 特定临时移动用户身份	6	NG-5G-S-TMSI	需要	
(7)	>>>>>>> NG-5G-S-TMSI	5G 特定临时移动用户身份	7	BIT STRING	需要	48
(8)	>>>>>> i-RNTI	非激活状态—无线网络临时身份	6	I-RNTI-Value	需要	
(9)	>>>>>>> I-RNTI-Value	非激活状态—无线网络临时标识-值	7	BIT STRING	需要	40
(10)	>>>> accessType	访问类型	4	ENUMERATED non3GPP	可选	
(11)	> lateNonCritical Extension	后期非关键扩展	1	OCTET STRING	可选	
(12)	> nonCritical Extension	非关键扩展	1	SEQUENCE	可选	

通过对 RRC 层关键信息的完整解析，可见这些 RRC 层的信令协议基本上没有进行机密性保护和完整性保护，通过空口的监听就可能获取其中关键内容，因此，这也是空口安全风险点。在对这些指标进行统计时，不仅要统计相关信令类型的次数，还需要进一步挖掘其中细分字段的详细信息，通过拓展多个维度的分析才能更好地发现异常情况。例如，对 RRCSetup 消息的相关指标分析，除了需要统计 RRCSetup 消息的次数外，还应细分其发起连接的原因，即 EstablishmentCause 字段，该字段的取值范围包括 emergency、highPriority-Access、mt-Access、mo-Signalling、mo-Data、mo-VoiceCall、mo-VideoCall、mo-SMS、mps-PriorityAccess、mcs-PriorityAccess 等，通过对每一种可能性进行分析，可以掌握网络终端的行为模式，进而有助于判断是否是异常攻击造成的。如果能够将这些信令与具体的用户身份进行关联，则对异常行为的发现能力将进一步提高。例如，如果发现在某一时刻用户出现在其非常驻地点，则可以判定为一种异常行为。通过对 RRC 及核心网信令的深度分析，网络运营商可以制订更多更灵活的异常监测方案。

虽然 5G 网络协议在安全防护方面有了加强，但是还存在未加密和完整性

保护的消息，而这些消息将成为网络攻击的目标，攻击方法包括用户终端身份标识伪造、系统信息的伪造或重放、数据通信中的劫持等。通过对 5G 网络测量报告的采集分析，可实现对无线网络攻击源的发现和定位。由于无线网络攻击源可通过发射高功率信号来吸引 UE，因此，测量报告中的接收信号强度和位置信息可用于检测无线网络攻击源。它们还可用于检测不经修改而重放真实 MIB/SIB 的无线网络攻击源。

在 RRC_CONNECTED 模式下，UE 根据网络提供的测量配置向网络发送测量报告。这些测量报告具有安全价值，可用于检测无线网络攻击源或 SUPI/5G-GUTI 捕获器。网络可以选择通过不同的实现方式（如 UE、跟踪区域或持续时间）对测量报告进行分析，以检测无线网络攻击源。

3GPP 中安全小组（称为 SA3）认为，从设备接收到的无线状况信息可能包含无线网络攻击源的指纹，并已基于此信息描述了一个可靠的框架，使移动网络能够可靠地检测到此类虚假基站。该框架可以通过设备报告给网络无线环境的测量值，以管理无线链路或网络拓扑，基于在网络中采集到的数据（需要相应设备的硬件支持），可以实现相应检测机制以检测数据中的异常情况（如是否存在无线网络攻击源），而无须建立新的测量机制。对于支持该框架的网络设备，可以按要求执行进行无线扫描的频率和周期，并定义需要收集的信息，如相邻的基站小区标识符和接收信号强度等。这些信息将其回传给网络。网络结合其他相关信息（如网络小区拓扑）可以分析该设备报告的信息。如果所报告的信息中的异常指示在某个区域中存在或可能存在无线网络攻击源，则可以采取进一步的措施，包括进行三角测量等定位方法。

图 7.1 展示了 5G 网络中完整的测量报告，其中，measResultBestNeighCell 字段可报告邻区信号情况。

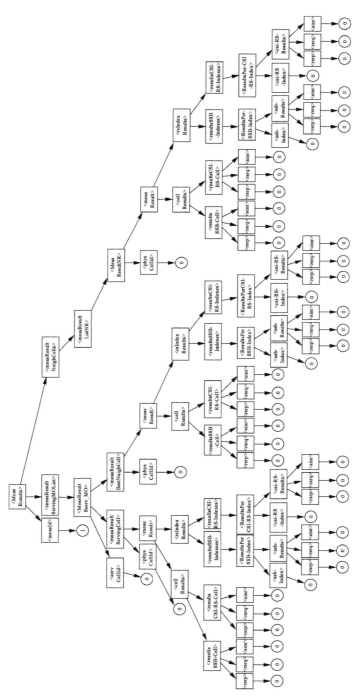

图 7.1　5G 网络中完整的测量报告

第 8 章

5G 核心网的网络安全

5G核心网的网络安全风险包括多个方面：容易受到信令风暴攻击、DDoS流量攻击、非授权或越权访问、切片非法接入和跨切片攻击、不同PLMM之间的互访攻击、平台漏洞和虚拟机攻击、指令劫持、窃听、数据规则篡改等。在5G核心网的安全防护方面，需要建立面向核心网的安全防护体系，还需要考虑核心网互联的安全要求。

|8.1　5G 核心网的网络安全风险|

　　5G 核心网采用扁平体系结构的 IP 化方案，通过服务化架构实现，核心网的网络功能得到进一步简化，可以实现不同的数据服务和要求，大部分网络功能基于软件实现，使网络更加开放，更加贴近用户感知。5G 核心网引入了 NFV/SDN 技术。NFV 技术实现底层物理资源到虚拟化资源的映射，构造虚拟机，加载网络逻辑功能，虚拟化系统实现对虚拟机基础设施平台的统一管理和资源动态重配置；SDN 则实现虚拟机之间的逻辑连接，构建承载信令和数据流的通路，最终实现接入网和核心网功能单元的动态连接，配置端到端的业务链，实现灵活组网。5G 网络支持网络可切片化，使定制网络可为企业提供定制化的专用网络体系。网络切片的功能包括切片管理、切片选择、共享切片或独立切片实体、切片的虚拟化管理与编排等。网络切片分为公共部分和独立部分，公共部分是可以共用的功能，一般包括签约信息、鉴权、策略等相关功能模块；独立部分是每个切片按需定制的功能，一般包括会话管理、移动性管理等相关功能模块。边缘计算、云计算等技术的引入，也使网络资源调配和用户感知得到了极大的提升。

5G 核心网的网络安全风险包括以下几个方面：由于核心网需要对全网 NAS 信令进行集中处理，容易受到信令风暴/DDoS 流量攻击；网络功能服务的开放性可能受到非授权、越权访问；在切片管理方面，如果不能确保切片管理安全可控，则可能引起切片非法接入和跨切片攻击，从而消耗网络资源；SBA 架构下的互联互通更加开放，容易引起不同 PLMM 之间的互访攻击；网络中大量采用的云计算技术存在平台漏洞和虚拟机攻击风险，包括 IT 系统入侵、风险漏洞和"僵木蠕"攻击等；对于 SDN 技术，需要规避指令劫持、窃听、数据规则篡改等攻击。

|8.2　5G 核心网的网络安全防护|

在 5G 核心网组网建设时，应考虑安全需求。在不同的核心网之间应通过部署防火墙等方法进行边界防护，也可以针对不同的安全域之间实际的通信业务要求部署对应的安全设备，如抗 DDoS、IDS/IPS、漏洞扫描等安全设备，以确保对来自外网的流量及 APT 攻击进行检测与防护。需要进行通信的核心网之间应通过 VPN 进行数据交互，并且在防火墙上设置必要的白名单，只开放最小化的权限。在核心网内部的各安全域之间做好安全隔离策略。

为了加强核心网的安全防护，需要对各种新技术（NFV/SDN、云计算、切片、边缘计算等）进行有针对性的安全加固，但基本的安全运维操作也很重要。在账号管理方面，应采用高强度的账号口令，采用动态或静态口令。静态口令应由数字、小写字母、大写字母和特殊符号 4 类字符构成，且同一字符不得多次连续出现，应定期修改，对长时间不用的账号应自动退出并清理无用账号。在系统认证管理方面，需要加强账号的使用管理，按最小权限进行应用授权。在软件管理方面，对于虚拟机采用的软件包，需要进行完整性校验，通过补丁或软件升级消除软件安全漏洞。在安全信息采集方面，应落实对各系统、设备的系统日志和操作日志的采集管理；在应用方面，做好操作系统、数据库、Web 中间件等的安全策略设置。在网络功能方面，应要求其具备 5G 网络规范功能，网络功能支持规范定义的机密性和完整性安全算法。对于网络中的各种长期或临时密钥，均应保证其物理和逻辑的安全。5G 核心网的安全管理，还需要考虑业务和用户级的安全管理，应将通信网络划分为不同的信任区，不同运营商的子网位于不同的信任区域中。

对 5G 核心网的安全防护需要满足对核心网自身及网络互联的安全需求。

8.2.1　对 5G 核心网体系结构的安全要求

1.　对核心网服务注册、发现和授权的安全要求

基于网络功能服务的发现和注册应支持机密性、完整性和重放保护。NRF（网络存储功能）必须能够确保 NF 发现和注册请求得到授权。基于网络功能服务的发现和注册应能够向不同信任/管理域中的实体（如拜访的网络功能与归属网络中的网络功能之间）隐藏一个管理/信任域中可用/受支持的网络功能的拓扑。网络功能服务请求和响应过程应支持网络功能使用者和网络功能生产者之间的相互认证。每个网络功能必须验证所有进入的消息。网络状态无效的消息将被网络功能拒绝或丢弃。

2.　对网络存储功能（NRF）的安全要求

网络存储库功能从网络功能实例接收网络功能发现请求，将发现的网络功能实例的信息提供给网络功能实例，并维护网络功能配置文件。以下是对 NRF 服务安全性要求。

（1）请求服务的 NRF 和网络功能必须相互认证。

（2）NRF 可以向网络功能提供身份验证和授权，以在彼此之间建立安全通信。

3.　对网络能力开放功能（NEF）的安全要求

网络能力开放功能（NEF）支持将网络功能对外开放给应用过程功能，这些功能通过 NEF 与相关的网络功能交互。NEF 和应用过程功能之间的接口应满足以下安全要求。

（1）应支持 NEF 与应用功能之间通信的完整性保护、重放保护和机密性保护。

（2）应支持 NEF 和应用功能之间的相互认证。

（3）内部 5G 核心信息（如 DNN、S-NSSAI 等）不得在 3GPP 运营商域外发送。

（4）SUPI 不得向 3GPP 运营商域之外发送。

NEF 将能够确定应用过程功能是否被授权与相关的网络功能进行交互。

4.　对服务通信代理（SECOP）的要求

SECOP 具有与 PLMN 内的网络功能（NF）和对等 SECOP 的接口。SECOP 和 NF 之间以及两个 SECOP 之间的接口应满足以下要求。

（1）必须在 SECOP 和 NF 之间及 PLMN 中的两个 SECOP 之间执行相互认证。

（2）在 SECOP、NFs 与 SECOPs 之间的所有通信应当采取机密性、完整性和重放保护。

如果 SECOP 端点与 NF 并置，则可以通过并置满足上述两个要求。SECOP 应为其通过 SECOP 内部网络接口的内部通信提供机密性、完整性和重放保护。

8.2.2　对端到端核心网互联的安全要求

1．端到端核心网络互联安全解决方案应满足以下安全要求

（1）应支持用于中间节点对消息元素进行添加、删除和修改的应用层机制。

（2）应提供源网络和目标网络之间的端到端机密性和/或完整性。

（3）应具有最小的影响，并应添加到 3GPP 定义的网络元素中。

（4）应使用标准安全协议。

（5）应涵盖用于漫游目的的接口。

（6）应考虑性能和开销方面的考虑。

（7）应包括防止重放攻击。

（8）应涵盖算法协商和防止降级攻击。

（9）应考虑密钥管理的操作方面。

2．对互联安全边缘保护代理（SEPP）的要求

（1）SEPP 应作为非透明代理节点。

（2）SEPP 应保护属于使用 N32 接口相互通信的不同 PLMN 的两个 NF 之间的应用层控制面消息。

（3）归属地的 SEPP 应与处于漫游网络中的 SEPP 进行密码套件的相互认证和协商。

（4）SEPP 应处理密钥管理方面的内容，涉及设置必要的加密密钥，以确保在两个 SEPP 之间的 N32 接口上保护消息的安全。

（5）SEPP 应通过限制外部可见的内部拓扑信息来执行拓扑隐藏。

（6）SEPP 作为反向代理，应提供对内部 NF 的单点接入和控制。

（7）接收方 SEPP 应当能够验证发送方 SEPP 是否被授权使用接收到的 N32 消息中的 PLMNID。

（8）SEPP 应该能够清楚地区分用于对等 SEPP 认证的证书和用于进行消息修改的中间件认证的证书。

（9）SEPP 将丢弃格式错误的 N32 信令消息。

（10）SEPP 必须实施限速功能，以保护自己和随后的 NF 免受过多 CP 信令（包括 SEPP 到 SEPP 信令消息）的侵害。

（11）SEPP 必须实施反欺骗机制，以实现源和目标地址及标识符（如 FQDN 或 PLMNID）的跨层验证。

3. SEPP 的属性保护

完整性保护应该应用于通过 N32 接口传输的所有属性。机密性保护应该应用于 SEPP 的数据类型加密策略中指定的所有属性。当通过 N32 接口发送以下属性时，无论数据类型加密策略如何，都应保护机密性。

（1）验证向量。

（2）加密材料。

（3）位置数据，如小区 ID 和物理小区 ID。

当通过 N32 接口发送 SUPI 属性数据时，还应采取额外保护机密性。

第 9 章

5G 承载网网络安全

在 5G 承载网中将大量引入 IPv6 网络和业务。IPv6 的部署可能带来新型的安全风险，因此，需要开展针对 IPv6 网络的安全防护。

|9.1 5G 承载网的网络安全风险|

5G 网络将部署基于 IPv6 的网络设备和业务系统，通过 IPv6 特有的更大的地址空间、更快的传输速度、更安全的传输方式等特点，将有助于提升 5G 网络的整体效率和质量。但是，IPv6 的部署也可能带来新型安全风险。

由于 IPv6 在网络中的规模应用近年来逐渐增加，传统 IPv4 网络的安全策略需要根据 IPv6 的规则进行修订和部署，在这个过程中，需要制订完善的边界防护策略，防止恶意设备及用户接入；IPv6 也会面临与 IPv4 相类似的安全风险，包括信息泄露、仿冒接入、中间人攻击、泛洪攻击等安全攻击；由于 IPv6 的数据报格式相比 IPv4 发生了较大改变，安全防护系统，如防火墙、IDS 等，需要从处理算法方面进行调整以适应这些变化；IPv6 协议族也需要在大规模应用的环境中进行检验和优化，IPv6 协议族将面临诸如邻居发现（ND）协议攻击、DDoS 攻击、IPv6 路由协议攻击等风险。由于 IPv6 的应用开发与 IPv4 模式有较多差异，因此，它有可能影响目前在用的多种算法的安全性和效率。

IPv6 作为一种新的协议栈，其安全风险可能存在于多种环境和平台上，在 CVE 数据库中，已有 375 个 IPv6 风险漏洞记录，如下。

（1）Linux 内核 2.4 ~ 2.4.32 版本和 2.6.14 之前的 2.6 版本中的 IPv6 流标签处理代码（ip6_flowlabel.c）在某些情况下会修改错误的变量，从而使本地用户破坏内核内存或拒绝服务，触发未分配的内存释放。

（2）Linux 内核 2.6.12 及更早的版本 ip6_input.c 中的 ip6_input_finish 函数中的内存泄露，可能使攻击者通过格式不正确的 IPv6 数据分组导致带有未指定参数问题的拒绝服务，从而阻止释放 SKB。

（3）在运行 IPv6 时，Linux 2.6.14-rc5 之前的 Linux 2.6 版本中 udp.c 中的 udp_v6_get_port 函数允许本地用户拒绝服务（无限循环和崩溃）。

（4）在 FreeBSD11.3-PRERELEASE 和 r347591 之前多个版本中，存在 IPv6 片段重组逻辑中的错误，该错误使用了最后一个接收到的数据分组而不是第一个数据分组，从而使恶意制作的 IPv6 数据分组崩溃或绕过数据分组过滤器。

9.2　5G 承载网的网络安全防护

为了做好 IPv6 网络安全防护，在建设 5G 系统时，要实现各层、各面和各安全域的隔离及访问控制，将安全影响控制到最小，并且在各平面安全域根据各域的特点辅以相应的安全保护和控制措施，制订完善的边界防护策略，防止恶意设备及恶意用户接入；控制面通过 IPSec、认证及白名单策略等做好 IPv6 网络路由等协议安全防护；对非法报文进行过滤，提高用户侧报文的可信性及安全性。

在安全工具方面，要加快实现和完善相关工具对 IPv6 协议族的支持；在网络安全资产管理方面，要优化 IPv6 地址的发现算法，提高 IPv6 地址的检测能力。

第 10 章

5G 网络云安全

在网络功能应用方面，虚拟化网元 NFV 可以提供更高级别的基本安全性，但由于运行 NFV 的操作系统一般是基于通用软件平台的，这反而会带来新的风险。承载 NFV 的网络云平台在应用中存在多种安全风险。通过了解 NFV、网络云平台、计算组件的工作原理和常见的安全漏洞，有助于提高网络云的安全防护能力，制订有效的安全策略。在 5G 网络中引入的人工智能能力也需要根据安全风险制订防护措施。

|10.1 5G 网络云平台的安全风险|

5G 核心网元主要基于网络云平台部署。网络云平台可以基于多种技术架构实现，包括 Openstack、Docker、Kubernetes，以及网络设备供应商所开发的云平台等。

传统的电路交换网络的安全性通常比当前的 3GPP 网络的安全功能低得多，但是由于以往的网元是专有实现，通常基于非 IP（如 X25）协议，而且会采用相对独立的部署选项，所以，这些组网及协议的模糊性提供了更高的安全性。

相比之下，虽然虚拟化网元 NFV 可以提供更高级别的基本安全性，但是其实现业务功能的通用软件平台会带来新的风险。例如，在传统的分立的硬件实现方案中，由于各厂商使用独立的版本和硬件，即使一套设备被攻破，其他设备还可保持安全。但是在虚拟环境中，由于虚拟机大多基于统一的网络设备资源池，一旦某台设备被攻破，就很有可能被作为模板攻击区域内其他类似的设备。

网络云平台在应用过程中也存在多种安全风险。这些风险来自于部署方案、平台技术和平台管理等。

在部署方面，由于网络云平台的网络规模大、设备数量多，在实施过程中存在策略设置单一化、模板化的特点，容易造成网络数据不能完全匹配业务需求的风险；在平台技术方面，由于云平台大量采用开源组件以实现开放化的功能，一方面，平台自身的安全风险可能影响整体，另一方面，独立组件相互之间的访问需求造成账号设置多、权限配置复杂的局面；在平台管理方面，由于平台的操作主要集中在管理和编排系统上，如果这些集中管理系统受到攻击，就会影响整个平台的运行；高度的集中性也对账号管理提出更严格的要求，个别节点的漏洞将成为整个平台的安全突破口。

| 10.2　网络功能虚拟化的安全需求 |

网络功能虚拟化（NFV）是指基于开放的分层模型把网络功能在容器技术中虚拟化并运行在共享、通用硬件基础架构上。NFV 的目的是改变网络建设和服务交付的方式，简化各种网络功能的部署实施，最大限度地提高网络运营效率，比以往更快地引入新的业务。根据 NFV 的组网需求，将引入 SDN 技术，实现路由自动配置、自动开通功能，加快业务的上线自动开通等。

实现网络 NFV 后，可以支持网络功能软件化、资源共享化、部署集中化，引入了 NFV 编排管理系统 MANO，这些特点也带来了新的安全问题，包括基础设施安全、网络云功能安全、NFV 架构安全、VNF 安全、业务安全、协议安全等。关于 NFV 的安全需求，如下。

（1）VNF 安全需求：包括对 VNF 软件包进行安全管理、对 VNF 进行访问控制及敏感数据保护。

（2）NFV 网络安全需求：VNF 通信安全需要保证通信双方相互认证，通信内容受到机密性、完整性防重放保护，以及组网安全需求。

（3）MANO 安全需求：包括对 MANO 实体进行安全加固，实现安全服务最小化原则。

（4）管理需求：MANO 系统进行账号、权限的合理分配和管理，实行严格的访问控制，并且启用强口令策略等。

（5）确保网络云平台的安全：为了提高资源利用效率，NFV 往往部署在网络云平台之上。基于网络云平台的资源池，实现 NFV 的实施部署和编排。

|10.3　网络云平台基础设施的安全分析|

网络云平台的基础管理软件是整个平台的安全基础，对基础管理软件的安全性管理以及对于整个云平台而言是至关重要的。下面结合常用的云平台基础软件 OpenStack 分析其安全性能。

OpenStack 是主流的开源云计算平台，可以支持云计算平台的部署并为其带来良好的可扩展性。随着 OpenStack 项目的不断完善，已基本可以满足对云计算服务的需求。但是，由于 OpenStack 在计算资源的动态迁移、数据安全、计费能力等方面还需要进一步定制和完善才能满足生产需求，有很多网络设备供应商选择基于 OpenStack 的不同版本进行二次开发和完善，从而衍生出多种类 OpenStack 的云平台产品。

OpenStack 包括多个核心项目，如下。

（1）计算（Compute）服务：Nova。

（2）对象存储（Object Storage）服务：Swift。

（3）镜像服务（Image Service）：Glance。

（4）身份识别服务（Identity Service）：KeyStone。

（5）网络（Network）&地址管理服务：Neutron。

（6）块存储（Block Storage）服务：Cinder。

（7）UI 界面（Dashboard）服务：Horizon。

（8）测量（Metering）服务：Ceilometer。

（9）部署编排（Orchestration）服务：Heat。

（10）数据库服务（Database Service）：Trove 等。

OpenStack 的软件结构如图 10.1 所示。

在 OpenStack 中，可以对用户的身份信息进行安全验证，也支持表征安全信任等级的域管理，但由于其应用广泛而且开源，在使用过程中会暴露不少安全问题，需要引起网络管理人员的重视。参考 CVE 数据库，OpenStack 相关安全问题包括如下几个方面。

（1）Nova。在 OpenStackNova1 7.0.12、

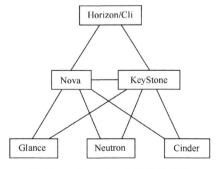

图 10.1　OpenStack 的软件结构

18.2.2 和 19.0.2 之前的版本中，如果来自认证用户的 API 请求由于外部异常而以故障状态结束，则底层环境的详细信息可能会在响应中泄露，并且可能包含敏感配置或其他数据（CVE-2019-14433）。

（2）Swift。与 OpenStackNovac 2.15.1 版本的 OpenStackSwift 一起使用时，在 OpenStackNovac 1.2.0 版本的 OpenStackSwauth 的 middleware.py 中存在安全风险。Swift 对象存储和代理服务器将从 Swauth 中间件身份验证机制中检索到的令牌保存（未散列化）到 GETURI 的部分日志文件中。攻击者可以通过在新请求的 X-Auth-Token 标头中插入令牌来绕过身份验证（CVE-2017-16613）。

（3）Glance。在 OpenstackGlance 中存在的安全漏洞：对于经过身份验证的用户，以及 v1 和 v2 的/imagesAPIPOST 方法，在 Glance 映像服务中没有实施任何限制，从而可能导致由于数据库表饱和而出现拒绝服务攻击（CVE-2016-8611）。

（4）Keystone。OpenStackKeystone 15.0.0 和 16.0.0 版本会受列表凭据 API 中数据泄露的影响。当 force_scope 为 false 时，具有项目角色的任何用户都可以使用/v3/credentialsAPI 列出所有凭据。在项目中具有项目角色的用户能够查看任何其他用户的凭据，这可能泄露基于时间的一次性密码的登录信息（CVE-2019-19687）。

（5）Neutron。在 OpenStackNeutron 10.0.8 和 11.0.7 版本之前的 11.x 版本、12.0.6 版本之前的 12.x 版本和 13.0.3 版本之前的 13.x 版本的 iptables 防火墙模块中存在安全风险。通过在安全组规则中设置目标端口及不支持该选项的协议（如 VRRP），已完成身份验证的用户可以阻止对计算主机上的任何项目/租户的实例进一步应用安全组规则（CVE-2019-9735）。

（6）Cinder。openstack-cinder 发行版（包括 Queens 之前）中存在安全漏洞：该漏洞使某些存储卷配置中新创建的卷可以包含以前的数据。它使用精简卷和零填充来影响 ScaleIO 卷，这可能泄露租户之间的敏感信息（CVE-2017-15139）。

（7）Horizon。在 OpenStackHorizon 9.x ～ 9.1.1 版本、10.x ～ 10.0.2 版本和 11.0.0 版本中，允许经过身份验证的远程管理员通过精心制作的联合映射进行 XSS 攻击（CVE-2017-7400）。

（8）在程序：OpenStack PyCADF 0.5.0 更早版本中的通知过程中间件；Ceilome ter 2013.2.4 版本之前的 Ceilometer 2014x；Neutron 2014 1.2 之间的 Juno，以及 Oslo 中允许进行远程身份验证用户通过读取消息队列（v2/meters/http.request）获得 X_AUTH_TOKEN 值（CVE-2014-4615）。

（9）Heat。在 8.0.2-40 版本之前的 openstack-tripleo-heat-templates 中发现

一个漏洞。当 Director 使用默认配置进行部署时，Opendaylight 配置有易于猜测的默认凭据（CVE-2018-10898）。

（10）Trove。在某些部署场景中，包括 OpenStack 部署（如 akacrowbar-openstack）和 TroveBarclamp（如 akabarclamp-trove、crowbar-barclamp-trove）中的 trove 服务用户具有默认密码，这使远程攻击者更容易使用通过未指定的载体获得接入权限（CVE-2016-6829）。

以上列出了 OpenStack 在不同时期存在的各个组件的部分安全漏洞，详细描述可以参考 CVE 数据库。

综上所述，OpenStack 在发展和应用过程中会存在各种各样的安全风险，需要及时发现和封堵相关安全问题，并及时跟进相关安全补丁和版本的更新。这种对云计算平台的安全管理策略也适用于其他软件所实现的云平台方案。

| 10.4　网络云平台应用程序安全分析 |

在云环境下，大量应用程序是基于开源软件开发的，应重点对常用的开源软件相关安全风险进行加固处理。下面简要介绍需要关注的主流开源软件的风险情况。

1．libcurl 安全风险分析

libcurl 是 Linux 环境下常用的网络协议链接库，支持通过不同的网络协议与服务器进行连接和传输数据。Linux 上的 PHP、Python 等工具，它们都是基于 libcurl 进行网络数据处理的。libcurl 支持 http、https、ftp、gopher、telnet、dict、file 和 ldap 等多种协议，可以实现登录、认证、上传、下载等网络操作。libcurl 在 CVE 库中有 80 个风险漏洞，

libcurl 7.36.0 ~ 7.64.0 版本容易受到堆缓冲区越界读取的影响。处理传入的 NTLM 类型 2 消息的函数（"lib/vauth/ntlm.c：ntlm_decode_type2_target"）无法正确验证传入的数据，并且存在整数溢出漏洞。通过使用该溢出，恶意或损坏的 NTLM 服务器可能会诱导 libcurl 接受错误的长度+偏移量组合，这将导致缓冲区读取越界。

在 libcurl 7.64.0 之前的版本容易受到在处理 SMTP 响应结束的代码中读取的堆越界的攻击。如果传递给`smtp_endofresp()`的缓冲区没有被 NUL 终止，并且不包含以解析后的数字结尾的字符，len 值设置为 5，则 strtol()函数调用将读取超出分配的缓冲区的范围，读取的内容不会返回给调用方。

curl 的 URL API 中的整数溢出会导致 libcurl 7.62.0 ~ 7.64.1 版本（包括 libcurl 7.64.1 版本）中的缓冲区溢出。

2．memcached 安全风险分析

memcached 是一套分布式的高速缓存系统，常用于大规模的 Web 应用集群相互之间的数据共享。memcached 在 CVE 库中有 38 个风险漏洞。

memcached 1.6.2 版本之前的 memcached 1.6.x 版本允许远程攻击者将刻意设计的二进制数据发送到 memcached.c 中的 try_read_command_binary 函数，从而使拒绝服务及守护程序退出。

当使用 UNIX 套接字时，memcached 1.5.16 版本在 memcached.c 中的 conn_to_str 函数中有一个基于堆栈的缓冲区被越权读取。

memcached 1.4.37 之前的版本在 items.c：item_free()函数中包含一个整数溢出漏洞，由于散列表中现有的项目会在空闲列表中重复使用，因此，可能导致数据损坏和死锁。

3．ntp 安全风险分析

ntp 服务器可用来使计算机时间同步，可以提供高精准度的时间校正。CVE 库中有 131 个 ntp 相关漏洞。

在 ntp 4.2.8p14 和 ntp 4.3.x 版本之前，ntpd 允许远程攻击者通过预测发送时间戳中欺骗性的数据分组来导致拒绝服务（守护程序退出或系统时间变化）。

在 ntp 4.3.100 版本之前，ntpd 允许攻击者伪造源 IP 地址进行未经验证的同步。

在 ntp 4.2.8p11 版本之前，协议引擎允许远程攻击者不断发送带有零起点时间戳和交错关联的"另一侧"源 IP 地址的数据分组，从而导致拒绝服务。

4．OpenSSH 安全风险分析

OpenSSH 是 SSH 协议的开源实现软件。通过 OpenSSH 可以实现 SSH 协议，包括远程控制和文件传送等。OpenSSH 支持通过加密的方式进行远程控制和传输文件。CVE 库中有 124 个 OpenSSH 相关漏洞。

OpenSSH 7.9 版本中存在的安全风险：scp 客户端仅对返回的对象名称执行粗略的验证（仅防止目录遍历攻击），攻击者可以覆盖 scp 客户端目标目录中的任意文件。如果执行了递归操作，则操纵子目录文件，如覆盖重要文件。

在 OpenSSH 7.9 版本中，由于可以接受并显示来自服务器的任意 stderr 输出，因此，恶意服务器（或中间人攻击者）可以操纵客户端输出，如使用 ANSI 控制代码来隐藏正在传输的其他文件。

OpenSSH 6.x、7.x ~ 7.3 版本的 kex.c 中的 kex_input_kexinit 函数允许远程攻击者通过发送许多重复的 KEXINIT 请求来导致拒绝服务。

5. MySQL 安全风险分析

MySQL 是一个开源的关系型数据库，在互联网上得到广泛部署和应用。CVE 库中有 1216 个 OpenSSH 相关漏洞。

Oracle MySQL 的 MySQL 服务器产品（Oracle MySQL 8.0.18 版本及更低版本)存在可以利用的漏洞，允许低特权攻击者通过多种协议进行网络访问，从而危害 MySQL 服务器。成功攻击此漏洞可能导致未经授权的数据进行读取访问。

Oracle MySQL 的 MySQL 服务器产品（Oracle MySQL 8.0.18 版本及更低版本）存在易于利用的漏洞，允许高特权攻击者通过多种协议进行网络访问，从而危害 MySQL 服务器。成功攻击此漏洞可能导致 MySQL 服务器挂起或频繁发生崩溃。

Oracle MySQL 5.7.12 版本和更早的版本中的未指定漏洞使远程管理员可以通过与 InnoDB 服务器进程相关的攻击影响服务器的可用性。

6. SSL 安全风险分析

安全套接字（SSL，Secure Sockets Layer）协议及传输层安全（TLS，Transport Layer Security）协议是为网络通信提供安全及数据完整性的一种安全协议，可以在传输层与应用层之间对网络连接进行加密。在 CVE 库中有 2681 个 SSL 相关漏洞，分布于多个基于 SSL 协议的应用程序中。

在 OpenSSL 1.0.1i 版本和其他产品使用 SSL 协议 3.0 时，存在使用不确定的 CBC 填充造成中间人攻击者更容易通过 padding-oracle 攻击获取明文数据的风险。

|10.5 5G 网络云平台的安全防护|

网络云平台需要与其技术特点相适应的安全手段。在云环境下，需要从安全资产识别、安全风险防护、安全事件监测及安全问题处置方面完善安全支撑手段，具备智能主动的网络防护能力。云平台的安全能力应能支持垂直行业等业务的发展。

在安全防护策略方面，网络云平台作为 5G 网络的基础设施，需要在基础设施、云平台、网络网元、业务等层面实现安全防护能力。既需要实现对外部访问的安全防范，又需要实现网络云平台内部的安全管理，将虚拟环境的安全等级提升到电信级安全防护水平。对于网络云的物理设备，需要根据网络生产划分可信资源和业务资源，并合理划分安全区域。对于提供网络核心能力的资源，应归为可信资源，业务类、能力开放类资源应归为业务资源。在各区域之间需要做好安全隔离和防护，通过防火墙、IDS/IPS 等合并进行安全保障。对于域间访问策略，应细化访问场景和权限配置，对于需要隔离的区域，应通过 VLAN、VRF 等方案实施隔离。在设备操作和访问方面，应做好接入服务器及账号权限分配管理，并定期执行安全防护工作。

在网络安全防护方面，网络云平台的主要安全问题包括网络云平台自身安全、编排管理安全、基础设施层安全、VNF 安全，业务安全、协议安全、网络安全、管理安全、存储设备安全、SDN 安全等。可以采取的安全技术措施包括保证物理设备安全，保证基本账号安全，严格落实账号和密码设置要求，限制启用软硬件形式的调试功能，加强对宿主机的操作系统、数据库和中间件的安全基线管理，加强远程操作维护管理与记录，加强镜像文件的信息安全保障，切实保障虚拟机之间的操作系统和网络环境隔离，明确 NFV 之间及 NFV 与外部网络之间的网络访问策略，实施最小化的端口开放策略，网络流量和操作需要通过防火墙管控，设备访问只能通过 SSH/HTTPS 等加密通信方式，加强对网络云平台的网络安全渗透测试，部署必要的安全保障和监测设备。

| 10.6　5G 和人工智能安全风险及应对措施 |

5G 网络中将引入人工智能技术，以提高 5G 网络的运营效率，包括提高网络资源分配效率、发现网络性能瓶颈、为网络客户提供实时准确的服务等。算力、算法、数据三大要素推动了人工智能技术的成熟与应用。机器学习算法的成熟与应用已经解决了大量复杂的问题，基于机器学习的人工智能在多个领域发挥关键作用，极大地提高了人们的工作、生活效率。

基于大规模数据中心的 5G 网络具有海量的数据、高速的网络、低时延的数据存储和强大的计算能力。将人工智能与 5G 相结合可以充分发挥双方的优点，在经济、社会等领域创造价值。在网络切片中，为了提高切片资源分配的合理性，保障切片运行质量，需要对核心网、传输网、无线网的业务与性能指标数据进行深入分析，并制订优化的网络配置参数。通过机器学习方法，可以有效解决这些难题。

5G 是建设智慧社会必备的基础设施，5G 与人工智能、物联网、云计算、大数据、边缘计算等技术的融合，可以推动 5G 更好地融入社会生产，发挥更大的作用。在应用人工智能的过程中，需要注意人工智能系统自身也存在一定

的安全风险，这些风险需要在人工智能的研发、建设、运营阶段进行针对性的处理。

在人工智能的开发阶段，建立模型时要考虑可能面对的安全风险并采取动态规避措施，提高人工智能的安全可行度，建立对安全攻击的防御机制；在人工智能的训练阶段，应合理选择与外部入侵相关联的各种数据源，通过对抗攻击提高人工智能系统的健壮性；在训练和测试数据选择时，应有针对性地选择一些对人工智能的应用影响较大的数据源，提高人工智能系统对易混淆数据的识别分类能力；5G 系统中应用的人工智能模型、参数和敏感数据应纳入高等级保密范畴，避免相关数据被泄露；在人工智能系统的运行过程中，应采取针对人工智能系统行为和数据结果的动态安全监控与防御，及时发现和处理可能的攻击行为。

第 11 章

5G 终端安全

5G 终端和设备除了需要应对网络层面的安全风险外，还需要应对来自智能手机 App、语音通话及短信等应用层面的安全风险。通过采用针对性的防范措施，可以在一定程度上缓解这些安全威胁。

| 11.1　5G 终端的网络安全风险 |

5G 网络中的手机终端和通信设备面临着来自外部网络和应用程序等环节的多种安全风险。

来自外部网络的安全风险主要是无线网络攻击及伪造信息或通话。关于无线网络攻击的原因及应对措施的建议已在本书相关章节有所介绍。由于通信网络涉及的业务链条较长，与通信网络进行数据交换的途径较多，因此，有可能存在收到伪造的信息或通话的现象。针对这种情况，本书通过介绍一些网络安全企业在网络侧加强通信网络信息安全防护的技术方案，以供参考。

来自应用程序的风险包括手机恶意软件或某些使用用户数据的应用程序造成的个人信息泄露风险，以及大量消耗手机终端资源等。对于这些应用程序，可以基于 DPI 系统进行代码分析，识别其攻击模式和业务特征，然后结合网络数据平台统计受其影响的用户清单，通知用户进行处理，也可以通过在终端侧安装专用监测软件，以对获取用户隐私数据的操作进行提示，还可以在手机终端的沙箱系统中运行该程序并记录其数据访问特征，作为进一步处理的依据。

手机用户应提高网络安全警惕，加强手机终端的安全防护，包括定期修改密码、增加密码强度、不使用非可信的网络接入方式等。

| 11.2　面向终端消息的网络安全防护 |

目前，大多数移动互联网服务都采用以手机号和短信验证为基础的识别策略，但 GSM 的语音和短信业务鉴权、加密性偏弱，从而给短信的收发带来了安全隐患。由于 GSM 通信网络已在全球多个国家部署而且长期存在，该问题在国际上也是技术难题，相关网络安全攻击事件已多次发生。由于 5G 与 2G GSM 在一定时期内将共同提供服务，因此，5G 终端也可能因 2G 网络提供服务因而受到类似攻击。

尽管移动用户有多种可供选择的软硬件平台来进行通信，但只有网络运营商提供的通信网络才真正能够在全球移动网络中实现互通，而不必考虑手机终端的类型或安装的应用程序的类型。当网络攻击者试图对通信网络进行攻击时，将主要针对普遍存在安全风险的基于短信和彩信消息的应用，这是由于短信和彩信的技术实现主要聚焦在消息的收发传递机制上，而没有充分考虑端到端的安全保障。这种风险在 GSM 网络中特别突出。基于对短信和彩信的攻击，黑客还可能进一步实施包含垃圾邮件、网络钓鱼和恶意软件的攻击行为。随着消息攻击变得越来越严重，全球移动运营商必须部署最高级别的保护，以抵御这些不断演变的威胁，确保其客户的安全。

现有的短信和彩信收发相关安全保障技术一般都需要消息发送方和接收方紧密配合，并参与消息发送及接收的过程。这虽然能提供一定程度的信息安全，但是由于这些加密技术本身的成本较高，而且移动通信网络中的信息收发双方的数量和种类较多，无法进行全部改造，因此，这些方案难以满足普通用户信息收发的安全需求。

因此，业界提出基于机器学习的消息分类处理方案，以进行信息安全保护。该技术方案基于机器学习分析通信网络中收发的信息，以便识别信息的属性和来源，并在通信网络中设置消息处理的策略决策点，从而提供通过消息传递威胁的分类和控制。该方案通过对网络中各种消息类型进行智能识别，可以实现对消息的分类、拦截及发送，如图 11.1 和图 11.2 所示。

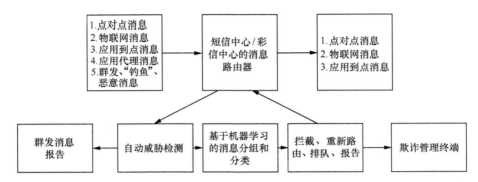

图 11.1 网络消息识别与拦截技术方案

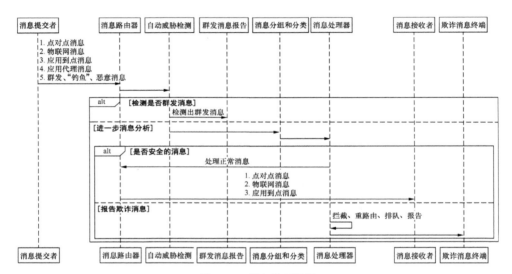

图 11.2 消息处理流程

第 12 章
物联网业务安全

由于物联网设备在处理通信协议时具有专用的通信协议、定制的数据通道，数量大、分布广等特点，物联网设备有可能对 5G 网络安全形成威胁。为了加强对物联网设备的安全管控，5G 网络对相关通信机制进行了优化。在部署物联网设备时，需要加强设备自身的安全防护策略。在 5G 网络中，通过引入通用引导架构（GBA）可以充分发挥 5G 核心网络的安全能力和服务能力，为物联网的大规模应用提供有效、灵活的认证支持。

|12.1 物联网安全风险分析|

物联网是互联网技术的进一步延伸，通过物联网可以使能够独立寻址的物理设备实现相互连通，通过信息传感设备和网络将所有物品连接起来，实现信息交互。物联网将成为智能家居、智慧城市、智能医疗、车联网等行业的基础，也是 5G 网络的一个重要应用场景。物联网意味着移动网络不仅能连接消费者和企业用户，还连接设备。

5G 网络中物联网设备的数量和种类都将大幅增加。由于物联网应用和设备的广泛性，它们的计算能力和网络安全能力将有极大差异，这造成它们对网络安全的要求有很大差别。此外，由于物联网设备的数量将达到海量级别，容易被滥用或被黑客劫持。为了在移动网络中达到必要的目标安全级别，必须考虑已连接的物联网设备的可信赖性，这至少要确保物联网设备的身份和访问控制，即确保物联网设备生成的关联数据的访问特权和机密性。

物联网设备通信的特点包括设备结构相对简单、设备数量多、地理分布广、收发数据不频繁、主要收发小数据等。由于物联网设备结构简单，因此，可以有效降低其部署成本，但是也造成其通信能力相对较弱，支持的安全算法较少，执行的规范过程相对简单，详见规范 3GPP TS 36.331 和 3GPP TS 36.306 分别定义的窄带物联网和宽带物联网设备的工作模式。

物联网设备有可能不支持完整的端到端鉴权、验证算法，有些物联网设备可能只能执行空的加密算法，从而容易受到网络监听和攻击；由于物联网数量多、地理分布广，受到攻击和控制的物联网设备可能被攻击者控制执行各种网络通信行为。如果这些设备都集中在某些热点区域，则会迅速耗尽网络中的接入前导码，也可能由于频繁的建立和断开 RRC 连接，影响小区内其他用户的业务。如果受到控制的物联网设备过多，则有可能对核心网的处理能力造成影响，例如频繁发起注册请求，形成更大范围的 DDoS 攻击。

物联网设备由于收发数据不频繁，在制造时有可能简化通信协议栈，例如，通过信令收发用户面数据。这些简化的数据传送通道相当于在物联网设备和 5G 核心网之间建立了直通连接，容易对核心网造成业务冲击。由于物联网以收发小数据为主，当收发数据频繁时需要频繁建立连接，因此，需要对大量的信令进行加解密及完整性保护，这就有可能快速消耗物联网设备的电池资源，也有可能造成加密计数器重用，引起 MAC 值冲突。

| 12.2　物联网通信机制的安全优化 |

在通信领域，为了实现对物联网设备的安全保障，5G 网络与物联网设备制造商需要在通信机制上进行优化。5G 网络需要通过信令分析识别出物联网设备，并对发生通信行为的异常物联网终端进行控制，包括限制接入网络，对发出超量请求的物联网设备数据进行排队等待等。物联网设备在制造时应考虑网络安全需求，尽量采用可行的简单安全保护算法，当需要频繁收发数据时，采用将多批次数据合并加解密的方法，在业务请求消息中，携带必要的完整性保护数据，通过在通信过程中的协商，实现在简化机制的前提下提供必要的安全保护。例如，对于在用户面上传输小数据的情况，采用如下安全优化策略。在传输小数据后，一般情况下，物联网 UE 有可能返回 RRC-INACTIVE/RRC-SUSPEND 状态。该设备在需要收发数据时，又再次转换为 RRC-CONNECTED 状态，同时刷新接入网络的密钥。对于固定式的物联网设备，有可能始终都使用相同的 PCI 和 ARFCN-DL/EARFCN-DL 参数，只能更改 NH 和 NCC 值，从而容易被监听和重放。因此，RAN 可以启动一个计数器以对 INACTIVE/SUSPEND 转换进

行统计，一旦该计数器超过了基于运营商策略的限制，RAN 就会启动一个完整的新密钥刷新，例如，RAN 会在其上发送 RRC 建立连接消息，强制 UE 按照 RRC_IDLE 状态进行 RRC 连接建立。

在物联网设备的信息交换方面，典型的物联网设备通信是发送和接收小数据，这些数据可以通过短消息来传递。部分物联网应用程序可以实现自己专用的消息机制或数据通信功能，但也会引入诸如互操作性、信令开销等问题。传统的短消息服务在服务能力（如 140 字节有效载荷）和性能（如长等待时间）方面有限制，在控制面资源的开销相对较高，这就难以满足物联网设备对消息通信的各种新需求，包括轻便性、可监控、超低时延、高可靠性，以及用于大规模连接的极高的资源效率。新兴的物联网设备通信将在服务功能、性能、收费和安全性等方面引入消息传递服务的新要求。需要对 3GPP 网络功能进行增强和优化，实现包括设备触发、小数据传输、非 IP 数据传递（NIDD）和组消息传递等特性。

总之，通过采取被动防御或积极防御两种技术策略，在兼顾物联网研发设计、上线运行及报废等生命周期安全需求的基础上，实现威胁情报驱动的智能感知，以便应对物联网复杂多样的潜在网络安全威胁。

| 12.3　物联网应用开发的安全防护 |

在物联网应用开发方面同样需要加强安全防护。物联网设备较多用于为智能设备提供远程控制和访问，这在提供便利的同时，也引入了安全隐患。对于接入互联网的设备，需要加强对网络服务和网络端口的保护，对于远程客户的接入，应实现身份验证及加密保护；对于用户账号，应加强管理。

以下案例为物联网设备在互联网开放的业务端口，应在使用过程中加强防护。

```
* About to connect() to 192.168.1.1 port 8081 (#1)
*   Trying 192.168.1.1...
* Connected to 192.168.1.1 (192.168.1.1) port 8081 (#1)
> GET /index.php HTTP/1.0
> User-Agent: scanner/6.29.0
> Host: 192.168.1.1:81
> Accept: */*
>
< HTTP/1.0 200 OK
< Date: Fri Jul 10 15:17:29 2020
< Server: IOTService-Webs
< Pragma: no-cache
< Cache-Control: no-cache
< Content-type: text/html
```

12.4 适用于物联网的 GBA 安全认证

12.4.1 物联网设备的鉴权挑战

在物联网设备的使用中，需要进行身份验证，包括设备和应用服务器之间的双向认证。但是由于以下问题，物联网设备的安全认证存在较多挑战，也影响了物联网的大规模部署和运行。

（1）物联网设备数量多，需要更高的接入效率。

（2）设备类型多，安全能力千差万别。

（3）多数设备配置较低，缺乏认证能力。

（4）多数设备缺少唯一身份标识。

（5）无统一认证协议标准。

（6）通过更改设备来提高认证能力的成本高。

为了解决这些问题，可以考虑用 GBA 为物联网设备提供鉴权服务。3GPP 一系列安全规范已经定义了基于 AKA 的认证架构，包括 AuC（认证中心）、HLR（归属位置寄存器）/HSS（归属用户服务器）、UE、USIM 等功能实体。基于 AKA 的认证体系已在 2G/3G/4G 网络中广泛应用多年，具有技术成熟、实施成本低，以及支持灵活演进的特点。

在 5G 网络中，通过引入 GBA 可以充分发挥这些安全能力的作用，为物联网设备的大规模应用提供有效、灵活的认证支持。

GBA 是用于引导身份验证和密钥一致性以实现应用程序安全性的安全功能和机制。使用该引导机制的候选应用程序包括签约证书分发、支持移动运营商提供的协助服务及移动运营商提供的服务。GBA 基于 HLR 或 HSS 和 AuC 进行有效的身份认证。GBA 包括 3GPP 认证中心、USIM 或 ISIM，以及在它们之间运行的 3GPP AKA 协议，是 3GPP 运营商重要的安全认证技术。

GBA 采用移动通信网络（2G/3G/4G/5G）已有的安全认证机制为业务应用产生新的密钥，在应用和终端之间进行身份认证或通信加密，避免了为业务和平台部署专用的安全设施，简化了安全机制的实施。GBA 技术可以为物联网设备的认证提供灵活和通用的认证服务。

12.4.2　GBA 的体系架构

图 12.1 为 GBA 的体系结构，包括 UE、网络应用功能（NAF，Network Application Function）、HSS、绑定支持功能（BSF，Binding Support Function）、签约用户定位功能（SLF，Subscription Locator Function）等网络设备，以及 Ua、Ub、Zn、Zh、Dz 等接口。

图 12.1 中网元功能的定义如下。

1.　通用引导服务器功能（BSF）

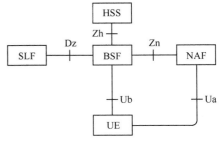

图 12.1　GBA 的体系架构

BSF 和 UE 应使用 AKA 协议相互认证，并商定随后在 UE 和 NAF 之间应用的会话密钥。BSF 应通过密钥派生过程将密钥材料的适用范围限制为特定的 NAF。密钥派生过程可在密钥材料的生存期内与多个 NAF 一起使用。密钥材料的生命周期是根据 BSF 的本地策略设置的。

BSF 应能够从 HSS 获取 GBA 用户安全设置（GUSS）。BSF 将能够保留一个列表，该列表将 NAF 分配给 NAF 组，用于选择 GUSS 中是否有任何特定于应用过程的 USS 及对特定 NAF 有效的 USS。运营商负责将 NAF 分配给 NAF 组。HSS 和属于同一运营商网络的所有连接的 BSF 中的 NAF 组定义应相同。由于这些网络元素属于同一运营商的网络，因此，在 3GPP 中无须对 NAF 组定义本身进行标准化。

NAF 分组可以是"归属"和"接入"等。它允许 BSF 向诸如本地网络和拜访网络中的不同 NAF 发送具有相同授权标识的同一应用过程的 USS。例如，在拜访网络中的 NAF 仅指示所请求的应用，但是它不知道签约用户的归属网络中的分组。在从 HLR 迁移到 HSS 的过程中，BSF 将需要在 HSS 和 HLR 之间选择用户。这样的机制（如基于配置）将不被标准化。

2.　网络应用功能（NAF）

引导完成后，UE 和 NAF 可以运行某些特定于应用过程的协议，其中，消息的身份验证将基于在 UE 和 BSF 相互身份验证过程中生成的会话密钥。NAF 的功能如下。

（1）UE 和 NAF 之间先前没有安全关联。

（2）NAF 应当能够定位用户的 BSF 并与之安全通信。

（3）在专用协议运行过程中，NAF 将能够获取在 UE 和 BSF 之间建立的共享密钥资料。

（4）NAF 能够通过 BSF 从 HSS 获取 0 个或多个专用 USS。

（5）NAF 能够根据当地策略设置共享密钥材料的当地有效条件。

（6）对于 GBA_U，NAF 将能够通过使用 NAF 中的本地策略或专用 USS 中的密钥选择指示来确定应使用哪个密钥（Ks_ext_NAF 或 Ks_int_NAF 或两者）。如果 NAF 已收到包含密钥选择指示的特定于应用过程的 USS,则它将覆盖 NAF 中的本地策略。

（7）NAF 应当能够检查共享密钥材料的生存期和本地有效性条件。

（8）在有需要的情况下，对于支持 Ua 协议但协议不能在未建立通信连接状态的情况下提供重放保护时，UE 和 NAF 将需要采取相应的措施以避免重放攻击。

3．HSS

所有用户安全设置（USS）的集合（GUSS）存储在 HSS 中。在签约用户具有多个签约的情况下，即 UICC 上有多个 ISIM 或 USIM 应用过程，HSS 可以包含一个或多个 GUSS，可以将它们映射到一个或多个私人身份，即 IMPI 和 IMSI。每个现有的 GUSS 应映射到一个或多个私有标识，但是每个私有标识应仅映射 0 个或 1 个 GUSS。HSS 的功能要求如下。

（1）HSS 应为 GUSS 提供唯一的永久存储。

（2）GUSS 的定义方式应使不同运营商可以为标准化的应用过程配置文件进行互通。

（3）GUSS 的定义方式应支持网络运营商特定应用过程的配置文件和对现有应用过程配置文件的扩展，而无须这些元素的标准化。

（4）在 GBA_U 情况下，GUSS 应能够包含特定于应用过程的 USS，这些 USS 包含与密钥选择指示相关的参数（NAF 使用 Ks_ext_NAF 还是 Ks_int_NAF）、由其托管的一个或多个应用过程的标识或授权信息、一个或多个 NAF。专用 USS 不允许使用任何其他类型的参数。NAF 可以从其本地数据库中获取必要的用户配置文件数据，而无须参与 HSS。从 GUSS 临时撤销特定于应用过程的 USS 的一种可能性是，如果从签约用户中暂时撤销了服务，则 HSS 可以从 GUSS 中临时删除特定于应用过程的 USS。BSF 中的 GUSS 不会通过此操作进行更改，只会在现有的引导会话超时时进行更新，或者在新的引导会话中，经鉴权向量（AV）被 HSS 所获取的新的经过修改的 GUSS 值所覆盖。

（5）GUSS 应该能够包含用于 BSF 使用的参数。

（6）签发用户的 UICC 的类型。

（7）用户特定的密钥生存期。

（8）可选的时间戳，指示 GSS 上次修改 GUSS 的时间。

（9）HSS 应能够将特定于应用过程的 USS 分配给 NAF 组，应以如下方式定义：对于相同的应用过程、不同的 NAF 组，可以使用不同的 USS。每个 GUSS 中 USS 数量的限制取决于运营商对 NAF 组的使用。

（10）如果没有为此应用过程定义 NAF 组，则每个应用过程中最多存储一个 USS。

（11）如果为此应用过程定义了 NAF 组，则每个应用过程最多一个 USS，并且 NAF 组存储在 GUSS 中。

（12）HSS 应与属于同一运营商网络的所有连接的 BSF 中的 NAF 组定义相同。

4．UE

UE 所需的功能如下。

（1）HTTP 摘要 AKA 协议的支持。

（2）在引导过程中同时使用 USIM 和 ISIM 的功能。

（3）当两者都存在时，可以选择用于引导的 USIM 或 ISIM 的功能。

（4）ME 上的 Ua 应用过程向 ME 上的 GBA 功能指示用于引导的 UICC 应用过程的类型或名称的能力。

（5）能够通过 CK 和 IK 通过 Ua 接口导出用于协议的新密钥材料的能力。

（6）支持特定于 NAF 的应用协议。

5．签约用户定位功能(SLF)

（1）由 BSF 与 Zh 接口操作一起查询，获得包含所需签约用户特定数据的 HSS 的名称。

（2）BSF 通过 Dz 接口接入。

（3）在单个 HSS 环境中不需要 SLF。当将 BSF 配置/管理为使用预定义的 HSS 时，不需要使用 SLF。

6．HLR

如果使用 HLR，则要求 HLR 必须支持来自 BSF 的请求，以获取所需的验证向量。

12.4.3　GBA 的业务流程

在 UE 和 NAF 之间开始通信之前，UE 和 NAF 首先必须协商是否使用 GBA。如果 UE 不知道 NAF 是否需要通过 GBA 以获得共享密钥时，UE 可以联系 NAF 以获得进一步的指令。

图 12.2 为 GBA 工作流程。

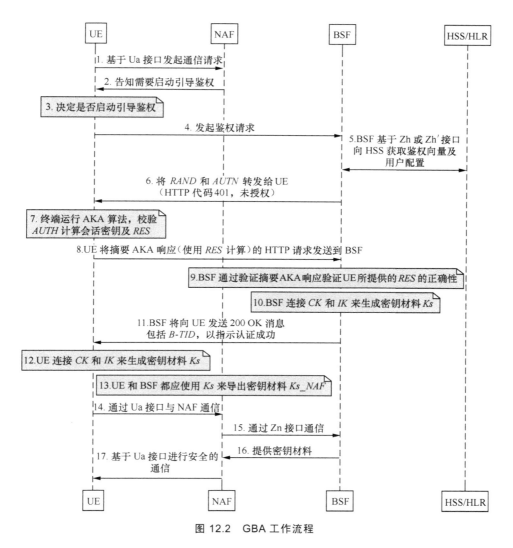

图 12.2　GBA 工作流程

　　1．UE 可以通过参考点 Ua 与 NAF 通信，携带或不携带任何 GBA 相关的参数均可。

　　2．如果 NAF 要求使用通过 GBA 获得的共享密钥，但是来自 UE 的请求不包括与 GBA 相关的参数，则 NAF 通过启动引导消息来答复，这种发起消息的形式可以取决于特定参考点 Ua。

　　3．当 UE 想要与 NAF 交互时，直到需要引导过程，它应该首先执行引导认证；否则，仅当 UE 已经从 NAF 接收到引导启动要求消息或引导协商指示或 UE 密钥的生存期到期时，UE 才执行引导认证。

通过 Ub 进行通信时，UE 应始终在 HTTP 请求的用户代理（User Agent）请求标头字段中包含令牌关键字"3gpp-gba-tmpi"。在通过 Ub 进行通信时，BSF 必须始终在服务器响应标头字段中包含令牌关键字"3gpp-gba-tmpi"。

4. UE 通过 Ub 参考点向 BSF 发送 HTTP 请求。当在 UE 上具有与正在使用的 IMPI 关联的 TMPI 时，UE 将 TMPI 包含在"用户名"参数中，否则 UE 包含 IMPI。

5. BSF 从"用户名"参数的结构中识别出是否发送了 TMPI 或 IMPI。如果发送了 TMPI，则 BSF 在其本地数据库中查找相应的 IMPI。如果 BSF 没有找到与接收到的 TMPI 相对应的 IMPI，则它将适当的错误消息返回给 UE。然后，UE 删除 TMPI 并使用 IMPI 重试请求。

BSF 从 HSS 检索参考点 Zh 上的完整 GBA 用户安全设置集和一个身份验证矢量（AV，$AV = RAND \| AUTN \| XRES \| CK \| IK$）。在没有部署具有 Zh′参考点的 HSS 的情况下，BSF 从 HLR 或具有 Zh′参考点支持的 HSS 中检索参考点 Zh′上的认证矢量。如果 BSF 实现了 timestamp 选项，并且具有在先前的引导过程中已从 HSS 提取的订户的 GUSS 本地副本，且该 GUSS 包含时间戳，则 BSF 可以在请求消息中包含 GUSS 时间戳。在接收到该时间戳时，如果 HSS 实现了时间戳选项，则 HSS 可以将其与存储在 HSS 中的 GUSS 的时间戳进行比较。在这种情况下，当且仅当 HSS 完成比较并且时间戳相等时，HSS 才向 BSF 发送"GUSSTIMESTAMPEQUAL"指示。

在其他情况下，HSS 应将 GUSS（如果可用）发送给 BSF。如果 BSF 收到"GUSSTIMESTAMPEQUAL"指示，则它将保留 GUSS 的本地副本。在任何情况下，BSF 均应删除 GUSS 的本地副本。

6. BSF 在"401"消息中将 $RAND$ 和 $AUTN$ 转发给 UE（没有 CK、IK 和 $XRES$）。这是为了要求 UE 进行认证。

7. UE 检查 $AUTN$ 以验证质询是否来自授权网络，并计算 CK、IK 和 RES。结果是，BSF 和 UE 中的会话密钥都包含 CK 和 IK。

8. UE 将另一个包含摘要 AKA 响应（通过 RES 计算）的 HTTP 请求发送到 BSF。

9. BSF 通过验证摘要 AKA 响应验证 UE 所提供的 RES 的正确性。

10. BSF 通过连接 CK 和 IK 来生成密钥材料 Ks。B-TID 值也应以 NAI 格式生成，方法是获取 base64 编码的 $RAND$ 值，以及 BSF 服务器名称，即 base64encode（RAND）@BSF_servers_domain_name。如果请求在用户代理请求标头字段中包含令牌关键字"3gpp-gba-tmpi"，则 BSF 必须计算新的 TMPI 并将其与 IMPI 一起存储，从而覆盖此 IMPI。

11. BSF 将向 UE 发送 "200 OK" 消息，包括 *B-TID*，以指示认证成功。另外，在 "200 OK" 消息中，BSF 将提供密钥 *Ks* 的生存期。

12. UE 通过将 *CK* 和 *IK* 串联来生成密钥材料 *Ks*。

13. UE 和 BSF 都应使用 *Ks* 来导出密钥材料 *Ks_NAF*。必须使用 *Ks_NAF* 来保护参考点 Ua。*Ks_NAF* 的计算公式如下。

$$Ks\_NAF=KDF（Ks，"gba-me"，RAND，IMPI，NAF\_Id）$$

一旦 UE 和 NAF 已经确定要使用 GBA，当 UE 想要与 NAF 交互时，则执行以下步骤。

14. UE 通过参考点 Ua 与 NAF 通信。

（1）在一般情况下，UE 和 NAF 不共享密钥（或多个）需要保护的参考点 Ua。

如果 UE 和 NAF 已经共享密钥（对应的密钥派生参数 *NAF_Id* 的密钥 *Ks_NAF* 已经可用），则 UE 和 NAF 可以立即开始安全地通信；如果 UE 和 NAF 尚未共享密钥，则 UE 进行如下操作：

① 如果在 UE 中有用于所选 UICC 应用的密钥 *Ks*，则 UE 通过 *Ks* 得出密钥 *Ks_NAF*；

② 如果在 UE 中没有用于所选 UICC 应用的密钥 *Ks*，则 UE 首先在参考点 Ub 上与 BSF 商定新密钥 *Ks*，然后继续推导 *Ks_NAF*；

③ 如果 UE 不希望为选择的 UICC 应用相同的 *Ks* 来导出一个以上的 *Ks_NAF*，则 UE 应该在参考点 Ub 上与 BSF 商定新的密钥 *Ks*，然后继续导出 *Ks_NAF*。

（2）如果 NAF 与 UE 共享密钥，但是 NAF 要求更新该密钥，例如，因为密钥的寿命已到期或即将到期，或者密钥不能满足 NAF 本地有效性条件，则它将向 UE 发送适当的密钥进行自举重新协商请求。如果密钥的寿命已到期，则在参考点 Ua 上使用的协议应终止，该指示的形式取决于参考点 Ua 上使用的特定协议。如果 UE 收到自举重新协商请求，则它会在参考点 Ub 上开始运行协议，以获得新的密钥 *Ks*。

15. NAF 开始通过参考点 Zn 与 BSF 进行通信。

（1）该 NAF 请求提供通过参考点 Ua 由 UE 向 NAF 的对应于 *B-TID* 的密钥材料。

（2）根据从 Ua 接口收到的 UE 请求，该 NAF 也可以为应用程序申请一个或多个与应用相关的 USS。

（3）对于密钥材料请求，NAF 必须向 BSF 提供 *NAF-Id*（包括 UE 已用于访问该 NAF 的 FQDN 和 Ua 安全协议标识符，这是为了在 BSF 和 UE 中允许派

生一致的密钥）。BSF 应验证是否已授权 NAF 使用该 FQDN。

16. BSF 从密钥 *Ks* 和密钥派生参数中推衍出用来保护参考点 Ua 相关协议所需的密钥，如果 NAF 获得授权可以接收请求的用户安全设置（USS，User Security Settings），则 BSF 将所请求的密钥 *Ks_NAF*、引导时间、密钥的有效期、特定于应用程序的和潜在的 NAF 组特定的 USS（如果它们在签约用户的 GUSS 中可用）等信息提供给 NAF。对于任何包含 NAF 组属性的 USS，应在提供给 NAF 的 USS 中删除此属性。如果 NAF 提供的 *B-TID* 标识的密钥在 BSF 上不可用，则 BSF 应在对 NAF 的答复中指出这一点，然后，NAF 向 UE 指示引导重新协商请求。

该 BSF 可能需要在签约用户的 GUSS 中存在一个或一个特定于应用程序和潜在的 NAF 特定组特定的 USS。如果 GUSS 中缺少这些必需的设置中的一个或多个，则 BSF 应在对 NAF 的答复中指出这一点。

17. NAF 继续用于参考点 Ua 的协议。

一旦参考点 Ua 上使用的协议运行完成，就实现了引导的目标，因为它使 UE 和 NAF 能够以安全的方式使用参考点 Ua。

物联网设备数量和种类众多，需要在安全技术和策略上进行优化和适配。通过 GBA 通用引导架构可以实现物联网设备的有效安全验证和加密等措施，物联网设备的安全认证是实现物联网设备规模应用的关键安全技术。

第 13 章

网络切片业务安全

网络切片虽然提高了网络资源的管理和分配效率，但是也存在一定的网络安全风险，主要体现在切片相互之间的隔离安全、终端与切片之间的接入安全，以及切片自身的安全管理方面。在网络切片的接入过程中，需要应用网络切片特定认证和授权；在部署切片网络时，应考虑切片内部的认证和授权机制，如果切片需要与第三方设备通信，则需要考虑如何融合第三方的认证和授权能力。

|13.1 网络切片的工作原理|

网络切片是 5G 的关键特性之一。网络切片技术是指通过网络设备编排技术，在硬件设施上编排虚拟服务器、网络带宽、服务质量等专属资源以实现多个虚拟的端到端网络，适配各种类型服务的不同特征需求。每个端到端切分单元即为一个网络切片，各网络切片在逻辑上隔离，一个切片的错误或故障不会影响其他切片。5G 网络和网络切片的管理和编排包括以下功能：管理概念和体系结构、供应、网络资源模型、故障监视、保证和性能管理、跟踪管理和虚拟化管理等，还提供支持 5G 网络和网络切片的管理接口。通过网络切片，可以高效灵活地部署各种差异性需求的业务网络，并进行相互隔离，实现网络切片实例的业务质量及独立运行。

5G 的网络切片类型主要包括核心网切片、无线切片和传输切片。核心网切片基于服务化架构，将网络功能解耦为服务化组件，组件之间使用轻量级开放接口通信，实现网络功能的按需构建，弹性部署；无线切片支持 AAU/CU/DU 的切分和部署，满足不同场景下的切片组网需求；传输切片基于 SDN 等技术将网络拓扑资源虚拟化，按需组成虚拟网络，满足高隔离要求下的底层快速转发。

基于网络切片技术，通过统一的管理系统实现切片的端到端编排管理。图 13.1 为网络切片的原理。

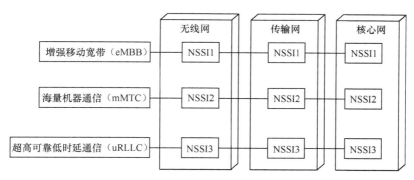

图 13.1　网络切片原理

|13.2　网络切片的管理流程|

为了实现 5G 切片运营管理，需要基于 5G 网络架构，通过 CSMF、NSMF 和 NSSMF 等网元对核心网、传输网、无线网等进行资源编排管理。其中，网络切片管理功能（NSMF）和网络子切片管理功能（NSSMF）调度核心网、传输网、无线网资源，完成 5G 网络切片的配置、订购、计费等功能，而通信服务管理功能（CSMF）是切片运营管理界面，可以订购 NSMF 生成的切片，或者定制新的切片模板。

13.2.1　网络切片的操作过程

网络切片实例（NSI，Network Slice Instance）的创建、修改和终止是 5G 管理系统提供管理服务的一部分。管理服务使用者通过 3GPP TS 28.533 中给出的 3GPP 网络的网络管理和编排架构的标准化服务接口访问管理服务。

网络切片的设置包括准备、提交、运行和退役 4 个阶段。

（1）准备阶段。

NS 尚未创建。准备阶段包括网络切片设计、启动、评估需求、准备网络环境及在创建 NSI 之前需要进行的其他必要准备。

（2）提交阶段。

创建一个 NSI，并配置 NSI 的所有资源，以满足网络切片的要求。NSI 的

创建可以触发网络切片子网实例（NSSI，Network Slice Subnet Instance）的创建，或者使用现有的 NSSI 并建立相应的关联。

（3）运行阶段。

运行阶段包括激活、修改、停用 NSI。

NSI 激活包括任何使 NSI 主动提供通信服务的操作。NSI 激活可能会触发 NSSI 激活。

NSI 修改可以映射到多个工作流程，例如，NSI 容量的更改、NSI 拓扑的更改、NSI 重新配置。NSI 修改可以通过接收新的与网络切片相关的要求、新的通信服务要求或 NSI 监督的结果来自动触发。NSI 修改可能会触发 NSSI 修改。在 NSI 修改操作之前可能需要停用 NSI 操作，在 NSI 修改操作之后可能需要 NSI 激活操作。

（4）退役阶段。

执行终止 NSI 操作。

13.2.2 网络切片的描述信息

1. 描述网络切片实例的一般信息

（1）描述网络切片的静态参数和功能组件的资源模型信息包括 NSTID、网络切片类型（如 eMBB）、其他系统功能（如多播、边缘计算）、优先级、NSSTID 列表。

（2）管理模型信息，它描述用于网络切片生命周期管理的信息模型，包括配置文件（如应用过程配置参数）。

（3）能力模型信息，它描述包括支持的通信服务特征信息（如服务类型、UE 移动级别、用户密度、业务密度）、QoS 属性（如带宽、等待时间、吞吐量等）和容量（如 UE 数量的最大值），可以通过 CSMF 开放。

2. 描述网络切片子网实例的一般信息

（1）描述网络切片子网的静态参数和功能组件的资源模型信息，包括 NSSTID、网络切片子网类型（如 RANeMBB、CNeMBB）、其他系统功能（如多播、边缘计算）、优先级、QoS 属性（如带宽、时延、签约用户数量等）、NSDID。

（2）管理模型信息，它描述用于网络切片子网生命周期管理的信息模型，包括配置文件（如应用过程配置参数）。

（3）能力模型信息，它描述包括支持的通信服务特征信息（如服务类型、UE 移动级别、用户密度、业务密度）、QoS 属性（如带宽、等待时间、吞吐量等）和容量（如 UE 数量的最大值）。

3．描述网络切片模板的一般信息

根据行业要求和运营商的设计要求，可以使用不同的网络切片模板来创建网络切片的实例。

以下是网络切片模板的示例。

（1）网络切片模板用于创建满足（eMBB、mMTC、uRLLC 等）要求的新网络切片实例。

（2）网络切片模板用于创建满足特定行业要求的网络切片实例，如 V2X、智能电网、远程医疗保健。

上述 NSI 设置和 NSI 设置开放的典型服务使用者分别是运营商和垂直行业。

13.2.3　切片管理服务的认证与授权

切片管理服务通过相互身份验证和授权得到安全保护。

（1）相互认证。

如果管理服务使用者位于 3GPP 运营商的信任域之外，则应基于以下方式。

① 具有 3GPP TS 33.210 中给出的配置文件的客户端和服务器证书之一，使用 TLS 在管理服务使用者和管理服务生产者之间执行相互认证。

② 基于 TLS 1.2 的 RFC 4279 和 TLS 1.3 的 RFC 8446 的预共享密钥。

（2）保护管理服务使用者和管理服务生产者之间的管理交互。

TLS 将用于为 3GPP 运营商的信任域之外的管理服务生产者和管理服务消费者之间的接口提供完整性保护、重放保护和机密性保护。TLS 实施和使用的安全性配置文件应遵循 3GPP TS 33.210 中给出的 TLS 的配置规定。

（3）对管理服务使用者的需求进行授权。

在相互认证之后，管理服务生产者确定管理服务使用者是否被授权向管理服务生产者发送请求。管理服务生产者应使用以下两个选项之一授权来自管理服务使用者的请求。

① 遵循 RFC 6749 的基于 OAuth 的授权机制。

② 基于管理服务生产者的本地策略。

13.3　网络切片的安全风险及应对措施

网络切片虽然提高了网络资源的管理和分配效率，但是也存在一定的网络

安全风险，主要是切片相互之间的隔离安全问题、终端与切片之间的接入安全问题，以及切片自身的安全管理问题。由于网络切片的主要特点是相关隔离的资源分配和使用，所以在进行组网时，需要确保网络中的服务、资源和数据达到专网组网方案的隔离程度，这样才能让用户放心使用网络切片业务。

因为网络切片是建立在资源共享基础上的网络隔离机制，大多数情况下还不是完全地相互独立，所以有可能会存在切片相互间信息泄露、干扰和攻击等安全风险。需要考虑的风险点包括切片选择信息暴露可能造成的用户信息暴露、对于共用切片设备的多切片部署场景存在的安全上下文共享造成的信息泄露、恶意用户或设备发起的 DoS/DDoS 攻击造成的切片资源耗尽、作为公共网元的设备成为切片间访问跳板的风险、切片实例及虚拟机的生命周期管理不当造成的数据泄密风险。

如果切片管理接口不安全，攻击者可能会未经授权而访问网络管理功能，可能会由于创建大量切片造成网络资源耗尽，也可能造成其他切片实例被修改而影响网络客户的业务质量和网络安全等一系列问题。因此，在网络切片中应加强身份验证，确保只能由授权用户使用系统，对于切片管理消息，应进行加密保护，以及避免受到重放攻击等。

在进行切片定制过程中，网络设备需要对切片特性，如无线接入方式、带宽、时延、可靠性、QoS、安全级别等参数进行协商，如果这些过程受到攻击，则会造成切片质量下降。因此，需要对切片协商过程进行安全防护，并对协商程序进行认证和授权。

5G 网络管理框架支持基于服务的管理。当移动网络运营商将其网络切片和相应的管理功能细分为信任域，或一个信任域内的管理功能需要使用其他管理功能提供的服务时，应提供网络切片管理服务使用者和相关生产者之间的安全性过程。

在使用基于服务的接口进行管理时，所有网络切片管理功能均应支持 TLS，网络切片管理服务使用者应被授权访问生产者提供的服务，应基于 OAuth 2.0 实现授权机制。从而实现利用现有机制在网络切片管理功能之间进行相互认证的过程，并在信任域中的网络切片管理功能之间提供完整性保护、重放保护和机密性保护。

网络管理功能的服务使用者充当客户端，服务生产者充当资源服务器，授权服务器充当授权服务器。假设服务使用者和服务生产者已经相互认证，授权过程如下。

（1）服务使用者在访问服务生产者提供的服务之前向授权服务器请求授权。

（2）授权服务器检查授权信息并做出决定。如果允许服务访问，则将访问令牌发送给服务使用者。

（3）服务使用者请求访问响应网络管理服务，并将令牌发送给服务生产者。

（4）服务生产者验证访问令牌。如果有效，则服务生产者将提供相应的网络服务。

在部署切片网络时，应考虑切片内部的认证和授权机制，如果切片需要与第三方设备通信，则需要考虑如何融合第三方的认证和授权能力。在网络切片中应采用双向认证（基于 TLS）和授权（基于 OAuth）以保证业务安全。

| 13.4　接入过程中的网络切片特定认证和授权 |

接入过程中的网络切片的特定认证和授权过程的目的是使认证、授权和计费服务器能够认证或授权 UE 面向网络切片的上层应用。

为了启动特定于网络切片的 EAP 消息的可靠传输过程，AMF 必须创建一个"网络切片专用身份验证命令"消息。AMF 必须将"网络切片专用认证命令"消息的 EAP 消息 IE 设置为由 AMF 生成或由 AAA-S 提供的"EAP 请求"消息。AMF 必须将"网络切片特定身份验证命令"消息的 S-NSSAI IE 设置为与"EAP 请求"消息相关的 HPLMN S-NSSAI。AMF 必须按照 S-NSSAI 发送"网络切片专用认证命令"消息和启动计时器。

在收到"网络切片专用认证命令"消息后，UE 将以下信息传送到上层应用：

（1）在 EAP 消息 IE 中接收到的"EAP 请求"消息。

（2）S-NSSAI IE 中的 HPLMN S-NSSAI。

除此操作外，特定于网络切片的身份验证和授权过程对于 UE 的 5GMM 层是透明的。

当上层应用提供与 HPLMN S-NSSAI 相关的 EAP 响应消息时，UE 将创建一个"网络切片专用授权完成"消息。UE 应将"网络切片特定会话认证完成"消息的 EAP 消息 IE 设置为"EAP 响应"消息，将"网络切片专用会话认证完成消息"的 S-NSSAI IE 设置为与"EAP 响应"消息相关的 HPLMN S-NSSAI。UE 将发送"网络切片特定认证完成"消息。

收到"网络切片专用认证完成"消息后，AMF 将停止相关鉴权计时器，并：

（1）将与 S-NSSAI IE 中的 HPLMN S-NSSAI 相关联的"网络切片专用认证完成"消息的 EAP 消息 IE 中接收到的"EAP 请求"消息传递给上层。

（2）将与 S-NSSAI IE 中的 HPLMN S-NSSAI 相关联的"网络切片专用认证完成"消息的 EAP 消息 IE 中接收到的"EAP 响应"消息提供给 AAA-S。

认证授权结果将由网络切片特定的认证结果消息分别将"EAP 成功"消息或"EAP 失败"消息从网络传输到 UE。对于 AAA-S，可能需要进行几轮"EAP 请求"消息与相关"EAP 响应"消息的交换，以完成对 S-NSSAI 的请求的认证和授权。

在此过程中，AMF 使用特定于网络切片的 EAP 消息可靠传输过程的 NETWORK SLICE-SPECIFIC AUTHENTICATION COMMAND 消息（见表 13.1）将"EAP 请求"消息从网络传输到 UE。

表 13.1　NETWORK SLICE-SPECIFIC AUTHENTICATION COMMAND 消息

信息单元标识	信息单元	信息单元名称解释	类型/参考	是否存在	格式	长度
	Extended protocol discriminator	扩展协议鉴别器	Extended protocol discriminator 9.2	必备	V	1
	Security header type	安全标头类型	Security header type 9.3	必备	V	1/2
	Spare half octet	备用半个八位字节	Spare half octet 9.5	必备	V	1/2
	NETWORK SLICE-SPECIFIC AUTHENTICATION COMMAND message identity	网络切片专用认证命令消息标识	Message type 9.7	必备	V	1
	S-NSSAI	单一网络切片选择辅助信息	S-NSSAI 9.11.2.8	必备	LV	2~5
	EAP message	EAP 消息	EAP message 9.11.2.2	必备	LV-E	6~1502

UE 使用特定于网络切片的 EAP 消息可靠传输过程的 NETWORK SLICE-SPECIFIC SESSION AUTHENTICATION COMPLETE 消息（见表 13.2）将"EAP 请求"消息的"EAP 响应"消息从 UE 传输到网络。

表 13.2　NETWORK SLICE-SPECIFIC SESSION AUTHENTICATION COMPLETE 消息

信息单元标识	信息单元	信息单元名称解释	类型/参考	是否存在	格式	长度
	Extended protocol discriminator	扩展协议鉴别器	Extended protocol discriminator 9.2	必备	V	1
	Security header type	安全标头类型	Security header type 9.3	必备	V	1
	Spare half octet	备用半个八位字节	Spare half octet 9.5	必备	V	1

信息单元标识	信息单元	信息单元名称解释	类型/参考	是否存在	格式	长度
	NETWORK SLICE-SPECIFIC AUTHENTICATION COMPLETE message identity	网络切片专用认证完成标识符	Message type 9.7	必备	V	1
	S-NSSAI	单一网络切片选择辅助信息	S-NSSAI 9.11.2.8	必备	LV	2～5
	EAP message	EAP 消息	EAP message 9.11.2.2	必备	LV-E	6～1502

第 14 章

边缘计算安全

边缘计算主要基于云计算平台部署，既存在云平台的安全风险，又具有一些边缘计算特有的安全风险。

|14.1 边缘计算的工作原理|

随着网络技术和互联网应用的发展，数据业务出现了快速增长，用户需求出现了多样化的趋势。网络带宽需求更大，接入设备数量和业务种类更加复杂，通信网络需要进一步提高网络流量的处理能力。为了将原本位于云数据中心的服务和功能"下沉"到移动网络的边缘，在移动网络边缘提供计算、存储、网络和通信资源，5G 网络中部署了大量移动边缘计算设备（MEC），在靠近用户的网络边缘侧，融合网络、计算、存储、应用核心能力进行网络能力开放。

边缘计算技术具备超低时延、超高带宽、实时性强等特性，是 IT 与 CT 业务结合的理想载体平台。边缘计算与云计算互相协同，共同助力各行各业的数字化转型。它就近提供智能互联服务，满足行业在数字化变革过程中对业务实时、业务智能、数据聚合与互操作、安全与隐私保护等方面的关键需求。在 5G 网络的 MEC 架构中，MEC 平台和 MEC App 均以 VNF 的方式部署在 NFV 环境中。

MEC 可以推动传统集中式数据中心的云计算平台与移动网络的融合，通过将资源靠近用户来减少网络操作，降低服务交付的时延，提升用户服务体验，实现有效的服务交付。图 14.1 为边缘计算的原理。

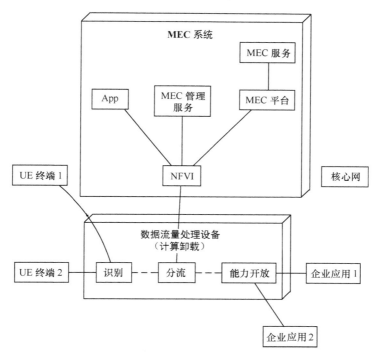

图 14.1 边缘计算原理

|14.2 边缘计算的安全防护|

边缘计算主要基于云计算平台部署，其安全风险包括云平台的安全风险，以及边缘计算特有的安全风险。关于云平台安全防护问题可以参见本书第 10 章。边缘计算特有的安全风险包括以下内容。

由于 MEC 的部署是分散式部署而且数量众多，这为网络安全管理带来了较大的困难。由于 MEC 中存在大量移动用户数据及设备数据，包括用户设备、定位位置、关键数据、控制策略等。在实际部署边缘计算技术时，需要保证用户隐私信息不得通过 MEC 系统泄露。对于需要分流数据到第三方应用的场景，需要在切实保证用户隐私安全的前提下满足边缘计算应用的基本要求，通过对

虚拟机及切片实例的生命周期管理、网络连接控制、接口访问策略、数据存储保密、用户数据加密等手段保证安全，使非授权用户无法访问边缘计算设备，并通过控制器对进出边缘计算设备的数据安全进行监管。

　　UPF 在下沉部署场景时应具备较高的安全防护能力，其所在机房应具有物理防护措施，自身具有防篡改等安全防护能力，与核心网的通信接口应具备安全防护能力，MEC 等应用平台应具有安全隔离和访问控制能力。

第 15 章

5G 网络安全即服务

5G 网络安全能力是基于对网络设备管理和数据的采集、分析和控制的能力，可以基于云平台实现安全威胁的快速检测和处理。网络安全工具的虚拟化是业界重点研究的课题。目前，已逐步支持虚拟防火墙、虚拟 IDS、虚拟扫描器等云化设备。

|15.1 安全即服务的业务模型|

安全即服务（SECaaS，Security as a Service）是一种业务模型。在这种模型中，安全服务提供商可以按订购方式将其安全服务集成到有服务需求的公司基础架构中，从而更具成本效益。安全即服务是受到以往应用于信息安全类型服务的"软件即服务"模型的启发，由于不需要本地硬件，因此，减少了大量的资本支出。可以作为服务提供的安全能力通常包括身份验证、防病毒、防恶意软件/间谍软件、入侵检测、渗透测试和安全事件管理等。

5G 网络能够提供高带宽、低时延的通信能力，也可以为各行各业提供广泛的无线连接。基于 5G 能实现从公共服务到家庭设施设备的快速联网。5G 网络接入了大量设备，包括 PC、智能设备、手机终端等，但是网络安全防护能力参差不齐，面临网络安全风险。随着 5G 的广泛部署与联网，将提供更高速的网络和更广泛的覆盖，这就使这些安全风险也随之增加。然而，基于 5G 的通信能力和安全能力也可以在此基础上提供安全保障的服务。这种基于网络运营商所提供的服务能力，具有端到端、全覆盖、快速启动、简易配置的特点，既能服务于个人，又能服务于行业，具有广阔的前景。

5G 网络安全能力是基于对网络设备管理和数据的采集、分析和控制的能力。基于 5G，可以掌握物联网设备的应用和行为，可以将网络威胁关联到用户和设备，基于云平台实现安全威胁的快速检测和处理。基于 5G 网络完善的安全能力，可以针对不同的行业安全需求，从组网、隔离性、密码算法、认证机制等方面提供定制化的安全配置，从而提供有保障、灵活可定制的安全服务，实现网络安全即服务。

　　通过将安全能力以服务的形式进行开放，安全服务的需求方按需提出安全需求，服务提供方依据安全需求提供合理、高效、便捷的安全服务，构成个性化、智能的安全即服务能力，可以为各行业/客户提供安全服务。5G 网络进一步推动了这种服务模型的开发和应用。

15.2　安全即服务的产品形态

　　5G 网络能够开放包括安全加解密算法、身份认证体系、安全传输通道、安全漏洞库信息、安全设备及安全应用等多项服务内容，也可以根据用户的需求进行安全产品整合与定制。

　　根据安全市场的需求，可以将 SECaaS 的产品形态总结为以下几类。

　　（1）认证与接入管理服务。

　　（2）安全应用（邮件、Web 等）网关。

　　（3）入侵检测（防火墙、IDS/IPS、蜜罐系统）。

　　（4）安全信息与事件管理。

　　（5）应用安全测试。

　　（6）安全传输通道。

　　下面结合 5G 网络的特点介绍这些服务的实现方式。

　　1．认证与接入管理服务

　　3GPP 一系列安全规范已经定义了基于 AKA 的认证架构，包括 AuC、HLR/HSS、UE、USIM 等功能实体。基于 AKA 的认证体系已在 2G/3G/4G 网络中广泛应用多年，具有技术成熟、实施成本低，以及支持灵活演进的特点。

　　在 5G 网络中，可以研究充分发挥这些安全能力的作用，为认证与接入管理服务提供有效、灵活的认证支持。这就要用到 GBA 技术体系。

　　2．安全应用（邮件、Web 等）网关

　　以安全邮件网关为例，随着基于邮件营销的业务的兴起，每天都会收发海

量的电子邮件。很多安全事件中的攻击都是从网络钓鱼电子邮件开始的，所以高效率的安全邮件网关将极大地提升网络安全防护能力。

5G 网络中将建设部署大量数据中心，将这些数据中心部署在网络核心，以及网络的边缘节点，为网络业务提供高带宽、低时延的质量，为移动互联网、物联网等第三方业务平台的建设提供良好的环境。由于数据中心是 5G 网络的组成部分，因此，基于数据中心建设高性能的安全应用网关可以充分利用网络资源优势，降低建设成本，并且便于对安全应用网关的策略进行集中管理和设置，共享对邮件、Web 应用的通用检测能力。

3. 入侵检测（防火墙、IDS/IPS、蜜罐系统）

入侵检测系统是对网络流量进行分析，检测其中可能存在的威胁流量，并做出相应的应对措施。

网络防火墙可以保护计算机网络免受未经授权访问，可能采用硬件设备、软件过程或两者结合的形式。网络防火墙可以防止内部计算机网络受到来自外部的恶意访问，包括受恶意软件感染的网站或易受攻击的开放网络端口。

入侵检测系统（IDS）是部署在网络上检测针对受保护主机的网络安全技术，避免其安全漏洞受到攻击。IDS 侧重于检测网络威胁，通常置于网络通道的监听部分，不需要参与信息收发，通常利用流量探针或分光设备实现。在 IDS 的基础上，入侵防御系统（IPS）不仅对网络流量进行威胁检测，还增加了阻止威胁的功能。IPS 通常部署在网络通道的关键路径上并参与数据处理。

网络安全蜜罐是对网络攻击方的一种针对性引导技术，通过在网络上部署作为攻击对象的系统或业务，引导攻击方对齐实施攻击，从而对攻击行为进行记录和分析，并掌握其采用的工具和方法，使网络管理人员更清晰地掌握自身管理网络所受到的攻击威胁。

由于 IDS 的部署与网络结构息息相关，通常需要根据业务需求进行个性化的安全策略设置，即使在云环境下，也需要为不同的网络配置专用的 IDS。由于 IDS 的需求较大，因此，有必要研究高性价比的解决方案。

4. 安全信息与事件管理

全面的内容检查可增强对 RAN 和核心网络的可见性，它正迅速成为极其重要的必备网络安全功能。

在应用层面，以数据中心为基础的部署方式使安全数据的集中采集和分析变得可行。通过采集安全数据和事件，如操作、变更、登录、修改、入侵等事件，5G 网络可以此为基础向客户提供全面的业务级安全保障能力。

在信令层面，基于 5G 的网络开放能力、信令平台和 DPI 平台，5G 网络可以更准确地掌握终端的行为规律，结合网络大数据和人工智能技术，网络能够对客户可能受到的安全风险等做出及时提醒和保护。

5. 应用安全测试

由于大量应用过程将基于 5G 网络发布和运行，因此，通过对 App 的静态和动态代码检测，可以及时发现存在安全风险的 App 和恶意软件。通过对 App 的行为进行分析，还可以统计受其影响的客户的情况，进而可以采取相应处理措施。

6. 安全传输通道

通过 5G 提供的用户面加密和完整性保护能力，可以通过 5G 专线、专访等方式实现高带宽的安全传输通道，加强重要数据的传输可靠性和安全性。

| 15.3　5G 网络 DPI 系统 |

5G 网络承载着多种业务类型，接入海量的终端设备，对于网络安全的要求比以往更加严格。过去通过定期检查设备和策略来保障网络安全的做法已难以满足网络安全工作的需要。5G 网络安全不仅需要掌握整体安全态势，还需要具体到业务和个人的安全状况；不仅要检查主要网络设备的安全，还要及时发现网络流量中的潜在风险；不仅要对某一层面的风险进行评估，还要实现端到端的安全保障能力；不仅需要对安全攻击及时发现，还要对攻击来源准确定位和溯源。这些新的要求，需要通过 5G 网络 DPI 系统来满足。

5G 网络 DPI 系统能够对网络中的信令和用户面数据进行深度检测和解码，支撑对网络投诉的智能处理，支撑网络指标定制，支撑网络运行监控，这些能力都是 5G 网络安全急需的能力。5G 网络 DPI 系统采取分层结构设计，实现数据采集和应用开发相互隔离。5G 网络 DPI 系统从下向上分为采集层、数据存储共享层及应用层。

1. 采集层

原始信令由专门的采集解析服务器对原始信令数据进行采集解析及完成编解码，采集接口包括 F1、Xn、NG-C、NG-U、N1、N2、N4、N5、N7、N11、N12、N14、N15、MR 等规范定义的接口。在采集层应实现各接口信令数据的汇总和关联，生成数据分析所需的扩展记录（XDR），并在本地保存原始信令文件以便后期溯源。相关 XDR 在产生时，应考虑安全工作的需求，参考安全漏洞库的定义，识别网络中的安全事件和安全态势感知事件。这是网络安全对 5G 网络 DPI 的功能需求。相关 XDR 文件还可以用于网络管理所需的指标分

析和统计。由于原始信令数据量较大，可以用类似 Hadoop 的分布式存储。

2．数据存储共享层

数据加载集群实现 XDR 等文件的临时缓存和解析。根据 XDR 的字段定义进行统计分析和存储，为应用层的程序提供共享访问接口。由于需要对数据进行加载和并行处理，可以采用类似 Hive 的数据仓库工具。

3．应用层

应用层按照多种维度进行数据汇总、提高查询速度、减少存储空间。在应用层通过数据关联处理实现多张数据表和多种 XDR 类型进行联合处理，支持在线查询和数据挖掘操作。对于网络安全相关应用，提供可定义的查询能力和数据挖掘能力。

| 15.4　5G 网络安全能力开放的关键技术分析 |

由于 5G 网络主要基于云计算和数据中心部署，所以安全能力开放需要适应这种环境的部署和应用。网络安全工具的虚拟化是业界重点研究的课题。目前，已逐步支持虚拟防火墙、虚拟 IDS、虚拟扫描器等云化设备。

虚拟化网络安全工具需要向管理平台提供编排调度接口，实现资源的统一调度，应可以支持大规模自动部署。开放的安全能力实现的功能应接近或等于独立的硬件设备，在性能方面，即使处于虚拟化环境，也不应有太大的变化。对于需要参与流量处理的虚拟化防火墙、IPS 设备，不能影响业务时延、分组丢失率和网络吞吐量等关键指标。基于 5G 中引入的边缘计算技术，可以将需要复杂计算的安全流量工作分布在边缘节点执行。

虚拟化网络安全工具还需要考虑其可能带来的新的安全问题。在安全能力开放的过程中，需要对业务信息进行处理，这就有可能影响网络的组网结构和运营方式，造成信息泄露的风险；由于安全能力开放涉及的用户数规模较大，策略修改频繁，要求运营商的网络安全操作不能对业务造成影响；在设备部署方面，集中化的策略部署难以满足个性化的安全需求；在安全能力开放的过程中，还需要考虑安全效率和成本的因素。

网络安全工具的虚拟化是业界重点研究的课题。目前，已逐步支持虚拟防火墙、虚拟 IDS、虚拟扫描器等云化设备。现以虚拟防火墙（vFW）为例说明虚拟网络安全工具的特点。虚拟防火墙应可以利用通用 x86 服务器创建的资源池进行部署，基于其专用操作系统以虚拟机形式部署在 Hypervisor 层上。虚拟防火墙应支持硬件防火墙的全部转发和安全功能，支持路由、会话的状态检测、应用网关、VPN、访问控制、地址翻译、攻击防御、防病毒、用户认证等多种网络安全功能及管理功能。虚拟防火墙应支持用户通过 Telnet、SSH、SNMP、Web 及 Rest API 等管理接口进行管理，负责防火墙的系统配置、策略配置、用户管理等功能，并优先支持 HTTPS、SSH 等加密方式的管理。

虚拟化网络安全工具需要向网络云管理平台提供编排调度接口，实现资源的统一调度。虚拟化网络工具应可以支持大规模自动部署，支持 NFV MANO 下 VNFM 自动化编排部署，提供解决方案；相关虚拟化设备的授权支持自动分发，云平台管理员可在虚拟网络攻击部署前得到所有授权文件，并在虚拟网络安全工具创立后进行验证设备、分发授权，可以提供相应云平台产品授权的解决方案。虚拟化网络安全工具还应与实体化网络设备（如 SDN）等建立数据交互机制，实现高可靠的集成支持。

下面介绍一些与网络安全相关的开源软件，它们可以作为网络安全工具定制研究的基础，并为安全服务技术提供解决方案。文献[15]对比了部分工具在 NFV 和 SDN 环境下的性能表现。

1. pfSense 防火墙

pfSense 项目是一个开源和免费的网络防火墙发行版，基于具有自定义内核的 FreeBSD 操作系统，并包括第三方免费软件包，以提供其他功能。pfSense 软件能够提供防火墙的核心功能，具有高性能和易配置的特点。pfSense 项目是基于软件的防火墙，也可以通过定制选择的硬件来满足环境的特定需求。

2. Snort 开源 IDS/IPS

Snort 是用于 Linux 和 Windows 的开源、免费、轻量级的网络入侵检测系统（NIDS/IPS）软件，用于检测网络中的安全威胁。它能够在 IP 网络上进行实时流量分析和数据分组记录，可以执行协议分析，内容搜索/匹配，并可以用于检测各种攻击和探测，如缓冲区溢出、隐藏端口扫描、CGI 攻击、SMB 探测、操作系统指纹尝试等攻击行为。

3. Suricata 开源 IDS/IPS

Suricata 是一个免费和开源网络威胁检测引擎，能够进行实时入侵检测、内联入侵防御、网络安全监控（NSM）和离线 pcap 处理。Suricata 基于规则和签名语言检查网络流量，并具有 Lua 脚本，以检测复杂的威胁，通过 YAML 和 JSON 之类的标准进入和输出格式，易于与现有数据库工具集成。Suricata 的研发侧重于安全性、可用性和效率。

4. ModSecurity Web 应用防火墙

ModSecurity 是一个开源、跨平台的 Web 应用过程防火墙（WAF）模块，

使 Web 应用过程防御者能够了解 HTTP/HTTPS 流量，并提供规则语言和 API 来实现高级保护。

5. ntopng *流量监测*

ntopng 是监视网络使用情况的网络流量探测器，基于 libpcap，且以可移植的方式编写，可以在 Linux、MacOSX 和 Windows 上运行。

6. MHN *蜜罐*

MHN 是用于管理蜜罐的中央服务器。通过 MHN 开源快速部署网络安全传感器并收集数据，并可从 Web 界面查看网络攻击行为。MHN 支持通过蜜罐的方式部署脚本，包括 Snort、Cowrie、Dionaea 和 Glastopf 等常用的蜜罐技术。

第 16 章

支持虚拟化的嵌入式网络安全 NFV

在进行虚拟化环境安全防护时，除了通过防火墙、IDS 检测网络边界的安全行为外，还需要对虚拟化网元进行周期性和全量的安全检查保障，从而提高虚拟化环境的安全系数。为了提高安全防护效率，有必要为虚拟化环境提供基于网络安全资源池的防范措施。

| 16.1　虚拟化环境下的网络安全技术和解决方案 |

随着 5G 引入 NFV、边缘计算、网络切片等基于虚拟化的新技术，传统面向物理机环境的安全技术已不能完全满足网络运行要求。

我们需要关注虚拟化环境下的安全风险新趋势。在虚拟化环境下，由于虚拟机的部署和销毁非常方便，如果从携带恶意代码的虚拟机发起网络攻击，因虚拟环境下的组网架构和数据流量处理方式的特殊性，可能难以对问题点进行跟踪定位。在虚拟化环境下，由于整个平台的关键节点，如控制器、编排系统、管理系统集中存储和管理了大量的业务和用户关键信息，而且具有高度集中的访问率，因此，它容易成为网络攻击的主要对象；作为虚拟化环境基础的云平台，其自身的安全问题也需要进行重点保障。

由于虚拟化平台的高度集中特性和快捷的可编排特性，容易出现单点突破影响全局的情况。在虚拟化环境下，网络攻击更加隐秘、更加集中、风险也更大。由于虚拟化环境下网元设备的版本不断升级、网络数据配置不断变化、用户数据不断增加，因此，网络安全的策略、服务，以及虚拟化环境下的安全需求也不断变化。

在进行虚拟化环境安全防护时，除了通过防火墙、IDS 检测网络边界的安全行为外，还需要对虚拟化网元进行周期性和全量的安全检查保障，从而提高虚拟化环境的安全系数。在虚拟化环境中，一般存在多个相互隔离的网段。为了对分布在各个网段的设备进行检查，需要分别接入相关网络，并部署相关网络安全设备。

为了提高安全防护效率，有必要为虚拟化环境提供基于网络安全资源池的防范措施。

16.2　嵌入式网络安全 NFV 的功能与工作流程

虚拟化环境下的安全风险的出现，促使相关网络技术和解决方案进行针对性的研发和应用。参考 NFV 的特性，可以将网络安全专用 NFV 作为一种安全解决方案。通过网络安全 NFV，可以在虚拟化环境中自动完成安全防护操作。由于大部分网络云平台支持批量自动部署方式,通过网络安全 NFV 可以高效率地自动完成网络安全工作，进而实现虚拟化环境下的安全防范常态化机制。

在网络安全专用 NFV 中，应包括网络探针、基线扫描、端口服务扫描、端口漏洞扫描、云平台（如 Openstack）专项、等保检测、定时扫描等功能模块。通过这些功能模块检查虚拟化环境下各隔离网段的端口服务、开放情况、云平台环境安全问题，并对检测出来的问题进行定量评估，为后续处理这些安全问题提供技术支撑。

网络安全 NFV 的工作机制如图 16.1 所示。

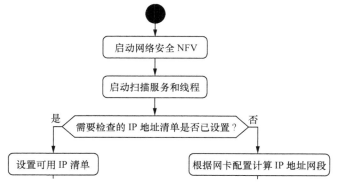

图 16.1　网络安全 NFV 的工作机制

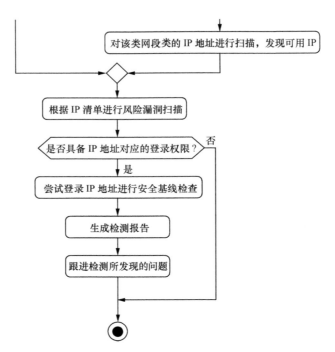

图 16.1　网络安全 NFV 的工作机制（续）

第 17 章
5G 终端安全检测系统

手机终端的安全风险，既包括由于设备制造商对通信协议的理解和实现所存在的不足造成的在网络异常条件下不完善的信令处理机制的安全风险，又包括手机终端安装的应用软件自带的安全风险。基于软件定义无线平台可以实现手机终端安全性自动化测试环境。

|17.1　手机终端的安全风险|

手机终端在取得入网许可证前，一般需要对手机的功能、性能、安全性进行详尽测试，只有通过相应规范才能允许入网使用。但是，由于网络条件、安全风险是不断变化的，而且不同手机终端制造商对规范协议的理解也会有所不同，因此，这些变化和差异就造成了手机终端在特定环境下可能出现超出预期范围的行为，从而形成安全隐患。

手机终端常见的来自于制造商的安全风险包括对协议的理解和实现存在不足造成对网络异常条件的处理风险，以及手机终端安装软件所自带的安全风险。

|17.2　手机终端安全性自动化测试环境|

手机终端存在的风险是可以通过专门设计的测试环境检测出来的。以下是关于手机终端安全性自动化测试环境（ATE，Mobile Terminal Security Automatic

Test Environment）的原理与实现。ATE 的系统架构如图 17.1 所示。

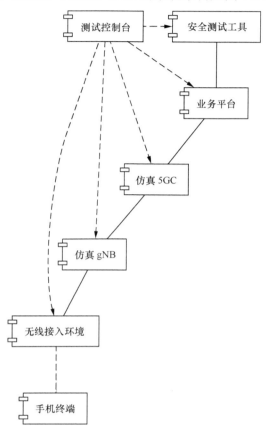

图 17.1 ATE 的系统结构

ATE 环境主要包括以下组件。

（1）手机终端：即需要进行安全功能测试的手机终端。

（2）无线接入环境：提供与手机终端的无线通信环境。手机终端可以按照标准流程接入本无线环境。

（3）仿真 gNB：实现 gNB/eNodeB 的相关功能，包括 5G NR/LTE 的相关协议栈。

（4）仿真 5GC：实现与手机终端通信相关联的仿真核心网。在 5G 环境下，主要包括仿真 AMF、仿真 SMF、仿真 UPF 和仿真 UDM 功能。

（5）业务平台：提供手机终端需要访问的业务环境。

（6）安全测试工具：对手机终端进行安全扫描和渗透测试。

（7）测试控制台：用于对测试任务进行管理，包括测试任务的接收、测试

脚本的制作、测试指令的下发、测试结果的分析报告等。

ATE 的主要功能如下。

（1）手机终端的安全功能测试。在 ATE 中设定手机终端的安全功能测试矩阵，设定手机终端需要使用的安全过程测试方案，依次向手机终端发送安全相关信令流程，包括主认证和密钥协商过程、EAP-AKA'认证、5G AKA 认证、NAS 层安全、接入层安全、状态转换、漫游更新等信令，并比较手机终端对这些信令的响应是否符合预期。对于不符合预期的行为进行记录和统计。在测试过程中，可以对各种信令的字段进行穷举和重复，以验证手机终端是否可以正确处理这些信令。

（2）手机终端的安全顽健性测试。在 ATE 中可以设置手机终端所处的各种异常环境，包括在不同的信号强度、不同的网络制式、不同的信令流程、不同的状态切换、不同的业务流量等条件下，手机终端是否能正常完成相应的安全过程。

（3）手机终端安全接口规范性测试。接收手机终端在各种业务流程中所发出的信令，并分析其信令组成是否符合规范要求。

（4）手机终端的应用程序安全测试。通过网络安全检查工具和渗透工具，检查手机终端的应用程序是否开放业务端口、是否存在安全风险。

（5）手机终端的长期行为监测。在 ATE 环境中，观察手机长期运行情况下的信令和业务行为，检查手机终端上是否存在异常的程序、是否会发送异常的网络信令等。

ATE 对手机终端的安全测试流程同样适用于物联网等其他类型的终端，其不仅可以进行安全测试，还可以进行终端功能、性能和兼容性测试等。

表 17.1 为某款智能手机终端对外开放的网络端口，如果对该终端系统不加强安全管理，将会成为安全攻击的风险点。

表 17.1　某款智能手机终端开放的端口

端口号	状态	开放业务
3306/TCP	开放	MySQL
8022/TCP	开放	oa-system

17.3　无线接入环境

无线接入环境是 ATE 测试的核心组件，通过该组件提供与手机终端的无线通信环境。手机终端可以按照标准流程接入该无线环境。无线接入环境还应提供对用户控制面和信令面的编程控制接口，以便手机基于各种测试用例的验证，可以基于开源的软件定义无线平台实现该环境。

1. GNURadio

GNURadio 是一个免费的开源软件开发工具包，它提供信号处理模块来实现软件无线电。它可以与现成的低成本外部射频硬件一起使用，以创建软件定义无线电，或者在类似仿真的环境中使用硬件。GNURadio 可以广泛支持无线通信研究和现实世界的无线系统。

2. OpenLTE

OpenLTE 是 3GPP LTE 规范的开源实现，扩展了 GNURadio 应用过程的功能及简单基站的应用过程，可用于测试和仿真下行链路发送和接收功能及上行链路 PRACH 发送和接收功能。此外，GNURadio 应用过程可用于文件的下行传输和接收，支持 rtl-sdr、HackRF 或 USRP B2X0 等硬件设备。

3. OpenAirInterface

OpenAirInterface 是 3GPP 规范的开源实现，包括 3GPP 规范的不同部分（包括 eNodeB、UE、MME、HSS、S-GW、P-GW 等）。该软件在通用计算平台上运行，并具备与各种 SDR 硬件平台（EXMIMO、USRP、BladeRF、LimeSDR）的接口。

第 18 章
面向 5G 网络的安全防护系统

根据 5G 网络的技术特点，以及网络安全防护的要求，本章提出一个 5G 端到端安全保障体系，该体系可以支持对 5G 网络端到端的安全风险防护，实现 5G 网络安全工作的自动化和智能化，满足支撑从用户、网络到业务的安全保障需求，提高 5G 网络的安全能力。

| 18.1　面向 5G 网络的安全支撑的现状与需求 |

5G 网络面临的安全风险形式发生了改变，新技术、新架构的引入带来了新的安全挑战。5G 网络需要端到端的安全保障机制和支撑技术，以实现 5G 网络的全面安全防护，5G 网络要支撑从用户、网络到业务的安全保障需求。

当前网络安全保障技术面临的困难如下。

网络安全设施主要基于传统架构，分散在多个子网建设，网络安全策略相互隔离。对新技术、新架构缺乏技术更新，难以满足网络发展要求。大型通信网络中的网元设备数量和种类众多，相应的网络安全策略往往是针对独立的网络设备进行设置的，这种分布特性使安全管理策略难以统一，体现在以下几个方面。

（1）网络安全策略难以调整，难以根据业务需求设置全网安全策略。

（2）网络安全资产难以核查和发现。

（3）脆弱性风险以扫描器扫描检测为主，难以支撑新增业务种类和流程的安全检查。

（4）网络安全策略依赖人工设置，无法根据网络变化动态调整。

（5）网络安全基线策略固定，无法集中管理和优化。

（6）网络运行态势感知模糊，安全数据分离在多个管理系统中，相互不能共享。

（7）网络业务运维流程与安全运维流程分离，无法根据业务需求提供更有效的安全服务。

（8）以往的安全能力主要基于硬件设备，由于其生产厂商不一，难以实现有效和一致的设备配置，造成安全资源不可调度，相关信息不能共享。

18.2 5G 端到端安全保障体系

根据 5G 网络的技术特点，以及网络安全防护的要求，本书提出一个 5G 端到端安全保障体系。该体系可以支持对 5G 网络端到端的安全风险防护，实现 5G 网络安全工作的自动化和智能化，满足支撑从用户、网络到业务的安全保障需求，提高 5G 网络的安全能力。5G 端到端安全保障体系的技术架构如图 18.1 所示。

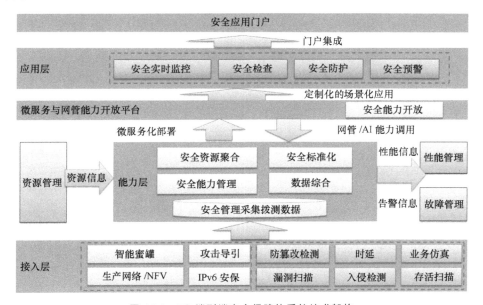

图 18.1 5G 端到端安全保障体系的技术架构

（1）安全接入层要实现数据采集和设备操作指令收发，建立可复用采集和

指令收发机制，安全采集和拨测数据在进行预处理后传递给能力层。

（2）安全能力层实现功能的微服务化，获取接入层安全采集和拨测数据，调用 AI 接口支持多维度分析，输出安全告警信息和重要事件，通过标准化接口经资源数据库获取安全资产信息。

（3）安全应用层作为安全应用门户，通过调用能力层的微服务形成场景化应用。

18.2.1　安全接入层

安全接入层实现安全相关数据的采集、安全任务的执行，包括安全扫描、安全日志整合、安全蜜罐等操作。安全接入层所支持的安全任务包括以下几个方面。

1. 设备存活扫描服务

设备存活扫描是通过网络检测在线并可访问的主机，以及其所提供的网络服务。常用技术包括 PING、端口扫描和操作系统识别。检测信息类型包括 TCP/UDP 服务、操作系统类型、应用软件、漏洞风险等级等。

2. 网络端口开放扫描

网络端口开放扫描对常用网络端口进行检测分析。该模块基于服务化的 Restful API 调用，如下。

```
#Request:
POST /SecurityGuard/5gsecurity/Access/ScanPort HTTP/1.1
Content-Type: application/json
{
"target":192.168.1.1
}


#Response:
HTTP/1.1 Status: 200 OK
Content-type: application/json; charset=utf-8
Content-Length: 217
Server: 5gSecurityGuard Version:2020
Date: 2020-7-9 5:42:30

{
"name": "Access",
"description": "Scan Open Port",
"id": 1000,
"result": "Scan Finished!"
"output": "PORT STATE SERVICE#21/tcp closed ftp#22/tcp open ssh#80/tcp open http"
}
```

3. 未知服务端口扫描

对于 TCP/UDP 的未知或不常用的端口进行安全检测，有助于发现隐藏的服务或后台应用程序。该模块基于服务化的 Restful API 调用，如下。

```
#Request:
POST /SecurityGuard/5gsecurity/Access/ScanHiddenPort HTTP/1.1
Content-Type: application/json
{
"target":192.168.1.1
}


#Response:
HTTP/1.1 Status: 200 OK
Content-type: application/json; charset=utf-8
Content-Length: 217
Server: 5gSecurityGuard Version:2020
Date: 2020-7-9 5:44:22

{
"name": "Access",
"description": "Scan All Hidden Port",
"id": 1000,
"result": "Scan Finished!",
"output": "PORT STATE SERVICE#12282/tcp open unknown#9001/tcp open unknown"
}
```

4．渗透测试服务，对网络中可能存在的风险进行深入安全测试。该模块基于服务化的 Restful API 调用，如下。

```
#Request:
POST /SecurityGuard/5gsecurity/Access/Penetration HTTP/1.1
Content-Type: application/json
{
"target":192.168.1.1
}


#Response:
HTTP/1.1 Status: 200 OK
Content-type: application/json; charset=utf-8
Content-Length: 757
Server: 5gSecurityGuard Version:2020
Date: 2020-7-9 5:54:24

{
"name": "Access",
"description": "Penetration",
"id": 1000,
"result": "Penetration Result!",
"output": "5900/tcp open vnc info vnc:Vulnerability exists#Risk degree:5 Upgrade the application or
close the port.#CVE-2019-8280,CVE-2019-8277,CVE-2019-8276<br>22/tcp open ssh2 enum algos ssh2:
Vulnerability exists#Risk degree:26#Upgrade the application or close the port.#CVE-2011-1624,
CVE-2010-2695,CVE-2010-0137<br>22/tcp open ssh OpenSSH 8.0.1p1 Ubuntu 2ubuntu2.13 (Ubuntu Linux;
protocol 2.0) #Risk degree:5 #Confirm the open for this port and secure it. #CVE-2019-6111,CVE-
2019-6110,CVE-2019-6109<br>111/tcp open rpcinfo rpcinfo:Vulnerability exists #Risk degree:7 #Upgrade
the application or close the port.<br>"
}
```

5．智能蜜罐服务

网络安全蜜罐是对网络攻击方的一种针对性引导技术，通过在网络上部署

作为攻击对象的系统或业务,引导攻击方对齐实施攻击,从而对攻击行为进行记录和分析,并掌握其采用的工具和方法,使网络管理人员更清晰地掌握自身管理的网络所受到的攻击威胁。通过蜜罐系统,还可以在攻击方发起网络攻击时有效延误其对真正业务系统的攻击时刻,通过告警或相关措施加强防护处理。在部署蜜罐系统时,由于攻击方可能登录蜜罐,如果蜜罐自身存在安全漏洞,则会成为网络攻击的跳板。因此,在使用蜜罐时,要注意蜜罐系统自身的安全防护,做好应用监控。

6. 网络攻击行为检测

通过蜜罐系统,可以在网络中部署与业务系统相似的网络端口和服务,并记录针对这些端口的攻击行为,结合安全数据经验库,有效识别网络攻击行为。

7. 网络服务映射与模拟

网络服务存在于多个环境,对于需要重点安全检测的网络设备,可以将其端口映射到蜜罐系统的服务端口上。通过对蜜罐系统的网络攻击流量转发与处理,结合流量分析技术,可以对该网络设备的抗攻击能力进行评估和检测。

该模块基于服务化的 Restful API 调用,如下。

```
#Request:
POST /SecurityGuard/5gsecurity/Access/MAPIP HTTP/1.1
Content-Type: application/json
{
"target":192.168.1.1:10.0.1.1
}


#Response:
HTTP/1.1 Status: 200 OK
Content-type: application/json; charset=utf-8
Content-Length: 160
Server: 5gSecurityGuard Version:2020
Date: 2020-7-9 5:56:56

{
"name": "Access",
"description": "MAPIP",
"id": 1000,
"result": "MAPIP Finished!"
"output": "192.168.1.1:10.0.1.1"
}
```

8. IP 虚拟资源池管理与部署

智能蜜罐系统应能支撑对各种 IP 资源进行设置和调度,以实现多网段的防护能力。该模块基于服务化的 Restful API 调用,如下。

```
#Request:
POST /SecurityGuard/5gsecurity/Access/HoneyPot HTTP/1.1
Content-Type: application/json
{
"target":192.168.1.1:2000,192.168.1.1:22,192.168.1.2:23
```

```
}

#Response:
HTTP/1.1 Status: 200 OK
Content-type: application/json; charset=utf-8
Content-Length: 214
Server: 5gSecurityGuard Version:2020
Date: 2020-7-9 6:0:33

{
"name": "Access",
"description": "Start HoneyPot Protect",
"id": 1000,
"result": "HoneyPort Start!"
"output": "192.168.1.1:2000<br>192.168.1.1:22<br>192.168.1.2:23"
}
```

9. 5G 网络暴露面的安全防护

由于 5G 网络需要向合作方开放网络能力，这将增加 5G 网络对互联网的暴露 IP，因此，需要加强对暴露面进行资产管理和漏洞加固。

10. 业务安全仿真服务

5G 网络中存在多种业务，安全运维需要对业务的安全状态进行有效检测，因此，需要部署业务安全仿真服务。对于网络公开的业务端口，如 HTTP、HTTPS、FTP、SSH 等常用服务，可以通过网络访问程序进行业务状态的定期检查，对异常情况及时发现和处理。

该模块基于服务化的 Restful API 调用，如下。

```
#Request:
POST /SecurityGuard/5gsecurity/Access/SimCommonService HTTP/1.1
Content-Type: application/json
{
"target":192.168.1.1:80:http
}


#Response:
HTTP/1.1 Status: 200 OK
Content-type: application/json; charset=utf-8
Content-Length: 191
Server: 5gSecurityGuard Version:2020
Date: 2020-7-9 6:2:42

{
"name": "Access",
"description": "Start Simmulating Service",
"id": 1000,
"result": "SimCommonService Start!"
"output": "192.168.1.1:80:http"
}
```

11. 业务层网络安全行为仿真

5G 有较多业务是基于基础服务开发的，但是这些业务往往是定制开发的，

常见的扫描工具无法检测其安全性，所以如果这些业务存在安全问题，将成为安全盲点。因此，需要针对业务流程进行定制的仿真工具开发，如切片管理流程检测、计费业务流程检查工具等。

12. 网络性能及可用性仿真测试

基于这些仿真工具，还可以对 5G 网络及业务性能和可用性进行仿真测试，及时发现网络运行故障，或者网络受到安全攻击时的性能变化情况。

13. IPv6 安全保障服务

5G 网络中将大量部署 IPv6 设备，因此，需要支持 IPv6 网络设备发现，也需要支持对 IPv6 网络的安全检查。但是由于 IPv6 的地址长度达到 128 位，需要优化 IPv6 的地址发现算法。

14. 网元设备安全基线检测

安全基线是所有网络设备的通用安全需求的集合，这些需求可以应对相关的安全威胁，其主要目的是保证网络设备的机密性、完整性和可用性。安全基线主要包括数据和信息保护、可用性和完整性保护、认证和授权、会话保护、日志等。安全基线是对计算机主机系统和网络设备的最低安全要求及其相关配置策略，常见的安全基线配置标准有 ISO270001、安全等级保护要求等。对安全基线的检查是安全维护的日常工作内容。有效的基线检查，可以及时发现系统中存在的安全短板，提高整体防护能力。由于 5G 网络中设备数量众多，安全基线检查项目涉及多种系统和应用，需要自动化、批量化的检查手段。

15. 网元设备合规检查

网元设备有严格的安全策略配置规定，通过该功能可以对这些策略的设置情况进行完整核查，对网元设备的操作记录进行审计，并对违规操作进行整改。

16. 网元设备安全策略及账号检测

该模块检查网元设备中账号设置是否合理、是否存在无效账号、是否存在弱密码等安全隐患。

17. 网络漏洞扫描服务

随着网络业务的不断增加，网络攻击事件的数量也不断增加。为了减少这些安全攻击的影响，需要及时准确地发现这些行为，这就需要基于网络漏洞库进行数据分析。网络安全的安全漏洞库主要基于 CVE 和 CNVD 公布的漏洞库，这已成为安全漏洞扫描参考的主要标准。部分安全设备厂商和研究单位也会公布存在安全风险的漏洞。国内安全行业还可以参考中国国家信息安全漏洞库、国家安全漏洞库等提供的安全漏洞数据。CVE 示例见表 18.1。

表 18.1　CVE 示例

CVE	CVE-2018-15686
CVSS	10
风险等级	关键
主机	192.168.152.134
协议	tcp
端口	0
漏洞名称	CentOS 7: systemd (CESA-2019:2091)
概要	远端 CentOS 主机缺少一个或多个安全更新
描述	红帽企业版 Linux 有一个用于 systemd 进程的更新
解决方案	更新受影响的 systemd 软件包
插件输出	安装的远程软件包：systemd-219-62.el7_6.9 应为：systemd-219-67.el7
安全技术实施指南（STIG）的严重性	
CVSS v3.0 基础分	9.8
CVSS 临时分	7.8
CVSS v3.0 临时分	8.8
风险因子	Critical
BID（程序缺陷编号）	
XREF（外部参考）	RHSA:2019:2091
MSKB（微软知识库）	
插件公开日期	43707
插件修改日期	43740
Metasploit	
核心的影响	
相关描述	

18. 开放漏洞库漏洞扫描

该模块基于上述漏洞库进行安全漏洞扫描任务定制与执行。

19. 0Day 漏洞检测

在网络安全领域，0Day 漏洞是指在网络系统制造商知悉并发布相关补丁前，就被攻击方掌握或使用的漏洞信息。由于 0Day 漏洞往往还没有相应的防范措施，因此，对网络的安全存在较大的威胁。该模块将收集网络 0Day 漏洞模型，并对相应设备进行及时检测和校验。

20. **网页防篡改检测服务**

该模块监测网络服务的安全状态，防止网页被攻击者修改，检查网页中可能存在的漏洞、违规内容及服务状态变化行为。

21. **防火墙/IDS/IPS 入侵检测集成**

通过部署数据采集接口，集成网络中所部署的 IDS/IPS 的入侵检测告警数据，实现有效的设备策略设置服务。

22. **DDoS 攻击检测**

DDoS（分布式拒绝服务）攻击是网络中威胁较大的一种网络安全攻击行为。攻击者通过向服务方发送大量的请求报文使服务方无法提供正常服务。该模块应实现对 DDoS 攻击的有效检测、发现和阻断。

23. **网络攻击源定界定位**

该模块实现对网络攻击源的定界定位，整合网络中各种安全设备的日志和拓扑信息，实现对各种攻击行为的及时发现。

24. **"僵木蠕"行为分析检测**

深入分析网络流量数据，基于"僵木蠕"行为数据库，实现对"僵木蠕"的准确发现和定位。

18.2.2 安全能力层

安全能力层实现安全资源聚合、安全标准化、安全数据库整合及安全能力管理。

（1）安全资源聚合。网络中的安全资产和资源数据来自多个平台和系统，同一安全资产在不同系统之间可能有不同的表示方法，因此，需要对安全资产信息进行采集和整合，实现对安全资产的动态发现和管理。为了对用户和业务的安全状况进行分析，需要整合网络大数据平台。网络大数据平台的来源是 5G DPI 系统。在进行资源聚合时，需要在各系统之间建立数据共享接口，并开放安全能力开放接口和安全事件订阅接口，以实现数据在各个层面的互通。

（2）安全标准化。安全标准化实现安全事件标准化、安全操作标准化，实现对不同设备、不同厂家的安全信息的统一处理接口，进而为安全任务的标准化分解提供支撑。

（3）在安全保障中，需要基于多个安全信息数据库进行数据分析和处理，为了实现安全动作归一化，避免出现安全策略差异，需要综合安全数据库，整合数据库，包括安全规则库、安全漏洞库、安全标准动作引擎、安全攻击智能识别模型库。由于行业内的安全数据是不断变化的，因此，需要对安全规则进行周期性主动更新。

18.2.3　安全应用层

　　安全生产是由具体的任务构成的，例如，安全扫描就包括安全资产识别、安全扫描规则定制、安全任务执行、执行结果汇总、安全责任落实等步骤，这就需要安全能力管理和安全任务管理等模块。

　　安全应用层进行安全生产任务的定义和调度，包括安全实时监控、安全检查、安全防护、安全预警等工作。

　　（1）安全实时监控模块对网络的安全告警事件、安全设备运行状态进行监测。

　　（2）安全检查模块完成日常安全生产主动执行的各项任务，包括网络安全端口开放检测、网络服务漏洞检测、业务服务安全检测、安全检查任务管理等。

　　（3）安全预警模块基于机器学习，实现对网络安全预警、网元设备漏洞预警。各层的功能特点，实现安全态势全面实时监测，安全策略智能编排、自动化响应，安全处置能力全局灵活调度。

　　除了基于传统的安全工具外，该体系还需要基于 5G DPI 系统提供多维度的详细数据。为了全面掌握 5G 网络运行情况，5G DPI 对 5G 网络信令和业务流量进行深入分析。5G DPI 负责采集 5G 网络信令，通过对控制面信令、用户面数据的采集处理，支持 5G 信令全流程关联分析，实现 5G 网络信令关联回填。通过 5G 网络多接口信令关联，制订 5G 信令的呼叫记录话单，构建 5G 信令监测指标、互联网 KQI 指标、信令监测单接口指标体系。分析研究 5G 各信令指标对网络安全的影响情况，构建各网络关键流程的安全指标。基于网络大数据，实现 5G 网络和业务的安全智能检测。相关安全检查报告参见表 18.2。

表 18.2　安全检查报告

序号	1
IP	192.168.1.1
IP 负责人	***
网络类型	生产网
端口	8000 8098 1433 1026 1025 9527 3000 1027 83 81
协议	http　unknown　mssql　decrpc

续表

组件	信息过滤****y I** M**************I A*****T A** M*****************r W*****s
banner	Server: Microsoft-IIS/6.0
漏洞 ID	CVE-1999-1029
漏洞描述	如果在最大尝试次数之前关闭连接，则 2.0.12 之前的 SSH 服务器（sshd2）无法正确记录登录尝试，从而使远程攻击者可以猜测密码而不显示在审核日志中
风险等级	
漏洞评分	7.5
漏洞版本	2.0
漏洞引导	AV:N/AC:L/Au:N/C:P/I:P/A:P
漏洞受影响区域	
漏洞攻击复杂度	低
漏洞攻击是否提权	否
漏洞是否为挟持攻击	
漏洞是否具有传染性	
漏洞是否导致隐私泄露	部分
漏洞是否破坏影响产品	部分
漏洞是否对影响产品造成拒绝服务	部分
漏洞发生时间	
漏洞可利用性评分	10.0
漏洞危害评分	6.4
影响产品	cpe:2.3:a:ssh:ssh2:2.0:*:*:*:*:*:*:*
是否处理	未处理

|18.3　5G 端到端安全保障体系的应用|

本书所提出的 5G 端到端安全保障体系，有助于提高 5G 的安全防范能力。基于该体系所实现的 5G 网络防范机制已在实际网络中广泛应用，实现了对 5G 网络安全风险在线实时检测、对 5G 业务安全态势进行有效感知、对 5G 网络云平台实现常态化的安全生产，从而有效支撑了 5G 的网络建设和业务发展。

　　网络云平台作为 5G 网络的基础设施，需要在基础设施、云平台、网络网元、业务等方面实现安全防护能力。该安全保障体系从多个层面进行网络安全防护，实现了多项网络安全能力的服务化、自动化和智能化，体现在以下几个方面。

　　（1）在基础设施方面，支持对网络设备的自动扫描。

　　（2）在云平台方面加强了对 OpenStack 等开源组件的定制检测。

　　（3）在 NFV 方面支持多种接口协议探测。

　　（4）在业务层方面支持内外网结合的业务规则自定义检查。

　　该体系可以实现网络安全工作的自动化和智能化，满足支撑从用户、网络到业务的安全保障需求，可根据安全工作需求完成安全资产发现、安全风险检测、安全漏洞渗透测试、安全事件监测等工作，网络安全检查运营成本降低近90%，漏洞扫描效率提升 60%以上，满足 5G 网络安全保障的需求。

基于 SBI 的 5GC 网络安全接口

5G 系统应足够灵活,以支持第三方服务和基于第三方的 UE 身份验证,例如,用于由第三方服务提供商执行的凭证供应或辅助身份验证,可以通过多种方式使用第三方凭据进行相互身份验证。候选解决方案之一是在 3GPP 5G 运营商的 AUSF 与第三方域的 ARPF 之间使用直接接口,在这种情况下,AUSF 可以充当 AMF 和第三方服务提供商之间的代理。

EAP-AKA′和 5G-AKA 是 5G 网络中目前唯一必须由 UE 和服务网络支持的身份验证方法。与 EPS-AKA′相比,5G-AKA 允许归属网络(通过 AUSF)从拜访网络(通过 AMF)请求认证确认消息,以确认 UE 的成功认证。EAP-AKA′和 5G-AKA 可以在 3GPP 接入上使用,在非 3GPP 访问上只能使用基于 EAP 的身份验证。

AUSF 在认证过程中提供以下功能。

在通过 5G 接入网进行注册的过程中,如果使用 5G-AKA,则 AMF 与 AUSF 联系以检索 AMF 用来认证 UE 的安全材料,并生成 NAS、控制面和用户面特定的安全密钥。因此,AUSF 向 ARPF/UDM 请求鉴权向量 AV,然后由 AUSF 负责从该材料中获取新的鉴权向量 AV,并将其提供给 AMF。如果 AUSF 请求 AMF 进行确认,它将存储密钥($HXRES*$)并期待 AMF 发出响应消息,这样便可以确认身份验证。

如果 5G UE 通过 EAP-AKA′认证,则可以将 AUSF 作为 EAP 服务器联系。在这种情况下,由 AUSF 负责执行 UE 的身份验证。根据所选的 EAP 身份验证方法(EAP-AKA′),UE 和 AUSF 之间(通过 AMF)可能需要几个"EAP 请求/响应"消息。成功进行 UE 身份验证后,AUSF 将为 AMF 提供一个安全密钥,AMF 将使用它来生成 NAS、控制面和用户面特定的安全密钥。

5G 网络中设置了安全锚功能,通常部署在物理上安全的位置,从而与外界实体充分隔离并受到保护。在网络内部的安全锚中维护身份验证功能(与部署场景无关),有助于降低网络实体/功能之间的安全配置复杂性。在 5G 系统中,真正的安全锚点是 AMF。AUSF 用于在注册阶段对 UE 进行身份验证和/或检索中间安全密钥。在这两种情况下,AUSF 都会使用 AMF 提供的用户身份来检索

存储在 UDM 中的安全性根密钥派生的安全性材料。

在基于 EAP 的身份验证的情况下,将安全材料交付给 AMF 后,假定由 AMF 在注册阶段选择的 AUSF 不需要保持任何会话状态。此后,只要由 AMF 检索到的中间密钥有效,就不需要 AMF 与 AUSF 联系。当 UE 锚定到新的 AMF 时,执行新的认证过程。此过程中 AUSF 会话是无状态的。

在基于 5G-AKA 的身份验证的情况下,如果需要确认消息,AUSF 会暂时存储密钥,直到协议计时器到期。此时,AUSF 是有状态的。

AMF 可以使用 NRF 功能来发现 AUSF 实例。当联系 AUSF 时,AMF 将用户身份(如 SUPI 或 NAI)提供给 AUSF,但是该用户身份仅由 AUSF 用作 UDM 的访问密钥,以检索从存储在 UDM 中并与 UE 共享的安全根密钥派生的安全材料。而且,在 UE 认证之后,AUSF 不保持任何状态。这意味着 AMF 可以联系归属网络中的任何 AUSF,然后它们将能够基于 AMF 提供的用户身份联系相关的 UDM。在选择 AUSF 时,需要识别负责 UE 的归属运营商网络,而且在归属网络中找到一个 AUSF 实例。

1. Nausf:POST {apiRoot}/nausf-auth/v1/ue-authentications 消息

该消息的功能定义如下,消息格式见表 I.1。

表 I.1 提交 AUSF 生成的 UE 身份验证资源的集合

字段名	内容				
请求消息体	内容	application/json	纲要	引用值	#/components/schemas/AuthenticationInfo
	需要	True			
响应消息	201 内容	application/3gppHal+json	纲要	引用值	#/components/schemas/UEAuthenticationCtx
	描述	UEAuthenticationCtx			
	400 内容	application/problem+json	纲要	引用值	TS29571_CommonData.yaml#/components/schemas/ProblemDetails
	描述	AMF 发出的错误请求			
	403 内容	application/problem+json	纲要	引用值	TS29571_CommonData.yaml#/components/schemas/ProblemDetails
	描述	由于服务网络未被授权而禁止			
	500 内容	application/problem+json	纲要	引用值	TS29571_CommonData.yaml#/components/schemas/ProblemDetails
	描述	服务器内部错误			

（1）此资源表示提交 AUSF 生成的 UE 身份验证资源的集合。

（2）当操作成功时：

如果选择了 5G AKA 方法，则响应正文将包含一个鉴权向量和 AMF 的链接以提交确认；

如果选择了基于 EAP 的方法，则响应主体将包含所选的 EAP 方法、相应的 EAP 数据分组请求及 AMF 的 POST EAP 响应的链接。

（3）HTTP 响应应包括一个"Location"头，包含所创建资源的 URI。

2．Nausf：PUT {apiRoot}/nausf-auth/v1/ue-authentications/{authCtxId}/5g-aka-confirmation 消息

该消息的功能定义如下，消息格式见表 I.2。

（1）子资源"5g-aka-confirmation"由 AUSF 生成。在 AUSF 读取其内容后，该子资源不应保留。

（2）操作成功时表明 AUSF 已执行 5G AKA 确认的验证。如果认证成功，则响应主体应包含认证结果和 K_{seaf}。

表 I.2　提交 5g-aka-confirmation

字段名	内容				
参数	参数位置	路径			
	名称	authCtxId			
	需要	True			
	纲要	类型		字符串	
请求消息体	内容	application/json	纲要	引用值	#/components/schemas/ConfirmationData
响应消息	200	内容	application/json	纲要	引用值	#/components/schemas/ConfirmationDataResponse
		描述	请求被处理（EAP 成功或失败）			
	400	内容	application/problem+json	纲要	引用值	TS29571_CommonData.yaml#/components/schemas/ProblemDetails
		描述	错误的请求			
	500	内容	application/problem+json	纲要	引用值	TS29571_CommonData.yaml#/components/schemas/ProblemDetails
		描述	内部错误			

3. Nausf: POST {apiRoot}/nausf-auth/v1/ue-authentications/{authCtxId}/eap-session 消息

该消息的功能定义如下，消息格式见表 Ⅰ.3。

（1）如果选择了基于 EAP 的身份验证方法，则由 AUSF 生成 eap-session，此资源用于处理 EAP 会话。EAP 交换后，该子资源不应保留。

（2）在 EAP 会话期间，主体响应应包含 EAP 数据分组响应和超媒体链接。

（3）在 EAP 会话结束时，主体响应应包含 EAP 数据分组成功或失败（参见 IETF RFC3748）和 K_{seaf}（如果身份验证成功）。

表 Ⅰ.3　提交 eap-session

字段名	内容						
operationId	EapAuthMethod						
参数	参数位置	路径					
	名称	authCtxId					
	需要	True					
	纲要	类型			字符串			
请求消息体	内容	application/json	纲要	引用值	#/components/schemas/EapSession		
响应消息	200	内容	application/3gppHal+json	纲要	属性	_links	additionalProperties	引用值	TS29571_CommonData.yaml#/components/schemas/LinksValueSchema
							描述	URI：/{eapSessionUri}
							类型	对象
						eapPayload	引用值	#/components/schemas/EapPayload
					需要	eapPayload　_links		
					类型	对象		
			application/json	纲要	引用值	#/components/schemas/EapSession		
		描述	用于处理或关闭 EAP 会话				
	400	内容	application/problem+json	纲要	引用值	TS29571_CommonData.yaml#/components/schemas/ProblemDetails	
		描述	错误请求				
	500	内容	application/problem+json	纲要	引用值	TS29571_CommonData.yaml#/components/schemas/ProblemDetails	
		描述	内部服务器错误				

4. Nudm: POST {apiRoot} /nudm-ueau /v1/{supi} /auth-events 消息

该消息的功能定义：提交创建 UE 身份鉴权事件，消息格式见表 I.4。

表 I.4　提交创建 UE 身份鉴权事件

字段名	内容				
operationId	ConfirmAuth				
参数	描述	SUPI of the user			
	参数位置	路径			
	名称	supi			
	需要	True			
	纲要	引用值	TS29571_CommonData.yaml#/components/schemas/Supi		
请求消息体	内容	application/json	纲要	引用值	#/components/schemas/AuthEvent
	需要	True			
响应消息	201	内容	application/json	纲要	引用值	#/components/schemas/AuthEvent
		描述	期待对合理请求的响应			
	400	引用值	TS29571_CommonData.yaml#/components/responses/400			
	404	引用值	TS29571_CommonData.yaml#/components/responses/404			
	500	引用值	TS29571_CommonData.yaml#/components/responses/500			
	503	引用值	TS29571_CommonData.yaml#/components/responses/503			
	缺省	描述	未知错误			
概述	创建新的确认事件				
标签	确认鉴权				

5. Nudm: GET Nudm_UEAU_API:/{supiOrSuci}/security_information/generate_auth_data 消息

该消息的功能定义：产生 UE 的鉴权数据，如果选择了 5G-AKA 或 EAP-AKA′，则提供相应的鉴权认证消息，消息格式见表 I.5。

6. Nudm: GET {apiRoot}/nudm-uecm/v1/{ueId}/registrations/amf-3gpp-access 消息

该消息的功能定义：为 3GPP 接入方式获取注册 AMF 消息，消息格式见表 I.6。

表 I.5 产生 UE 的鉴权数据

字段名	内容				
operationId	GenerateAuthData				
参数	描述	用户的 SUPI 或 SUCI			
	参数位置	路径			
	名称	supiOrSuci			
	需要	True			
	纲要	引用值	#/components/schemas/SupiOrSuci		
请求消息体	内容	application/json	纲要	引用值	#/components/schemas/AuthenticationInfoRequest
	需要	True			
响应消息	200	内容	application/json	纲要	引用值	#/components/schemas/AuthenticationInfoResult
		描述	期待对合理请求的响应		
	400	引用值	TS29571_CommonData.yaml#/components/responses/400		
	403	引用值	TS29571_CommonData.yaml#/components/responses/403		
	404	引用值	TS29571_CommonData.yaml#/components/responses/404		
	500	引用值	TS29571_CommonData.yaml#/components/responses/500		
	501	引用值	TS29571_CommonData.yaml#/components/responses/501		
	503	引用值	TS29571_CommonData.yaml#/components/responses/503		
	缺省	描述	未知错误		
概述	为 UE 产生鉴权数据				
标签	产生鉴权数据				

表 I.6 为 3GPP 接入方式获取注册 AMF 消息

字段名	内容				
operationId	Get				
参数	描述	UE 的身份标识	参数位置	query	
	参数位置	路径	名称	supported-features	
	名称	ueId		纲要	引用值	TS29571_CommonData.yaml#/components/schemas/SupportedFeatures
	需要	True			
	纲要	引用值	TS29571_CommonData.yaml#/components/schemas/Gpsi		

字段名	内容				
响应消息	200	内容	application/json	纲要	引用值	#/components/schemas/Amf3GppAccessRegistration
		描述	期待对合理请求的响应		
	400	引用值	TS29571_CommonData.yaml#/components/responses/400		
	403	引用值	TS29571_CommonData.yaml#/components/responses/403		
	404	引用值	TS29571_CommonData.yaml#/components/responses/404		
	500	引用值	TS29571_CommonData.yaml#/components/responses/500		
	503	引用值	TS29571_CommonData.yaml#/components/responses/503		
	缺省	描述	未知错误		
概述	接收为 3GPP 接入所注册的 AMF 信息				
标签	接收为 3GPP 接入所注册的 AMF 信息				

7. Nudm: GET{apiRoot}/nudm-uecm/v1/{ueId}/registrations/amf-non- 3gpp- access 消息

该消息的功能定义：为非 3GPP 接入方式获取注册 AMF 消息，消息格式见表Ⅰ.7。

表Ⅰ.7　为非 3GPP 接入方式获取注册 AMF 信息

字段名	内容					
operationId	Get					
参数	描述	Identifier of the UE		参数位置	query	
	参数位置	路径		名称	supported-features	
	名称	ueId		纲要	引用值	TS29571_CommonData.yaml#/components/schemas/SupportedFeatures
	需要	True				
	纲要	引用值	TS29571_CommonData.yaml#/components/schemas/Gpsi			
响应消息	200	内容	application/json	纲要	引用值	#/components/schemas/AmfNon3GppAccessRegistration
		描述	期待对合理请求的响应			

续表

字段名	内容		
响应消息	400	引用值	TS29571_CommonData.yaml#/components/responses/400
	403	引用值	TS29571_CommonData.yaml#/components/responses/403
	404	引用值	TS29571_CommonData.yaml#/components/responses/404
	500	引用值	TS29571_CommonData.yaml#/components/responses/500
	503	引用值	TS29571_CommonData.yaml#/components/responses/503
	缺省	描述	未知错误
概述	接收为非 3GPP 接入所注册的 AMF 信息		
标签	接收为非 3GPP 接入所注册的 AMF 信息		

8. Nudm: DELETE {apiRoot}/nudm-uecm/v1/{ueId}/registrations/smf-registrations/{pduessionId}消息

该消息的功能定义：删除 SMF 的注册信息，消息格式见表 Ⅰ.8。

表 Ⅰ.8 删除 SMF 的注册信息

字段名	内容					
operationId	Deregistration					
参数	描述	UE 的标识符		描述	PDU 会话的标识符	
	参数位置	路径		参数位置	路径	
	名称	ueId		名称	pduSessionId	
	需要	True		需要	True	
	纲要	引用值	TS29571_CommonData.yaml#/components/schemas/Supi	纲要	引用值	TS29571_CommonData.yaml#/components/schemas/PduSessionId
响应消息	204	描述	期待对合理请求的响应			
	400	引用值	TS29571_CommonData.yaml#/components/responses/400			
	404	引用值	TS29571_CommonData.yaml#/components/responses/404			
	422	内容	application/problem+json	纲要	引用值	TS29571_CommonData.yaml#/components/schemas/ProblemDetails
		描述	未处理请求			
	500	引用值	TS29571_CommonData.yaml#/components/responses/500			
	503	引用值	TS29571_CommonData.yaml#/components/responses/503			
	缺省	描述	未知错误			

字段名	内容
概述	删除 SMF 的注册信息
标签	注销 SMF

9. Nudm: DELETE {apiRoot}/nudm-uecm/v1/{ueId}/registrations/smsf-3gpp-access 消息

该消息的功能定义：删除为 3GPP 接入模式所注册的 SMSF 消息，消息格式见表Ⅰ.9。

表Ⅰ.9　删除为 3GPP 接入模式所注册的 SMSF 消息

字段名	内容					
operationId	Deregistration					
参数	描述	用户标识符				
	参数位置	路径				
	名称	ueId				
	需要	True				
	纲要	引用值	TS29571_CommonData.yaml#/components/schemas/Supi			
响应消息	204	描述	期待对合理请求的响应			
	400	引用值	TS29571_CommonData.yaml#/components/responses/400			
	404	引用值	TS29571_CommonData.yaml#/components/responses/404			
	422	内容	application/problem+json	纲要	引用值	TS29571_CommonData.yaml#/components/schemas/ProblemDetails
		描述	未处理请求			
	500	引用值	TS29571_CommonData.yaml#/components/responses/500			
	503	引用值	TS29571_CommonData.yaml#/components/responses/503			
	缺省	描述	未知错误			
概述	为 3GPP 接入删除 SMSF 注册信息					
标签	注销 3GPP 接入进行 SMSF					

10. Nudm: DELETE {apiRoot}/nudm-uecm/v1/{ueId}/registrations/smsf-3gpp-access 消息

该消息的功能定义：删除为非 3GPP 接入模式所注册的 SMSF 消息，消息格式见表Ⅰ.10。

表 I.10　删除为非 3GPP 接入模式注册的 SMSF 消息

字段名	内容					
operationId	Deregistration					
参数	描述	UE 的标识符				
	参数位置	路径				
	名称	ueId				
	需要	True				
	纲要	引用值	TS29571_CommonData.yaml#/components/schemas/Supi			
响应消息	204	描述	期待对合理请求的响应			
	400	引用值	TS29571_CommonData.yaml#/components/responses/400			
	404	引用值	TS29571_CommonData.yaml#/components/responses/404			
	422	内容	application/problem+json	纲要	引用值	TS29571_CommonData.yaml#/components/schemas/ProblemDetails
		描述	未处理请求			
	500	引用值	TS29571_CommonData.yaml#/components/responses/500			
	503	引用值	TS29571_CommonData.yaml#/components/responses/503			
	缺省	描述	未知错误			
概述	为非 3GPP 接入删除 SMSF 注册信息					
标签	注销非 3GPP 接入进行 SMSF					

附录 II

EAP 支持的类型

EAP 支持的类型见表 II.1。

表 II.1   EAP 支持的类型

类型值	描述	参考
0	Reserved	
1	Identity	[RFC3748]
2	Notification	[RFC3748]
3	Legacy Nak	[RFC3748]
4	MD5-Challenge	[RFC3748]
5	One-Time Password (OTP)	[RFC3748]
6	Generic Token Card (GTC)	[RFC3748]
7	Allocated	[RFC3748]
8	Allocated	[RFC3748]
9	RSA Public Key Authentication	[William_Whelan]
10	DSS Unilateral	[William_Nace]
11	KEA	[William_Nace]
12	KEA-VALIDATE	[William_Nace]
13	EAP-TLS	[RFC5216]
14	Defender Token (AXENT)	[Michael_Rosselli]
15	RSA Security SecurID EAP	[Magnus_Nystrom]
16	Arcot Systems EAP	[Rob_Jerdonek]
17	EAP-Cisco Wireless	[Stuart_Norman]
18	GSM Subscriber Identity Modules (EAP-SIM)	[RFC4186]
19	SRP-SHA1	[James_Carlson]
20	Unassigned	
21	EAP-TTLS	[RFC5281]
22	Remote Access Service	[Steven_Fields]

续表

类型值	描述	参考
23	EAP-AKA Authentication	[RFC4187]
24	EAP-3Com Wireless	[Albert_Young]
25	PEAP	[Ashwin_Palekar]
26	MS-EAP-Authentication	[Ashwin_Palekar]
27	Mutual Authentication w/Key Exchange (MAKE)	[Romain_Berrendonner]
28	CRYPTOCard	[Stephen_M_Webb]
29	EAP-MSCHAP-V2	[Darran_Potter]
30	DynamID	[Pascal_Merlin]
31	Rob EAP	[Sana_Ullah]
32	Protected One-Time Password	[RFC4793][Magnus_Nystrom]
33	MS-Authentication-TLV	[Ashwin_Palekar]
34	SentriNET	[Joe_Kelleher]
35	EAP-Actiontec Wireless	[Victor_Chang]
36	Cogent Systems Biometrics Authentication EAP	[John_Xiong]
37	AirFortress EAP	[Richard_Hibbard]
38	EAP-HTTP Digest	[Oliver_K_Tavakoli]
39	SecureSuite EAP	[Matt_Clements]
40	DeviceConnect EAP	[David_Pitard]
41	EAP-SPEKE	[Don_Zick]
42	EAP-MOBAC	[Tom_Rixom]
43	EAP-FAST	[RFC4851]
44	ZoneLabs EAP (ZLXEAP)	[Darrin_Bogue]
45	EAP-Link	[Don_Zick]
46	EAP-PAX	[T_Charles_Clancy]
47	EAP-PSK	[RFC4764]
48	EAP-SAKE	[RFC4763]
49	EAP-IKEv2	[RFC5106]
50	EAP-AKA′	[RFC5448]
51	EAP-GPSK	[RFC5433]
52	EAP-pwd	[RFC5931]
53	EAP-EKE Version 1	[RFC6124]
54	EAP Method Type for PT-EAP	[RFC7171]
55	TEAP	[RFC7170]

续表

类型值	描述	参考
56-191	Unassigned	
192-253	Unassigned	
254	Reserved for the Expanded Type	[RFC3748]
255	Experimental	[RFC3748]
256-4294967295	Unassigned	

参考文献

[1] 黄昭文. 5G 网络协议与客户感知[M]. 北京：人民邮电出版社，2020.

[2] IMT-2020（5G）推进组，5G 网络安全需求与架构白皮书[R/OL]. IMT-2020（5G）推进组，2017.6.

[3] IMT-2020（5G）推进组，5G 安全报告[R/OL]. IMT-2020（5G）推进组，2020.2.

[4] 张滨. 5G 安全技术与发展研究[J]. 电信工程技术与标准化，2019，032（012）：1-6.

[5] 司钊. 透过 2G 到 5G 安全策略谈移动通信的发展[J]. 信息通信，2019（006）：281-283.

[6] 冯穗力，董守斌. 网络通信原理[M]. 北京：科学出版社，2018.

[7] 韩晓露，刘云，张振江，等. 网络安全态势感知理论与技术综述及难点问题研究[J]. 信息安全与通信保密，2019（007）：61-71.

[8] 王小群，韩志辉，徐剑，等. 2018 年我国互联网网络安全态势综述[J]. 保密科学技术，2019.

[9] Syed Rafiul Hussain,Mitziu Echeverria,Imtiaz Karim. 5G Reasoner: A Property-Directed Security and Privacy Analysis Framework for 5G Cellular Network Protocol[C]. The 26th ACM Conference on Computer and Communications Security (CCS),2019.11.

[10] 方琰崴. 5G 核心网安全解决方案[J]. 移动通信，2019（10）.

[11] 齐旻鹏，粟栗，彭晋. 5G 网间互联互通安全机制研究[J]. 移动通信，2019（10）.

[12] 陈宇飞，沈超，王骞，等. 人工智能系统安全与隐私风险[J]. 计算机研究与发展，2019，56（10）.

[13] 施巍松，孙辉，曹杰，等. 边缘计算：万物互联时代新型计算模型[J]. 计算机研究与发展，2017（5）.

[14] 周巍. 5G 网络切片安全技术研究[J]. 移动通信，2019（10）：38-42.

[15] Yacine Khettab, Miloud Bagaa, Diego Leonel Cadette Dutra, et al. Virtual Security as a Service for 5G Verticals[C]. IEEE Wireless Communications and Networking Conference (WCNC), 2018.4.

缩略语

AAA-S	Authentication, Authorisation and Accounting Server	鉴权授权计费服务器
AES	Advanced Encryption Standard	高级加密标准
AK	Anonymity Key	匿名密钥
AKA	Authentication and Key Agreement	认证和密钥协商
AMF	Access and Mobility Management Function	接入及移动性管理功能
API	Application Programming Interface	应用程序编程接口
ARPF	Authentication credential Repository and Processing Function	认证凭证库和处理功能
ASME	Access Security Management Entity	接入安全管理实体
AUSF	AUthentication Server Function	认证服务器功能
CU	Centralized Unit	集中单元
DDoS	Distributed Denial of Service	分布式拒绝服务（攻击）
DoS	Denial of Service	拒绝服务（攻击）
DU	Distribute Unit	分布单元
EAP	Extensible Authentication Protocol	可扩展的认证协议
eMBB	enhanced Mobile Broadband	增强的移动宽带
FW	FireWall	防火墙
IMSI	International Mobile Subscriber Identity	国际移动用户标识
IPS	Intrusion Prevention System	入侵防御系统

MAC	Message Authentication Code	消息认证/鉴权码
MANO	Management and Orchestration	管理和编排器
MEC	Multi-access Edge Computing	多接入边缘计算
mMTC	massive Machine Type Communications	海量机器类通信
NF	Network Function	网元功能
NFV	Network Function Virtualization	网络功能虚拟化
NSSAI	Network Slice Selection Assistance Information	网络切片选择辅助信息
NSSF	Network Slice Selection Function	网络切片选择功能
PSK	Pre-Shared Key	预共享密钥
QoS	Quality of Service	服务质量
SBA	Service Based Architecture	基于服务的架构
SDN	Software Defined Network	软件定义网络
SEAF	SEcurity Anchor Function	安全锚功能
SEPP	Security Edge Protection Proxy	安全边界保护代理
SIDF	Subscription Identifier De-concealing Function	用户标识去隐藏功能
SMF	Session Management Function	会话管理功能
TLS	Transport Layer Security	传输层安全
TMSI	Temporary Mobile Subscriber Identity	移动用户临时标识
UDM	Unified Data Management	统一数据管理
UPF	User Plane Function	用户面功能
uRLLC	ultra Reliable Low Latency Communications	高可靠低时延通信
VPN	Virtual Private Network	虚拟专用网络